彩图 1 太行鸡

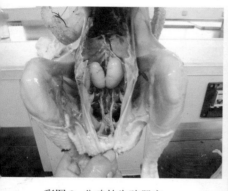

彩图 2 公鸡的生殖器官

彩图 3 母鸡的生殖系统

彩图 4 地面－网床混合饲养

彩图 5　人工授精的采精过程（a）

彩图 5　人工授精的采精过程（b）

彩图 5　人工授精的采精过程（c）

彩图 5　人工授精的采精过程（d）

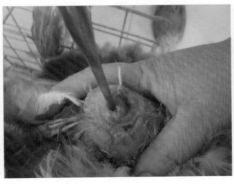

彩图 6　人工授精的输精过程

彩图 7　金银羽色鉴别

彩图 8　快慢羽鉴别

彩图 9　接种马立克氏疫苗

彩图 10　阶梯式育雏笼

彩图 11　两层笼养种鸡

彩图 12　三层全阶梯式笼养鸡群

彩图 13　放牧饲养 (a)

彩图 13　放牧饲养 (b)

彩图 14　肉鸡网床饲养

彩图 15 网床饲养

彩图 16 板条－垫料混合饲养

彩图 17 跨骑式自动给料车

彩图 18 湿帘降温

彩图 19 湿帘降温的另一端风机

彩图 20 鸡消化器官

彩图 21 种鸡维生素 B1 缺乏导致雏鸡的症状

中央宣传部　新闻出版总署　农业部
推荐"三农"优秀图书

新编21世纪农民致富金钥匙丛书

养鸡与鸡病防治

（第 3 版）

臧素敏　主编

中国农业大学出版社
·北　京·

图书在版编目(CIP)数据

养鸡与鸡病防治/臧素敏主编. —3 版. —北京:中国农业大学出版社,2012.1(2017.3 重印)

(新编 21 世纪农民致富金钥匙丛书)

ISBN 978-7-5655-0410-5

Ⅰ.①养…　Ⅱ.①臧…　Ⅲ.①鸡-饲养管理 ②鸡病-防治　Ⅳ.①S831.4 ②S858.31

中国版本图书馆 CIP 数据核字(2011)第 187510 号

书　　名	养鸡与鸡病防治(第3版)		
作　　者	臧素敏　主编		
责任编辑	张秀环	责任校对	王晓凤　陈　莹
封面设计	郑　川		
出版发行	中国农业大学出版社		
社　　址	北京市海淀区圆明园西路2号	邮政编码	100193
电　　话	发行部 010-62818525,8625	读者服务部	010-62732336
	编辑部 010-62732617,2618	出 版 部	010-62733440
网　　址	http://www.cau.edu.cn/caup	e-mail	cbsszs @ cau.edu.cn
经　　销	新华书店		
印　　刷	北京时代华都印刷有限公司		
版　　次	2012 年 1 月第 3 版　2017 年 3 月第 4 次印刷		
规　　格	850×1 168　32 开本　11 印张　268 千字　彩插 2		
定　　价	26.00 元		

图书如有质量问题本社发行部负责调换

主　　编　臧素敏

副主编　刘振水　崔亚利　陈　虹

编　　者　（按姓氏笔画排序）

王　娟　王学静　刘　洋　陈　虹

刘振水　李宁宁　何万红　崔亚利

张俊秀　臧素敏

第 3 版前言

随着人们生活水平的逐渐提高,对鸡蛋、鸡肉的质量提出了更高的要求,无公害、低药残的安全食品备受欢迎,而产品质量主要受饲料及环境条件的影响。因此,科学用料、提供适宜的环境是保证鸡群健康和产品质量的重要条件。

近年来,随着现代化养鸡业的不断发展以及饲养规模的扩大,养鸡的竞争力越来越强,实践证明,哪个鸡场饲养的品种好、环境控制严格、饲料搭配科学合理、疾病防控到位,哪个鸡场的鸡群就健壮、生产性能就高、生产成本就低、经济效益就好。

为了满足广大消费者的需求,生产更多、更好、更安全的鸡蛋和鸡肉,使养鸡场在剧烈的竞争中立于不败之地,本书在第 2 版的基础上,对鸡的饲养标准、饲料成分及饲料添加剂的使用等内容进行了修订,增加了一些新的鸡品种介绍、鸡舍环境控制以及某些疾病的防治内容,补充了无公害鸡肉的理化标准,修订了鸡的免疫程序及用药标准,以期达到改善蛋肉品质、降低生产成本、增加经济效益的目的。

为了保证内容的科学性、先进性和实用性,本次修订过程中参考了大量国内外有关养鸡的资料,总结了我们在教学、科研、生产中的实践经验,叙述更加简明,方法更加具体。本书通俗易懂、易学、易做、实用。

由于水平有限,在修订过程中尽管竭尽全力,但也难免有缺点和错误,恳请广大读者批评指正,以便今后补充和修改。

第 2 版前言

鸡具有生长快,饲料利用率高,繁殖率高的特点,既可集约化经营,又能分散饲养,因此养鸡投资少,见效快,收益高,资金周转快。它一方面可向社会提供优质的鸡肉或鸡蛋,丰富城镇居民的菜篮子,改善人们的生活水平;另一方面可解决部分下岗职工的就业问题;同时,还可以充分利用闲散人员和资金,做到人尽其才,物尽其用。

现代养鸡生产实际上是工厂化生产,具体表现在生产工厂化、集约化,经营专业化、配套化,管理机械化、自动化,品种品系化、杂交化,营养全价化、平衡化,生产的全过程都贯穿着高新科技,且科技含量越来越高,要求有一批懂技术、会管理、善经营的科技人才。我国专业户养鸡要取得稳定的收入也必须纳入工厂化养鸡的轨道。因此,无论是国营、集体鸡场,还是私营鸡场,要想在剧烈的竞争中站稳脚跟,必须提高职工的技术水平,采用科学的管理方法,不断应用科技成果,使养鸡生产达到低投入、高产出、高质量、高效益的目的。

为了满足广大读者对养鸡技术的需要,促进科学技术成果更快地转化为生产力,我们对《养鸡与鸡病防治》进行了修订。本书根据市场需求及当前养鸡业的发展,将原来的市场调查、选种引种、饲料搭配、饲养管理、绿色饲料添加剂、饲料卫生安全、优质蛋肉生产、卫生防疫、疾病诊断、预防和治疗、鸡场设计等内容进行了适当修改,并增加了部分图片。

为了保证内容的科学性、先进性和实用性,本书在编写过程中参考了大量国内外有关养鸡的资料,总结了我们在教学、科研、生产中的实践经验,介绍了生产中的主要环节、关键技术、优质高产的技术措施。叙述言简意赅,通俗易懂,方法具体、易学、易做,适用于大、中、小型鸡场及养鸡专业户,也可作为大、中专院校畜牧专业学生的补充参考书。

由于水平有限,在编写过程中尽管竭尽全力,但也难免有缺点和错误,恳请广大读者批评指正,以便今后补充和修改。

编者

2003.8

目　　录

第一部分　饲养管理

第 1 章　发展养鸡的意义及应具备的条件……………………　3

第 2 章　鸡的品种………………………………………………　10

第 3 章　鸡的繁殖………………………………………………　34

第 4 章　鸡的营养与饲料………………………………………　55

第 5 章　鸡的饲养管理…………………………………………　118

第 6 章　鸡粪的加工与利用……………………………………　196

第 7 章　养鸡场的建筑、设备及用具 …………………………　201

第 8 章　养鸡场的经营管理……………………………………　212

第二部分　疾病防治

第 9 章　常见病防治……………………………………………　225

附表………………………………………………………………　316

参考文献…………………………………………………………　340

第一部分
饲养管理

第1章 发展养鸡的意义 及应具备的条件

❶养鸡的历史、现状及意义 ……………………………… 3
❷养鸡的发展趋势 ………………………………………… 5
❸发展养鸡应具备的条件 ………………………………… 6
❹目前养鸡生产中存在的问题 …………………………… 7

❶ 养鸡的历史、现状及意义

○ 历史与现状

据考证,我国是世界上养鸡最早的国家之一,大约在七八千年以前我国劳动人民就开始了养鸡。长期的养鸡实践,使其积累了丰富的经验,并取得了许多成果,如培育出了世界著名的优良鸡种九斤鸡、狼山鸡、丝毛鸡等,并摸索出皮蛋加工、公鸡阉割等成套的技术。这些成果对世界养鸡业的发展做出了巨大的贡献。但是,由于生产方式较落后,加之其他的社会原因,养鸡生产一直发展很慢,生产力低下,鸡产品不能满足社会的需要。为了提高生产力和扩大生产规模及满足人们对蛋、肉的需求,大约在 20 世纪 60 年代我国开始了机械化养鸡。1965 年首先在上海建起了第一个机械化养鸡场,随后在各级领导的大力支持和鼓励下,广州、南宁、沈阳、北京也纷纷着手筹建。但由于各种政治原因,机械化养鸡进程缓慢。1977 年以后,我国养鸡业出现了蓬勃发展的局面,尤其是党的十一届三中全会以来,养鸡业的发展速度更为迅猛。据资料报道,2001 年我国鸡的存栏数已达到了 37.71 亿只,其中年存栏 20 万只鸡的鸡场就有几百个,建起了一批比较稳定的蛋鸡生产供应基地;与此同时,也带动了一批集体、个体养鸡户;一大批规模经营的集体养鸡场和个体养鸡户涌现出来,形成了集团公司饲养良种、一般场繁殖良种、个人商品场生产产品的良性循环模式。

我国大规模的肉鸡生产稍晚于蛋鸡,但发展速度快,起点高,生产潜力大。在国家的正确引导和市场的调节下,已经形成了产、供、销一条龙及公司加农户的生产格局。

进入 20 世纪 90 年代,养鸡的数量、生产水平、产品质量有了明显提高,生产成本逐年降低,生产在计划中有条不紊地进行,形成了工厂化养鸡,即鸡舍是厂房,鸡是生产鸡蛋或鸡肉的机器,饲料、饮水、药品等为生产的原料,鸡肉和鸡蛋为产品,这种产品是按照人们的计划在预定的时间内产出,且产品规格一致,商品性极强。

我国养鸡的数量一直位于世界首位,且发展速度较快。据联合国粮农组织资料,1980 年我国鸡的存栏量仅为 9.21 亿只,1990 年增加到 20.90 亿只,2001 年增加到 37.71 亿只,占世界总量的 1/4。新华网北京 2006 年 10 月 13 日报道,去年禽蛋产量达 2 879 万 t,人均占有量达 22 kg。今年禽蛋产量将接近 3 000 万 t,占世界禽蛋产量的 42% 以上。鸡肉的占有量接近世界平均水平,但与发达国家相比,差距较大。因此,今后养鸡的发展方向是稳定蛋鸡生产,迅速发展肉鸡生产。

虽然我国大规模的养鸡起步较晚,但由于不断采用先进技术、引入和培育优良品种、科学搭配饲料、严格的疾病预防措施,使生产水平和产品质量均接近世界先进水平。大规模的蛋鸡场年平均每只鸡产蛋 240~280 个,产蛋期料蛋比(2.2~2.5):1;肉用仔鸡6 周龄出场上市,平均体重 2.5~3.0 kg,耗料增重比为(1.8~2.0):1,但在某些指标上仍有一定差距,如单位产品的生产成本高,表现在人力消耗、水电开支、饲料浪费、药物投喂量大,因此,今后应着重从降低生产成本上下功夫,同时注意改善产品质量。

○ 发展养鸡的意义

养鸡比饲养其他的家畜有更多的优越性。首先,养鸡的投资小,资金周转快,产出与投入比较高。一只蛋鸡从出壳到产蛋需要140~150 天,消耗饲料约 7.5 kg,加鸡苗费及药费和人工水电费就基本包括了所有的产前投入,产蛋期料蛋比(2.2~2.5):1;肉用仔鸡一般 2 个月一批,耗料增重比为(1.8~2.0):1。其次,养鸡的占地面积少,规模可大可小。实行蛋鸡三层阶梯式笼养,每平方米可容纳 25 只成鸡;叠层式笼养密度更大;肉鸡出场时的饲养密度为每平方米 30 kg,且可进行规模化生产,也可进行小规模经营,男女老幼都可从事该项活动。第三,养鸡的技术较易掌握,并且人们有养鸡的习惯。第四,鸡产品(主要是鸡蛋和鸡肉)的销路广,人们有吃鸡蛋和鸡肉的习惯,发展养鸡有广阔的市场。第五,鸡的饲料来源广泛,几乎所有无毒、无害的动物产品及其加工下脚料以及植物籽实及其加工副产品、瓜果蔬菜类都可以作为鸡的饲料。因此,农村发展养鸡是一项较为理想的致富行业。

❷ 养鸡的发展趋势

鸡蛋是我国人民的传统营养产品,具有一定的市场空间。

因鸡蛋不易长途运输,故不能大量出口,也不易大量进口。当量达到一定满足后,优质鸡蛋和多功能营养保健蛋受到较高消费水平者的欢迎,如柴鸡蛋、绿壳鸡蛋、含碘蛋、含锌蛋、含 DHA 蛋等。蛋鸡饲养区逐步南移现象已经开始显现,北蛋南销的局面将逐渐改观。今后蛋鸡生产的主要目的是提高技术与管理水平,降低物耗,提高蛋的品质。其次是广泛开辟蛋的深加工途径,这样不仅有利于蛋的保存,而且还促进了蛋品食用向多样化发展。

优质肉鸡是我国独有的优势产业,在国际市场竞争对手少,在国内市场无进口压力,市场空间宽松,具有一定的发展潜力。欧盟一些国家和日本都在提倡消费肉鸡,国内市场也需求旺盛。快大型白羽肉鸡是高科技的产物,必须采取高科技措施进行生产经营,同时,要保证产品质量,减少药物残留,才能得到高效和持续发展。转变企业经营管理体制,加强产、供、销一条龙服务,加强产品的深加工,改善养鸡环境,调整产品结构,树立市场观念。

❸ 发展养鸡应具备的条件

发展养鸡生产应具备的主要条件是技术、资金和饲料等,这几方面缺少任何一方,养鸡生产都不能正常进行。

○ 技术

目前养鸡生产中的技术含量越来越高,养鸡生产的竞争实际是技术的竞争,要求鸡场有一批有知识、懂专业、会管理的专业技术人才和一支具有一定养鸡知识的技术队伍。实践证明,哪个鸡场人员素质高、技术力量强,哪个鸡场的效益就好。所以,有些鸡场采取专家指导和人员培训等方法,提高饲养管理人员的整体素质;还有的鸡场到各大院校、科研单位挖掘专业技术人才作为鸡场的长期技术顾问,以保证生产的正常运行。另外,鸡场要大胆引进高科技产品,在技术人员的指导下采用一些科学的饲养管理方法,不断降低生产成本,提高劳动生产率。

○ 资金

鸡场的启动需要资金,用于养鸡生产的主要投资有场地、鸡舍、用具费用及流动资金。一只蛋鸡的鸡舍和笼具的投资为 30～40 元,占地投资因各地差异较大,可酌情增减。另外,一只雏鸡到产蛋约需 30 元,故饲养每只鸡至少准备 30 元的流动资金。资金的来源有自筹、贷款、入股等多种形式。

○ 饲料

作为一个鸡场,要有充足的饲料资源。一只蛋鸡在一个生产周期中(72 周)需要 45～50 kg 配合饲料;一只肉用仔鸡从入舍到出场上市约消耗 5 kg 饲料。在所耗饲料中,65% 属于粮食,25% 属于农副产品(豆饼、花生饼、菜籽饼、棉籽饼等各种饼类及糠麸类),其余 10% 为矿物质饲料、动物性饲料及人工合成的添加剂。这些原料在进鸡以前就应准备充足。饲料可以自己加工配制,也可以买成品。饲料是养鸡的基础,鸡场一定要有足够的饲料储备,平时应保证有 1 个月的饲料储存。在任何时候,饲料的品质要好,防止发霉变质。

在保证上述条件的基础上,还要有一个完整的产、供、销配套体系,以免出现原料供应不上或产品难以销售的困难局面。

❹ 目前养鸡生产中存在的问题

目前,虽然养鸡的形势较好,但也存在着一些问题,主要表现在以下几个方面：

①盲目上马，缺乏对市场的全面分析。有很多农户看别人养鸡赚钱，自己就跟着学，但当养上鸡后，产品的价格降低，出现了赔钱现象，这时又草率下马，缺乏持久性，只能以失败而告终。因此，在养鸡前一定要进行周密的市场调查，同时还要有承担风险的思想准备。

②雏鸡成活率低，成鸡死亡率高，生产水平增长缓慢。由于环境因素及饲养管理水平所限，雏鸡的成活率较低，其特点是育雏前期的成活率较高，但到中后期因疾病不断发生，导致死亡率增加。在某些鸡场，成年鸡的发病率也呈上升趋势，由此给养鸡也带来了较大的经济损失。

③饲料品质低劣。有些小规模饲料场，为了降低饲料成本，收购一些低价原料，在没有进行分析的情况下，盲目搭配，所配制的饲料难以满足鸡的需要，使鸡的生产潜力难以正常发挥。

④疾病多，病情复杂，且难以控制。鸡采用高密度饲养以后，某些在散养条件下很少见或危害不大的疾病，目前也会导致鸡的大批死亡，如鸡球虫、鸡大肠杆菌病、马立克氏病、支原体病等。这些病有时呈混合感染，难以确定究竟是哪种病在起主要作用。因此，在许多养鸡户一旦发现鸡群发病，多种药同时投入，由此而消耗大量资金。

⑤产品质量有待提高。由于鸡舍卫生条件差，周围环境污染严重，鸡群发病率高，导致鸡场大量使用药物，造成鸡蛋和鸡肉中药物残留超标。农民在种植粮食的过程中，频繁使用农药，使饲料中农药残留过高，也造成鸡蛋和鸡肉中药物残留超标。这些既危害人的健康，也影响产品的出口。

因此，养鸡生产者要想获得较好的经济效益，在激烈的竞争中立于不败之地，应当做好以下4个方面的工作：

第一，合理选种引种。

第二，创造适合于鸡生长和生产的环境条件，建立严格的卫生防疫制度，搞好疾病防治。

第三，科学饲养管理，不断提高产品产量和质量。

第四，广泛开辟产品深加工途径。

第2章　鸡的品种

❶蛋鸡品种 ……………………………………………… 10

❷肉鸡品种 ……………………………………………… 18

❸兼用鸡品种 …………………………………………… 24

❹优良种鸡的外貌选择 ………………………………… 29

❺引种时的注意事项 …………………………………… 31

　　鸡的品种按其经济用途分为蛋鸡、肉鸡和兼用鸡3种类型。不同类型的鸡其外貌特点、生产性能各不相同,同一类型的鸡不同品种也有差异。

❶ 蛋鸡品种

○ 标准品种(纯种)

　　1998年最新出版的《美洲家禽标准品种志》一书,编入了被公认的标准品种鸡104个、品变种384个。

　　白来航鸡是世界著名的蛋鸡标准品种,原产于意大利。因其最早从意大利的来航港向外输出而得名来航鸡。

　　该鸡体型较小而清秀,体质紧凑,羽毛全白,鸡冠和肉垂发达。公鸡的冠厚而直立,母鸡冠向一侧倾倒。喙、胫、趾及皮肤均为黄色。耳叶为白色。觅食力强,反应灵敏,活泼好动,富神经质,易受惊吓。适应性强,160天左右性成熟。每只鸡年均产蛋220~240个,平均蛋重55~60 g,蛋壳白色。成年公鸡体重2.0~2.5 kg,

母鸡 1.5～1.6 kg。

目前培育的一些白壳蛋鸡配套杂交种,主要是利用白来航鸡的遗传基因。其方法是首先培育出具有不同特点的品系,然后进行品系间的杂交,经杂交筛选试验后,确定出最优秀的杂交组合,其生产性能及产品的商品性更强,饲料利用率更高,如北京白鸡、海兰 W-36、巴布可克 B-300、尼科白鸡等。

○ **杂交配套品种**

经现代育种方法培育出的品种不像过去那些纯种,大部分是杂交配套品种(或品系),或称配套品种。这些品种多以公司名称而得名。目前鸡的配套品种有很多。蛋鸡按其蛋壳颜色分为白壳蛋系、褐壳蛋系、粉(或驳)壳蛋系。在我国饲养数量较大、适应性较强、生产表现较好的品种主要有白壳蛋鸡、褐壳蛋鸡、粉(或驳)壳蛋鸡。

1. 白壳蛋鸡

白壳蛋鸡蛋壳为白色,大部分鸡羽毛也为白色。初生雏鸡根据羽速自别雌雄。鸡的体型较小,成年母鸡体重 1.6～1.7 kg,体型紧凑。反应灵敏,觅食力强;但神经质,易受惊吓。性成熟期早,一般 4.5～5.5 月龄。产蛋多,年产蛋可达到 250～290 个,平均蛋重 60～63 g。

(1)北京白鸡

北京白鸡是由中国农业大学、中国农业科学院、北京市畜牧局、北京市种禽公司等单位联合培育出的优良蛋鸡品种。该品种目前主要包括的白壳蛋鸡品系有京白Ⅰ系、京白Ⅱ系、京白Ⅲ系和京白 938、京白 988 等。该品种在培育过程中应用现代化的育种方法是经过技术人员长期不懈的努力而培育出的适合我国国情的蛋鸡品种。

京白鸡既适于工厂化笼养,又适于专业户饲养,产蛋量高,适应性强,大面积饲养生产性能良好,特别是经过科研人员的进一步选育,其生产和适应性有了更进一步的提高,受到了越来越多养鸡户的欢迎。以四元杂交的京白 904 为例,72 周龄产蛋量 280~290个,平均蛋重 59~60 g;5 月龄开产,产蛋高峰可达 96%;20 周龄体重 1.35~1.40 kg;产蛋期存活率 88.8%。

目前,中国北京华都集团有限责任公司(原北京市种禽公司)又推出新的白壳蛋鸡品系——华都京白-A98。该鸡商品代鸡羽毛纯白色,体型中等,20 周龄体重 1.3~1.4 kg,产蛋末期体重1.7~1.8 kg;性成熟早;达 50%产蛋率日龄为 140~147 天。耗料少,平均料蛋比(2.1~2.2):1;产蛋量高,高峰期产蛋率 93%~96%,入舍母鸡产蛋量 327~335 个,平均蛋重 61~62 g,蛋壳白色;抗病力强,存活率高,0~20 周龄育成率 96%~98%,产蛋期存活率 94%~95%。

(2)海兰 W-36 白羽白壳蛋鸡

海兰 W-36 白羽白壳蛋鸡由美国海兰国际公司培育。商品代鸡生产性能较高,适应性较好;160 日龄左右开产,入舍母鸡产蛋294~315 个,72 周龄平均蛋重 64.8 g,料蛋比(2.1~2.3):1;18周龄体重 1.28 kg;可通过羽速自别雌雄。

(3)尼克白鸡

尼克白鸡是由美国尼克国际公司培育而成。该鸡体重较小,18 周龄体重 1.27 kg;开产早,140~153 天开产;80 周龄产蛋量为325~347 个,平均蛋重 60~62 g;料蛋比为(2.1~2.3):1;产蛋期成活率 89%~94%。该鸡的特点是产蛋多,体重小,耗料少,适应性强。

(4)海赛克斯白鸡

海赛克斯白鸡由荷兰尤里布里德公司培育而成。商品代鸡适应性较好,产蛋性能较高;160 天左右开产,72 周龄入舍母鸡产蛋量 280 个,平均蛋重 60 g;料蛋比 2.4:1;20 周龄体重 1.3 kg(后期体重稍大),产蛋期存活率 92%。

(5)巴布可克 B-300

巴布可克 B-300 鸡由美国巴布可克公司培育。其特点是体重较小,蛋重适中,产蛋数量多。该鸡平均年产蛋 260 个左右,平均蛋重 59 g;料蛋比 2.58∶1;成年鸡体重 1.85 kg。

(6)罗曼来航蛋鸡(LSL)

罗曼来航蛋鸡由德国罗曼公司育成,属来航系列。该鸡全身羽毛白色,体型较小,商品代 20 周龄体重 1.3~1.35 kg,产蛋末期体重 1.75~1.85 kg;性成熟早,达 50%产蛋率日龄为 152~158 天;耗料少,平均料蛋比(2.2~2.4)∶1;产蛋量高,72 周龄入舍母鸡产蛋量 285~295 个,平均蛋重 63.5~64.5 g,蛋壳白色;抗病力强,存活率高,0~20 周龄育成率 96%~98%,产蛋期存活率为 94%~96%,在全世界生产白壳蛋的品种中名列前茅。

(7)迪卡白鸡

迪卡白鸡是由美国迪卡公司培育而成的配套杂交鸡。该鸡 500 日龄产蛋 290~300 个,平均蛋重 61.1 g,料蛋比 2.4∶1,产蛋期存活率 97.9%。

2. 褐壳蛋鸡

褐壳蛋鸡羽毛多为红色,商品代初生雏鸡可根据羽色自别雌雄。性情温顺,便于管理。啄癖少,死淘率低。但体重稍大,饲料消耗较高。开产日龄稍晚,一般 5.5 月龄开产。蛋重大,大部分在 60 g 以上。蛋壳颜色为褐色。产蛋多。产蛋期存活率高。

(1)伊萨褐壳蛋鸡

伊萨褐壳蛋鸡是由法国伊萨公司培育的高产四系配套鸡种。其商品代雏鸡可根据羽色自别雌雄。成年母鸡羽毛呈深褐色,间或有少量白斑;体型中等,商品鸡淘汰时体重 2.25 kg。入舍母鸡产蛋量 308 个,平均蛋重 62 g,产蛋期料蛋比为(2.4~2.5)∶1;存活率 92.5%。该鸡适应性较强,在我国有一定饲养数量。

（2）海赛克斯褐壳蛋鸡

海赛克斯褐壳蛋鸡由荷兰尤里布里德公司培育。商品代雏鸡可根据羽色自别雌雄，公雏白色，母雏红色。该鸡 20 周龄育成率 97%，20 周龄体重 1.63 kg。商品代 155～160 天开产，500 日龄产蛋 258 个，平均蛋重 60 g；料蛋比（2.6～2.8）∶1；成年体重 2.2～2.3 kg。

（3）海兰褐壳蛋鸡

海兰褐壳蛋鸡是由美国海兰国际公司培育的一个优良配套系。该鸡商品代母鸡羽毛棕红色，初生雏可根据羽色自别雌雄；0～20 周龄育成率 97%；20 周龄体重 1.54 kg；平均 156 日龄开产，80 周龄产蛋 298～318 个；蛋壳褐色；32 周龄平均蛋重 60.4 g；料蛋比 2.5∶1；20 周龄体重 1.54 kg；产蛋期存活率 91%～95%，是目前非常受欢迎的一个褐壳蛋鸡品种。

（4）尼克褐壳蛋鸡

尼克褐壳蛋鸡由美国尼克国际公司培育。该鸡商品代母鸡为棕红色羽毛，初生雏可根据羽色自别雌雄；155～160 天开产，72 周龄入舍母鸡产蛋量 294 个，32 周龄平均蛋重 60 g；20 周龄体重 1.59 kg；产蛋期存活率 94%。

（5）罗曼褐壳蛋鸡

罗曼褐壳蛋鸡由德国罗曼公司育成，为四系配套杂交品种。该鸡商品代 0～20 周龄育成率 97%～98%；20 周龄体重 1.5～1.6 kg；152～158 日龄达到 50% 产蛋率，产蛋高峰值 90%～93%；72 周龄入舍母鸡产蛋量 285～295 个，平均蛋重 64 g；料蛋比（2.3～2.4）∶1；产蛋期末体重 2.2～2.4 kg；产蛋期存活率 94%～96%。

（6）迪卡褐壳蛋鸡

迪卡褐壳蛋鸡由美国迪卡公司培育而成。该鸡雏鸡可根据羽色自别雌雄。商品代蛋鸡 0～20 周龄育成率 97%～98%；20 周龄

体重 1.65 kg；24～25 周龄达到 50％产蛋率，78 周龄产蛋 285～
300 个，平均蛋重 64 g；料蛋比 2.58：1。

(7)华都京红-B98

华都京红-B98 由中国北京华都集团有限责任公司育成。该
鸡体型中等，20 周龄体重 1.63～1.73 kg，产蛋末期体重 2.05～
2.15 kg；性成熟早，达 50％产蛋率日龄为 138～145 天；耗料少，
平均料蛋比(2.20～2.30)：1；产蛋量高，高峰期产蛋率 94％～
95％，入舍母鸡产蛋量 330～335 个，平均蛋重 61.5～62.5 g，蛋
壳褐色；商品代初生雏鸡可根据羽色自别雌雄；抗病力强，存活
率高，0～20 周龄育成率 96％～98％，产蛋期存活率 94％～
95％。

(8)宝万斯高兰

宝万斯高兰由荷兰德克家禽育种公司育成。该鸡商品代母鸡
羽毛红色，初生雏鸡可根据羽色自别雌雄；达 50％产蛋率的时间
为 137 天，72 周龄平均产蛋率 76.5％，总产蛋重 20.54 kg，平均蛋
重 63 g；产蛋期末体重 2.12 kg；料蛋比 2.12：1；产蛋期存活率
95％。

(9)"农大褐 3 号"矮小蛋鸡

"农大褐 3 号"矮小蛋鸡是中国农业大学的育种专家历经多年
培育的优良蛋用品种，1998 年通过农业部组织的专家鉴定。该鸡
在培育过程中，曾引入了伴性矮小基因 dw，因此，体型较小，腿较
普通鸡短 4 cm 左右（普通鸡腿长 9～11 cm，该鸡腿长为 5～
7 cm）。该鸡整个体躯较普通鸡矮 10 cm 左右。

该鸡最大的优点是节约饲料，体型小，性情温顺，消化吸收功
能强，料蛋比 2：1，抗病力强，如抗马立克病能力强于多数引入品
种，适合在我国各地饲养。

"农大褐 3 号"矮小型蛋鸡是用纯合矮小型公鸡与慢羽普通型
母鸡杂交推出的配套系，利用杂种优势进一步提高了矮小型蛋鸡

商品代的生产性能,同时商品代雏鸡可根据羽速自别雌雄,快羽型雏鸡为母鸡,慢羽型雏鸡为公鸡。经测定,"农大褐 3 号"杂交矮小型蛋鸡商品代 72 周龄产蛋数可达 260 个,平均蛋重约 58 g,总蛋重 15 kg;产蛋期日平均耗料量 85～90 g;料蛋比 2.1∶1;成活率90%。

3. 粉(驳)壳蛋鸡

粉(驳)壳蛋鸡是介于白壳和褐壳蛋鸡品种之间的一个品种,体重中等,羽毛多为白色掺杂少量红黑毛,蛋壳为粉红色,蛋重为55～65 g,是目前较受欢迎的一类品种。该类鸡主要有京白 939、海兰灰、尼克粉和一些不固定的红白杂交品种。

(1)京白 939

京白 939 是由中国北京种禽公司在广大科研单位和院校的通力配合下育成的杂交鸡种。该鸡商品代初生雏鸡可根据快慢羽自别雌雄。京白 939 的雏鸡成活率为 97%;20 周龄平均体重 1.42～1.50 kg,产蛋期末体重 1.80～1.90 kg;平均 150～160 天开产,72周龄产蛋 290～300 个,平均蛋重 62 g;料蛋比(2.1～2.3)∶1;蛋壳粉红色。该鸡的适应性和抗病力极强,成活率高,是目前较受欢迎的一个蛋鸡品种。

最近,中国北京华都集团有限责任公司(原北京市种禽公司)又推出粉壳蛋鸡优良品系——华都京粉-D98。该鸡 20 周龄体重1.4～1.5 kg,产蛋末期体重 1.85～2.00 kg;达 50%产蛋率日龄为 140～147 天;耗料少,平均料蛋比(2.15～2.25)∶1;产蛋量高,高峰期产蛋率 93%～96%,入舍母鸡产蛋量 324～336 个,平均蛋重 61.5～62.5 g,蛋壳粉色;商品代初生雏鸡可根据羽速自别雌雄;抗病力强,存活率高,0～20 周龄育成率 96%～98%,产蛋期存活率 93%～95%。

(2)尼克粉蛋鸡

尼克粉蛋鸡是由美国尼克国际公司培育而成。该鸡体重较小,18 周龄体重 1.35 kg;开产早,150～155 天开产;80 周龄产蛋数 325～347 个,平均蛋重 60～62 g;料蛋比为(2.1～2.3):1;产蛋期存活率 89%～94%。该鸡的特点是产蛋多,体重小,耗料少,适应性强。

(3)海兰灰

海兰灰由美国海兰国际公司育成。该鸡商品代体型中等,18 周龄体重 1.42 kg;性成熟早,达 50% 产蛋率日龄为 151 天;耗料少,平均料蛋比(2.3～2.5):1;产蛋量高,高峰期产蛋率 94%,80 周龄总产蛋重 21.1 kg,32 周龄平均蛋重 60.1 g,70 周龄平均蛋重 6 5.1 g;蛋壳粉色;商品代初生雏鸡可根据羽速自别雌雄;抗病力强,存活率高,0～18 周龄育成率 98%,产蛋期存活率 95%。该鸡父母代达 50% 产蛋率日龄为 149 天;产蛋量高,高峰期产蛋率 93%,入舍母鸡产蛋量 252 个(18～65 周龄);平均生产母雏数 96 只(25～65 周龄);存活率高,0～18 周龄育成率 95%,产蛋期存活率 95%。

(4)雅康粉壳蛋鸡

雅康粉壳蛋鸡是由以色列"P. B. V"家禽育种协会推出的四系配套浅褐壳蛋鸡。该鸡商品代可通过羽速自别雌雄;商品代 160～167 日龄产蛋率达 50%,78 周龄产蛋数 290～305 个,蛋重 62～64 g;20 周龄体重 1.5 kg;产蛋期日耗料 99～105 g;0～20 周龄育成率为 94%～96%,产蛋期存活率 92%～94%。

另外,还有罗曼粉、宝万斯尼拉等,均有较好的生产表现。

除了上述品种外,在我国还有一些优良的地方蛋鸡品种,如分布在浙江一带的仙居鸡等。

仙居鸡是分布在我国浙江仙居、临海一带的地方型蛋鸡品种。该鸡体型清秀,头呈方形,单冠,眼睛明亮而有神,颈细长,背平直,体态紧凑匀称,反应灵敏,适应性、觅食能力强,就巢性弱。该鸡羽毛颜色较杂,有黄、黑、白、棕黄色等,但以黄色居多;成年公鸡体重

1.5 kg,母鸡1.0 kg左右;平均年产蛋量200个,高者可达到250个;蛋重40~45 g,蛋壳浅褐色。

❷ 肉鸡品种

○ 标准品种

1.科尼什

科尼什为一典型的标准肉鸡品种,原产于英国的康瓦尔,有白色科尼什和红色科尼什之分。最早的白色科尼什为隐性白羽,后来美国用红色科尼什引入了白来航的显性白羽基因培育出具有显性白羽的白色科尼什,作为肉鸡的父系。

科尼什鸡为豆冠;喙、胫、皮肤为黄色;羽毛紧密,体躯坚实;肩、胸很宽,胸、腿肌肉发达,肉用性能好;产蛋量较低,年平均产蛋120~130个,蛋重56 g,蛋壳浅褐色;体重大,成年公鸡体重为4.6 kg,母鸡3.6 kg。具有显性白羽的科尼什与其他有色鸡杂交后,其后代多为白色或近似白色。

2.九斤鸡

九斤鸡为世界著名的标准肉鸡品种,原产于中国。该鸡头小,喙短,单冠;冠、肉垂、耳叶均为鲜红色,眼棕色,胫、皮肤黄色;颈短粗,体躯宽深,胸部饱满,背部向上隆起,羽毛蓬松,外形近方形;有胫羽和趾羽;体大而笨重,性情温顺,就巢性强;8~9月龄性成熟,年产蛋80~100个,平均蛋重55 g,蛋壳黄褐色;成年公鸡体重4.9 kg,母鸡3.7 kg;肉质滑嫩,肉色微黄,肉味鲜美。

九斤鸡有9个不同毛色的品变种,即浅黄色、鹧鸪色、黑色、白色、银白色镶边、金黄色镶边、青铜色、褐色、横斑九斤鸡。目前九斤鸡在我国存量较少,但该鸡在世界一些优良品种的培育过程中曾做出过重大贡献,如洛岛红鸡、横斑洛克鸡、奥品顿鸡、三河鸡等均有九斤鸡的遗传基因。

○ 杂交配套品种

在肉鸡生产中,一是要求种鸡多产后代,二是要求后代的生产性能高。若将这 2 种特性均集中在父母亲上则很难达到要求,因此,一般将这 2 种特性分别集中在 2 个不同的品系,即父系和母系,两者经配套杂交后生产出数量多、产肉性能好的商品肉用仔鸡。

1. 艾维茵肉鸡

艾维茵肉鸡由美国艾维茵公司选育而成。该鸡全身白羽,体躯呈椭圆形。父母代 65 周龄平均体重 3.6~3.7 kg,66 周入舍母鸡产蛋 185 个,种蛋数 175 个,雏鸡数 150 个。商品代肉鸡 6 周龄体重 2.2~2.4 kg,耗料增重比为(1.9~2.0):1。该鸡的适应性较好,抗病力较强,目前在我国肉鸡生产中占有很大比例。

2. AA 肉鸡

AA 肉鸡由美国爱拔益加公司培育而成。该鸡羽毛全白,体躯高大,呈方形。该鸡父母代种鸡年产蛋 180 个以上,种蛋 170 多个,雏鸡 150 只。商品代肉鸡 6 周龄体重在 2.0 kg 以上,耗料增重比为(2.0~2.1):1,成活率在 98% 以上。该鸡适应性很好,抗病力和抗逆性均较强,目前在我国也有很大数量饲养;北京、上海、广东均有祖代鸡场。

近年来,美国爱拔益加公司在原有的基础上,培育出了生长速度更快的宽胸系 AA+肉鸡。AA+肉鸡父母代肉种鸡具有 2 种类型,即慢羽系和快羽系。慢羽系种鸡所产生的商品代雏鸡可根据快慢羽自别雌雄。快羽系所产生的后代全为快羽。AA+父母代肉种鸡 30 周龄体重约 3.5 kg;170 日龄左右开产,约 210 日龄达到产蛋高峰;种蛋受精率平均为 94%。商品肉仔鸡 6 周龄平均体重达 2.0~2.5 kg,耗料增重比为(2.0~2.1):1,成活率为

94%以上。

3.罗斯-308肉鸡

罗斯-308肉鸡是英国罗斯育种公司培育成的优质白羽肉鸡。该鸡种的特点是体质健壮,成活率高,增重速度快,胸肌发达,出肉率和饲料转化率高。该鸡种为四系配套,商品代雏鸡可以羽速自别雌雄。

父母代种鸡170~175日龄开产,开产体重2.9~3.0kg,产蛋高峰产蛋率85.3%,种蛋孵化率84.8%,入舍母鸡产合格种蛋数175个。

商品代肉仔鸡7周龄体重可达3.0kg以上,耗料增重比约1.9:1。因其商品代可以通过羽速自别雌雄,把公母分开饲养,出栏均匀度好,成品率更高。

4.印第安河肉鸡

印第安河肉鸡为一四系配套杂交肉鸡品种,由美国的印第安河公司培育而成。

该鸡父母代种鸡65周龄入舍母鸡产蛋量为178个,种蛋172个,出雏140只。65周龄成年公、母鸡平均体重4.2kg。商品代肉用仔鸡羽毛白色,8周龄体重2.4kg,耗料增重比为2.07:1。

5.狄高肉鸡

狄高肉鸡是由澳大利亚狄高公司培育成的配套杂交鸡种。商品肉鸡羽毛黄色。父系有2个,一个为TM70系,羽毛白色;另一个为TR83系,羽毛为黄色。母系一个,羽毛浅褐色。目前广西、天津、深圳、江等地均有祖代或父母代饲养。

6.依沙明星肉鸡

依沙明星肉鸡是由法国依沙公司培育而成,为五系配套杂交肉鸡。

该鸡父母代为矮小型鸡,64周龄入舍母鸡产蛋量为170~180个,种蛋为156个,出雏130只以上,平均蛋重63.5g。商品肉鸡

8 周龄平均体重 2.55 kg,耗料增重比为 2.12:1。

7. 马歇尔肉鸡

马歇尔肉鸡由英国马歇尔公司育成,羽毛白色;在我国北京有父母代饲养。

该鸡父母代 24 周龄产蛋率达 5%~10%,入舍母鸡产蛋量 150 个,合格蛋数 141 个,可孵出肉用仔鸡 118 只;开产时体重 2.4 kg。商品代肉用仔鸡 8 周龄体重 2.2~2.4 kg,耗料增重比为 2.1:1。

8. 哈巴德肉鸡

哈巴德肉鸡由美国哈巴德公司育成。

该鸡羽毛白色,胸肌特别发达。父母代种鸡 25 周龄产蛋率达到 5%~10%,入舍母鸡产蛋量 179 个,合格种蛋 162 个,可繁肉用仔鸡 138 只,产蛋期存活率 92%~94%。商品代公雏 7 周龄体重可达 2.31 kg,母雏达 2.0 kg 以上,耗料增重比为 2.0:1。该鸡较耐粗饲,抗病力和适应性较强;目前在我国部分地区有祖代饲养。

9. 塔特姆肉鸡

塔特姆肉鸡由美国乔治塔特姆公司育成。该鸡羽毛白色,身体椭圆形;父母代种鸡 66 周龄入舍母鸡产蛋 177 个,种蛋 170 个,雏鸡 145 只;商品肉用仔鸡 8 周龄,公、母平均体重 2.475 kg,耗料增重比为 2.05:1。

10. 罗曼肉鸡

罗曼肉鸡由德国罗曼公司培育而成,羽毛白色。该鸡父母代种鸡 63 周龄入舍母鸡产蛋量为 155 个,出雏 130 只以上;商品代肉鸡 7 周龄体重为 2.0 kg,耗料增重比为 2.05:1。

除上述的杂交品种之外,还有一些其他的杂交配套鸡种,列入表 2-1,供参考。

表 2-1 引入我国的其他肉鸡配套品种

品种	原产地	用途	羽色
海佩科	荷兰海佩科公司	肉用	黄羽
罗斯 208,罗斯 308	英国罗斯公司	肉用	白羽
尼克肉鸡	美国辉瑞公司	肉用	白羽
星布罗	加拿大雪佛公司	肉用	白羽
红布罗	加拿大雪佛公司	肉用	黄羽
彼德逊	美国彼德逊公司	肉用	白羽
海布罗	荷兰尤里布里德公司	肉用	白羽
科布	美国科布公司	肉用	金黄、银白
皮尔斯	加拿大皮尔斯公司	肉用	白羽
安那克 40	以色列	肉用	黄羽
安那克 2000	以色列	肉用	白羽
皮尔奇	美国	肉用	白羽
阿巴艾克	美国阿巴艾克公司	肉用	白羽
TA57 肉鸡	法国依莎公司	肉用	有色羽

○ 地方品种

1.惠阳胡须鸡

惠阳胡须鸡又称三黄胡须鸡、龙岗鸡、龙门鸡、惠州鸡,为一地方优质肉鸡品种,原产于广东省惠阳地区。该鸡因皮黄、毛黄、脚黄、有胡须而被称为三黄胡须鸡或三黄鸡。

该鸡具有矮脚、易肥、骨软、皮薄等特点。公鸡分为有主翼羽、无主翼羽 2 种;主翼羽有黄色、褐红色、黑色,但以黄色为主。母鸡全身羽毛黄色,主翼羽和尾羽有紫黑色,尾羽不发达。该鸡就巢性强;成年公鸡体重 2.1～2.3 kg,母鸡 1.5～1.8 kg;母鸡 6～7 月龄开产,年产蛋 80～100 个,平均蛋重 47 g,蛋壳浅褐或深褐色;在良好的饲养管理条件下,公鸡、母鸡混合饲养 85 天体重可达 1.1 kg。该鸡以数量大、分布广、早熟易肥、胸肌发达、肉品品质好、风味独特而成为我国出口量大、经济价值高的传统商品。

2. 北京油鸡

北京油鸡为一地方型优质肉蛋兼用鸡种,原产于北京北郊、德胜门、安定门外。

该鸡体型较大,羽毛丰满,羽色为黄色、赤褐色,尾羽和翼羽夹有黑色或半黑黄色;有的具有冠羽(凤头)或胡须或胫羽或五趾,或具全。其中,凤头、毛胫、胡须是北京油鸡的主要外貌特征。该鸡颈高昂,体躯上举;公鸡尾羽高翘,体态雄壮;母鸡头尾稍翘,体态敦实。油鸡性情温顺,适应性强,屠体肉质丰满,肉味鲜美;公鸡体重 2.0～2.5 kg,母鸡 1.5～2.0 kg,120 日龄体重 1.5～1.6 kg;母鸡 7 月龄开产,年产蛋 110 个左右,平均蛋重 58 g。

3. 桃源鸡

桃源鸡原产于湖南省桃源县,是优良的地方肉用鸡种。

该鸡体型硕大,近似正方形,羽毛颜色多样;公鸡黄红色,母鸡黄色者居多,也有黑麻色或褐麻色的;单冠,红色;胫、喙米黄色或黑色;公鸡头颈直立,背平,脚高,尾羽翘起;母鸡头略小,颈短粗,羽毛疏松,身体肥大;成年公鸡体重 4～4.5 kg,母鸡 3～3.5 kg;年产蛋 100～120 个,平均蛋重 55 g;肉质鲜嫩,肌间脂肪丰富。

4. 浦东鸡

浦东鸡原产于上海,也是优良的地方肉用鸡种。

该鸡体型硕大宽阔,近似方形;骨粗脚高;羽毛蓬松,以黄色、麻褐色居多;嘴粗短而微弯,呈黄色或褐色;单冠;冠、肉垂、耳叶、脸均为红色;胫黄色,多无羽。浦东鸡的早期生长速度快,3 月龄体重达 1.25 kg;成年公鸡体重 4 kg,母鸡 3 kg 左右;母鸡年产蛋 100～130 个,蛋重 58 g,蛋壳褐色。该鸡以其体大、肉肥、味美而著称。

5.石歧杂鸡

石歧杂鸡是中国香港利用广东地方品种经杂交育成的商品黄羽肉鸡。

该鸡1979年引入深圳,并得到迅速发展,目前已成为当地出口优质黄羽肉鸡的主要品种之一。该鸡大部分羽毛为黄色,但在颈部和翼羽有黑色羽毛,喙及脚为黄色,喙尖为黑色;黄麻和褐麻较少。此鸡较地方黄羽鸡生长速度快,饲料报酬高,但保持了地方肉鸡优良肉质、耐粗饲、抗病力强的优良特性。商品肉鸡8周龄体重,公鸡达到0.60 kg,母鸡0.55 kg左右,16周龄公鸡1.54 kg,母鸡1.32 kg左右。

另外,在我国还有许多的优良地方品种,在此不作过多的赘述。

❸ 兼用鸡品种

兼用鸡属肉蛋兼用或蛋肉兼用型,有从国外引入的,也有一些地方品种。目前,引入的兼用鸡种直接在生产上饲养的很少,它们主要被用作肉鸡的母系;地方兼用鸡种还有部分饲养。

○ 标准品种

1.洛岛红鸡

洛岛红鸡是兼用的标准品种,因在美国的洛德岛州育成而得名。该鸡羽毛深红色,尾羽黑色,冠、耳叶、肉垂、脸均为鲜红色,皮肤、喙、胫为黄色;体躯近似长方形,背部宽平;全身肌肉发育良好,体质强健;头中等大小;单冠。该鸡适应性强,具有良好的产肉和产蛋性能;180天性成熟,平均年产蛋180个左右,平均蛋重60 g左右,蛋壳褐色;成年公鸡体重3.70 kg,母鸡2.75 kg。

在目前培育的大部分四系配套的褐壳杂交鸡种中,主要是利用洛岛红的高产品系作为父本父系和父本母系,并利用其伴性隐性金黄色羽毛基因与具有伴性显性银白色羽毛的品系杂交,培育出可根据羽色自别雌雄的商品蛋鸡。

2. 新汉夏鸡

新汉夏鸡属兼用型的褐壳鸡种,育成在美国的新汉夏州。此鸡主要是在洛岛红的基础上选育而成。因此,其体型外貌与洛岛红基本相似,只是背部较短,羽毛颜色稍浅。该鸡产蛋量明显提高,平均年产蛋 200 个,蛋重约 58 g;成年鸡的体重略低于洛岛红。

3. 白洛克鸡

白洛克鸡属于兼用型鸡种,在美国育成。该鸡全身羽毛白色;单冠;冠、肉垂、耳叶为红色,喙、胫、皮肤为黄色;体型为椭圆形;早期生长发育快;胸、腿肌肉发达,肉质较好;平均 170～180 天性成熟;年产蛋 160～180 个,蛋重 58～60 g,蛋壳褐色。

因为白洛克鸡具有良好的产蛋和产肉性能,因此,在现代化肉鸡生产中,多选其作为肉鸡的母系。

4. 浅花苏赛斯

浅花苏赛斯是肉蛋兼用型品种,原产于英国。该鸡体长,胫短,尾低,单冠,体中等大小;冠、肉垂、耳叶均为红色,皮肤白色;体羽呈白色,但颈羽、鞍羽(公鸡又称蓑羽)、尾羽(公鸡又称镰羽)呈黑色或镶白边,翼羽为黑色。

浅花苏赛斯肉用性能较好,早期生长速度快,肉质好;约 170 天性成熟,年产蛋 150～160 个,平均蛋重 56 g;成年公鸡体重 4.0 kg,母鸡 3.15 kg。因此,该鸡具有良好的产蛋和产肉性能,且皮肤为白色。目前,在一些国家用它作为肉鸡的父系,与其他黄皮肤肉用种母鸡杂交,以生产白皮肤的商品肉鸡,后代屠体较为美观。

5. 狼山鸡

狼山鸡是我国著名的蛋肉兼用型鸡种,1883 年在美国被承认为标准品种。该鸡原产于我国的江苏省,以南通港附近的狼山而得名。狼山鸡有黑色羽和白色羽 2 个品变种。狼山鸡的体型硕大,头颈昂举,尾羽高翘,背部呈马鞍形,胸部发达,腿长,偶有胫羽,单冠;鸡冠和肉垂均为红色,喙及脚为黑色,全身皮肤为白色;性情温顺,适应性和觅食能力强,肉质好;公、母配比 1∶(15~20)时,种蛋受精率 90%左右;孵化率 80%左右;母鸡有一定就巢性,就巢鸡占鸡群的 16.57%,平均就巢 16.93 天(7~33 天);雏鸡成活率,1 月龄为 95.12%,1~2 月龄 91.14%,1~3 月龄 90.44%;成年鸡成活率 95%左右;成年公鸡体重 3.5~4.0 kg,母鸡 2.5~3.0 kg;6~8 月龄开产,年产蛋 170~180 个,平均蛋重 55~60 g,蛋壳褐色;雏鸡平均初生重 40 g,公鸡 150 日龄平均体重 2.4 kg,母鸡 150 日龄平均体重 1.67 kg;1~150 日龄耗料增重比 4.46∶1;屠宰半净膛率 80%以上,全净膛率 70%以上;屠体洁白,肌纤维较细,肉质鲜美。

狼山鸡在一些世界优良鸡种培育过程中曾做出过巨大贡献。如英国的奥品顿由狼山鸡作为第二父本杂交而成。

○ 地方品种

1. 萧山鸡

萧山鸡主要分布在浙江萧山一带,为肉蛋兼用鸡种。

萧山鸡体型较大;单冠而短小;冠、肉垂、耳叶均为红色,喙、胫黄色;羽毛淡黄色,颈羽黄黑相间。该鸡的适应性极强,早期生长快,成熟早,约 6 月龄开产;年产蛋 130~150 个,蛋壳褐色;有就巢性;成年公鸡体重 2.5~3.5 kg,母鸡 2.1~3.2 kg;肉质富含脂肪,肉味鲜美。

2. 庄河鸡(大骨鸡)

庄河鸡原产于辽宁一带,属于蛋肉兼用型地方品种。

庄河鸡体格硕大,腿高粗壮,结实有力,身高颈粗,胸深背宽,墩实有力,故称大骨鸡。该品种公鸡羽毛多为红色,母鸡为黄色;成年公鸡体重 3.2 kg 以上,母鸡 2.3 kg 以上;年平均产蛋 146个,蛋重 63 g 以上。

3. 寿光鸡

寿光鸡原产于山东寿光,分大、中 2 种类型,大型为肉蛋兼用型地方鸡种,中型为蛋肉兼用型地方鸡种。该鸡全身羽毛黑色,并带有金属光泽;大型公鸡体重 3.8 kg,母鸡 3.1 kg,年产蛋 90～100 个,蛋重 70～75 g;中型公鸡体重 3.6 kg,母鸡 2.5 kg,年产蛋120～150 个,蛋重 60～65 kg;蛋壳厚,深褐色;母鸡成熟期 240～270 天。

4. 固始鸡

固始鸡原产于河南省固始县,主要分布于信阳、驻马店一带,属于肉蛋兼用型地方鸡种。该鸡体躯紧凑,反应灵敏;公鸡羽毛多为红色,母鸡以黄色、麻黄色居多,尾呈佛手形;以单冠为主,少量豆冠;冠、肉垂、耳均为红色,喙黄色,脚青色;成年公鸡体重2.3 kg,母鸡 2 kg;6～7 月龄开产,年产蛋 130 个左右,平均蛋重51 g,蛋壳褐色;就巢性强。

5. 鹿苑鸡

鹿苑鸡原产于江苏省沙洲县鹿苑镇,是肉蛋兼用型地方品种,因产于鹿苑镇而得名。该鸡羽毛黄色,公鸡颈羽、鞍羽和小镰羽呈金黄色而富光泽,大镰羽呈黑色;母鸡羽色草黄,少数麻黄色,主翼羽、颈羽和尾羽有黑斑;喙、胫、趾均呈黄色;体格高大,躯体宽,胸部深,腰背平直,呈长方形;母鸡平均开产日龄 180 天,年平均产蛋量 144 个左右,蛋重约 54 g,蛋壳褐色;母鸡就巢性较强,就巢鸡占鸡群的 18.7%;雏鸡初生重 37.6 g,120 日龄公鸡 1.88 kg,母鸡1.58 kg;成年公鸡体重 3.12 kg,母鸡 2.37 kg;屠宰半净膛率,公鸡 81.3%，母鸡 82.57%；全净膛率，公鸡 72.6%，母鸡 73%；屠体美观，色黄，皮下脂肪丰富，肉质良好。当地名菜"叫花鸡"（又称煨鸡）就是以鹿苑鸡为原料烹制而成。

6. 太行鸡

太行鸡曾用名河北柴鸡，俗称柴鸡、土鸡、笨鸡，属蛋肉兼用品种。中心产区在河北省西部的太行山区，省内各地均有分布。

太行鸡的饲养历史悠久，是在当地自然生态环境条件下经长期选育而成的地方品种。20 世纪 80 年代初期以前，河北省大部分地区饲养的都是柴鸡，约占总饲养量的 80%。80 年代中后期开始，随着畜牧业的快速发展及对蛋鸡高生产性能的追求，柴鸡的饲养量逐渐减少。近年来，由于人们对鸡蛋风味的追求，柴鸡的饲养量又逐渐增多。

太行鸡羽色较杂，麻色者占一半以上，其次为黑色，其余为芦花、浅黄、纯黄、白色和银灰等色。大部分成年公鸡颈羽、鞍羽、背羽为红色，尾羽和主翼羽为黑色，其他部位是黄色；少数为芦花或黑色。成年母鸡麻黄色较多，少数为黑色、白色、芦花及杂色；大约 60% 颈羽为黄色，大部分全身为黑色。

太行鸡头较小、脸清秀，多为小型红色单冠，冠齿数 5～6 个；肉垂多为红色，较小，豆冠或草莓冠者较少，极少数有毛冠、毛髯和凤头；耳叶可分为苍白和鲜红 2 种色；喙短而微弯，喙多为铅灰或苍白色，带钩者居多（彩图 1）。

太行鸡体型较小，匀称，结实，羽毛紧凑，皮薄骨细；母鸡 155～165 天开产，年产蛋 170 个以上，平均蛋重 45 g，蛋壳粉色；育肥公鸡 13 周龄体重 1.2 kg 以上。

该鸡的最大特点是适应性强，耐粗饲，蛋肉品质好，适口性强。目前在河北省境内放牧饲养的鸡群绝大部分为该品种。

地方型兼用品种很多，几乎每一地区都有适合于本地的品种，不再介绍。

❹ 优良种鸡的外貌选择

在大型商品性繁殖种鸡场,种鸡在饲养过程中,要经常不断地选优去劣,及早淘汰低产或停产鸡,减少非生产性饲料消耗,提高整体鸡群的生产力,增加经济效益。择优汰劣的最简便方法是根据外貌进行选择。

○ 育雏期的选择

1. 蛋用雏鸡的选择

蛋鸡在育雏结束时(6 周龄左右),结合转群进行一次选择。此时应选留体型外貌符合品种特征、健康无病、体重大小适中、羽毛生长速度快的鸡;淘汰体重过小、有病、外貌或生理上有明显缺陷(如眼瞎、腿瘸、伤残等)的个体。体重过大时,将来产蛋量低,也应淘汰。还可对体重较小的鸡隔离饲养,增加营养,加强管理,待其体重达到正常时再并群。

2. 肉用雏鸡的选择

鉴于 6~8 周龄肉种雏的体重、生长速度与成年种鸡的体重及全期生长速度有较强的正相关,在 6~8 周龄选留生长速度快、体重较大、羽毛丰满、身体健康、精神饱满的个体;淘汰体质外貌不符合品种特征、体弱有病、有残疾、羽毛生长不齐、体重过大或过小的个体。

○ 育成期的选择

由育成鸡舍转入成年鸡舍的过程中,还要进行一次选择,是在 18~20 周龄。此时应淘汰发育不全、体重严重不足、有明显生理缺陷和疾患的个体。

○ 产蛋期的选择

1.根据外貌和身体结构选择

正常情况下,产蛋母鸡有一定的死亡淘汰率(一般每月 1%～2%),为了保证鸡群的产蛋率,应及时淘汰低产或停产鸡。低产鸡,身体过肥或过瘦,反应迟钝,觅食能力差,头粗大或干燥,面部肌肉丰满,胸部狭窄而浅,胸骨短或弯曲,体躯窄、短或驼背,肛门外侧圆而皱缩,内侧干燥。停产鸡,冠、肉垂、耳叶、肛门均皱缩,冠、肉垂色淡,肛门干燥,小而圆。如果饲养员观察仔细,就不难发现低产鸡和停产鸡。因这些鸡产蛋少或不产蛋,其饲料及其他方面的消耗远大于其产蛋收入,因此,是淘汰的对象。对于个别病鸡一经发现,立即淘汰。另外,对啄癖现象严重,或被啄伤的鸡也应及时淘汰。

2.根据触摸品质和腹部容积选择

用手触摸鸡冠、肉垂、皮肤时,若感觉细致、柔软、温暖而有弹性,两耻骨薄且有弹性,则为健康高产鸡;低产或病鸡,冠、肉垂粗糙、坚硬、冰凉而缺乏弹性,皮肤皱缩,耻骨坚硬。

腹部是消化器官和生殖器官的所在地。腹部容积大时,这 2 种类型器官发达,生产能力高;容积小时,则生产力低。测量的方法是把手指(大拇指除外)并拢分别放于鸡的两耻骨间和胸骨与耻骨间,若耻骨间距在 3 指以上,胸骨到耻骨间的距离在 4 指以上,则为高产鸡;若耻骨间距在 3 指以下,胸骨到耻骨间的距离在 4 指以下,则为低产鸡,应予以淘汰。

3.根据换羽早晚选择

种鸡经过一个产蛋期后(约 500 天)要停产换羽。一般情况下,高产鸡换羽晚,换羽快,1～2 个月换齐,或边换羽边产蛋;低产鸡换羽早,换羽慢,需要 3～4 个月才能换完,这样的鸡是被淘汰的对象。

4. 根据色素消失情况选择

对于黄皮肤的母鸡,因产蛋需要,饲料中的叶黄素供应不足,便动用体内的叶黄素,身体各部将出现有规律的色素消退,其顺序为肛门→眼圈→耳叶→喙→脚底→胫前部→胫后部→趾尖→飞节。高产鸡色素消失多;低产鸡色素消失得少,是被淘汰的对象。

❺ 引种时的注意事项

父母代种鸡场每1~2年更新一次种鸡,商品蛋鸡场或肉用仔鸡场每个生产周期开始,都需要购入鸡苗。种用鸡苗的好坏,除直接关系到雏鸡的成活率、健康、生长发育和成鸡的健康及产蛋以外,还影响到后代的生长发育、生产性能及鸡场声誉;商品鸡苗的好坏将影响到鸡的健康、成活、生产能力,因此,引入好的鸡苗和保证成鸡稳产高产及肉用仔鸡的快速增长是每个生产者非常关注的问题。故引种时应特别注意市场需求、品种的适应性、生产性能的高低及被引种鸡场的饲养管理水平和疫病防治情况。

○ 市场需求

现代化养鸡生产的产品(肉或蛋),均需向市场提供;只有被市场接纳,被消费者认可,鸡场的产品才能成为商品。因此,引什么品种,首先应进行市场调查。例如,有些地区的消费者喜欢褐壳蛋,有的喜欢白壳蛋,还有的喜欢粉壳蛋;有的喜欢大型肉鸡,而有的则喜欢优质肉鸡。应根据市场需求确定品种,同时,还应有一定的市场预测能力。

○ 品种的适应性

一个品种无论其生产性能有多高,如果不能在本地生存或很好地生存,也不能充分发挥。换句话说,本地区的自然环境、社会环境、饲料环境不适合于这一品种的生存和生产,引这样的品种是没有意义的。例如,有些轻型蛋鸡品种生产性能很高,但因比较神经质,反应灵敏,易受惊吓,那么在较嘈杂的地方养鸡就应避开这些品种,而选择反应较迟钝的中型蛋鸡。再如,有的品种抗白痢能力较强,但也有的品种对本病较敏感,因此,在白痢较猖獗的鸡场应当选择前者。总而言之,不同品种对环境条件的要求不同,希望养鸡户在引种前,除详细阅读一些品种介绍资料外,还应到周围鸡场进行周密的调查了解。

○ 品种的生产性能

经现代化育种方法培育出的鸡种,其生产性能远比一些原始品种高。例如,过去所饲养的一些地方品种年产蛋不足 200 个;肉用仔鸡 2 个月体重 1 kg 左右。如今所饲养的培育蛋鸡品种年产蛋可达 250 个以上;肉用仔鸡 7～8 周龄体重可达 2.0～2.5 kg。这在过去是难以想象的。同样是培育品种,但不同的育种方法、不同的血缘、不同的品系其生产性能也有差异。只有选择高产品种,配合以科学的饲养管理和严格的卫生防疫制度,将来才有获得高产的可能。如果品种本身的生产性能低,其他条件再好,也难达到较高的生产水平。所以,引种前,一定要进行品种性能调查,到其他鸡场了解一下哪些品种的生产能力高,作为引种时的参考,严防盲目引种。另外应当注意,从国外引入的一些新品种因适应性问题,不一定在我国表现出良好的生产性能,引种时应慎重。对于一些老的高产品种,随饲养时间的延长,若不注重选择会出现退化现象,这种情况时有发生。因此,建议大家尽量从守信誉的大鸡场引种。

○ **被引种鸡场的饲养管理及疫病预防情况**

　　实践证明,被引种场鸡群生产性能好,饲养管理水平高,疾病少,将来的雏鸡表现好,成鸡的生产性能就高。因此,引种前应了解鸡场的生产性能、饲养管理水平、疾病预防措施等情况。这对于一个初次养鸡的鸡场尤为重要。因为一种疾病一旦带入鸡场就很难杜绝。这就是越老的鸡场疾病往往越多的原因。

第 3 章　鸡 的 繁 殖

❶鸡的生殖生理 ················· 34
❷鸡的繁殖方式 ················· 38
❸鸡的人工孵化 ················· 42

鸡的繁殖主要包括配种和孵化两部分。因目前生产上主要采用自然交配与人工授精和机械孵化法,故在此对其他方法不做过多介绍。

❶ 鸡的生殖生理

○ 公鸡的生殖系统

公鸡的生殖系统由睾丸、附睾、输精管和交尾器构成(彩图 2)。

1.睾丸

公鸡有 2 个睾丸,位于腹腔脊柱两侧,肾脏前叶的前面,形状似蚕豆;色淡黄,常因表层血管分布丰富而显淡红色。睾丸由精细管、精管网和输出管组成。性成熟前,睾丸体积小,颜色呈黄色;性成熟后,体积增大;在繁殖季节,会暂时性显著增大,呈乳白色;性机能减退时,则又变小。睾丸的主要机能是形成精子和分泌雄性激素。

2.附睾

公鸡的附睾不发达,是在睾丸的背内侧缘分布的许多短导管,由睾丸网、输出小管、附睾小管和附睾管组成。输出小管和附睾管是精子进出输精管的通道,并具分泌功能。

3.输精管

输精管左右各 1 条,是极端弯曲的细管,它与输尿管平行,开口于泄殖腔。输精管由前至后逐渐变粗,形成一膨大的圆锥形体,即输精乳头,突出于泄殖腔内。精子从睾丸生成后,需经附睾、输精管才能成熟。精子自睾丸经输精管到泄殖腔需 24 h。输精管的主要作用是储存精子,特别是输精乳头中存有大量精子。

4.交尾器

公鸡退化的交配器官位于泄殖腔腹面内侧,由八字状襞(又称外侧阴茎)和生殖突起组成。交配时,由于八字状襞充血勃起,围成排精沟,精液通过排精沟流入母鸡泄殖腔向外翻突出的输卵管口。

○ 母鸡的生殖系统

母鸡的生殖系统由卵巢和输卵管组成(彩图 3)。右侧卵巢和输卵管在孵化 7～9 天后停止发育,到雏鸡孵出时退化,仅留有残迹。左侧卵巢和输卵管发育正常,具有生殖能力。

1.卵巢

鸡的卵巢位于腹腔左侧,左肾前叶的前方,左肺的后方,由卵巢输卵管系膜附于腰部背侧壁上。卵巢由皮质和髓质构成。皮质层有许多未成熟卵泡,髓质层由血管、神经和平滑肌的血管区构成。雏鸡卵巢小,黄白色,呈椭圆形。性成熟后,卵巢的形状很不规则,形成很多大小不同的卵泡,似一串葡萄。成熟母鸡产蛋时卵巢重 40～60 g,休产时仅重 4～6 g。卵泡突出于卵巢表面,呈结节状,肉眼可见 1 000～2 500 个卵母细胞,用显微镜观察,大约有 12 000 个卵泡。卵母细胞中只有少数达到成熟而排卵。每一个卵泡含一个卵子或生殖细胞。最初生殖细胞位于中央,随着卵黄的累积,渐渐升到卵黄表面,即卵黄膜下面,移行通道以淡色卵黄填充,形成倒瓶状的蛋黄芯。未受精的蛋,生殖细胞在蛋的形成过程中,一般不再分裂,在蛋黄表面是一不透明的灰白色的小点,叫胚珠。受精蛋,生殖细胞继续分裂,形成中央透明周围暗的同心圆结构,叫胚盘。卵泡由卵泡柄附着于卵巢上,表面有许多血管与卵巢髓质相通。卵巢通过卵泡柄运输营养物质供卵子发育。卵泡上与柄相对中央有一条肉眼看不见血管的淡色缝痕,卵子成熟后,由此破裂排出。卵巢的主要功能是产生卵细胞,分泌雌激素、孕酮等。雌激素刺激输卵管,促其迅速发育,还可以促使母鸡出现第二性征、接受公鸡交配。孕酮刺激排卵诱导素产生,并参与蛋的产出。

2. 输卵管

输卵管为弯曲的长管,有弹性,管壁有许多血管。输卵管前端开口于卵巢下方,后端开口于泄殖腔。在卵泡尚未迅速生长之前,输卵管呈线状,长 8～10 cm。卵泡迅速生长后,卵泡分泌的雌激素刺激输卵管迅速发育成一个高度卷曲的相当粗大的结构,长50～60 cm。

输卵管根据其形态结构和功能特点,由前向后可分为漏斗部或喇叭部、蛋白分泌部或膨大部、峡部或管腰部、子宫部和阴道部。

(1)漏斗部

漏斗部位于卵巢正后方,是精子和卵子结合受精的场所。漏斗部呈漏斗状,其游离缘呈薄而软的皱襞,称输卵管伞,向后逐渐过渡为狭窄的管状。卵巢排出卵黄后,到开始纳入喇叭部,约需3 min,到全部纳入喇叭部约需 13 min。卵黄纳入通过喇叭部,还需 18 min。当母鸡处于非正常状态时,如母鸡刚进入产蛋期或产蛋末期,这时卵巢和输卵管的活动周期容易失调,一些卵不能进入漏斗部,而留在体腔,成为"内产卵"。掉入腹腔的卵可在 24 h 内被吸收,如果掉入腹腔的卵过多,蛋黄在体腔积累的速度大于被吸收速度,会引起腹腔炎。发生这种情况的鸡被称为"内产鸡"。

(2)膨大部

膨大部是输卵管中最长的一段,长 30～50 cm。膨大部的特征是管径大、管壁厚、黏膜形成发达的皱褶。膨大部前端与喇叭部界限不明显,有黏膜褶皱部分称膨大部;后端以明显窄环与管腰部区分。膨大部密生大量腺体,包括管状腺和单细胞腺。前者分泌稀蛋白,后者分泌浓蛋白。在膨大部首先分泌包围卵黄的浓蛋白;由于输卵管蠕动,卵黄在输卵管内沿长轴旋转前进,引起浓蛋白扭曲形成系带。然后分泌内稀蛋白,形成内稀蛋白层;再分泌浓蛋白形成浓蛋白层;最后分泌稀蛋白,形成外稀蛋白层。这些蛋白在膨大部呈浓厚黏稠状,其重量为产出的 1/2,但蛋白质含量是产出蛋相应蛋白质含量的 2 倍。这说明卵黄离开膨大部后,不再分泌蛋白,而是增加水分。由于卵在输卵管中运动引起物理变化,蛋白形成明显的分层。卵在膨大部停留约 3 h。

(3)峡部

峡部是输卵管中最短的一段,长约 10 cm;管径较小,管壁较薄,内部纵褶不明显。峡部前端与膨大部界限明显,后端为纵褶尽头。在膨大部与峡部连接处的黏膜表面,有 0.5～1 cm 宽的透明区域。这是由于腺体消失,黏膜上皮中分泌细胞多造成的。峡部主要分泌物形成内外蛋壳膜,并吸收少量的水。内壳膜首先形成,后形成外壳膜。在蛋产出之前,内外蛋壳膜紧密结合为一层,后在一定部位发生分离形成气室。分离的部位在蛋的大头。卵在此约停留 75 min。

(4)子宫部

子宫部呈袋形,管壁厚,肌肉发达,长 10～12 cm;皱襞长而复杂,多为纵行,间有环行。卵在子宫部停留 18～20 h,比在输卵管任何其他部位停留时间长。子宫部分泌子宫液(水分和盐分),通过内外蛋壳膜渗入,使蛋白重量几乎增加 1 倍,同时蛋壳膜臌胀成蛋形。钙的沉积或蛋壳的形成,开始于蛋要进入子宫时。蛋要离开峡部时,壳膜出现许多微小的钙沉积点,对以后钙的沉积量有一定作用。钙的沉积开始很慢,后随着卵在子宫部停留时间的延长而逐渐加快,大约 5 h 或 6 h,钙沉积保持相当一致的速度到蛋离开子宫为止。子宫部还可产生色素和壳上胶护膜。对某一只鸡来说,蛋的颜色深浅是固定的,由鸡的遗传因素决定。壳上胶护膜作为润滑剂,有利于蛋的产出。

(5)阴道部

阴道部长 10～12 cm,是输卵管最后一段,开口于泄殖腔。虽然喇叭部也可以暂时储存精液,但阴道腺是储存精液的主要器官。正常情况下,精子在阴道内储存 10～14 天或更长时间,仍有受精能力。精子被陆续释放出来,母鸡在交配或输精后一段时间内,有连续产受精蛋的可能,这是鸡与家畜在繁殖上的区别。但是,受精能力的变化情况随鸡品种不同而不同。阴道对蛋的形成不起作用,蛋到达阴道部只等候产出,大约需要 0.5 h。母鸡产蛋时,阴道口自泄殖腔向外翻出,所以正常情况下蛋不会接触到泄殖腔的内容物。蛋在阴道内锐端在前,产出时,子宫收缩,阴道翻出使蛋转动 180°,转向不到 2 min,钝端先产出,这种情形占 90%。如果蛋将要转向时,鸡受到惊扰,阴道翻出,蛋没有转动 180°,锐端在前迅速通过肛门产出。

❷ 鸡的繁殖方式

鸡的繁殖方式包括自然交配和人工授精。不同饲养方式下的种鸡采取不同的受精方式。

○ 自然交配

自然交配是将一定数量的种母鸡按照适当的比例配以适当的种公鸡,任其自然交配,使每只公鸡都有同等的机会与母鸡交配。

这种交配方式的受精率较高,操作简便,适合于地面平养、网床饲养或散养鸡群(彩图 4)。但不能准确记录雏鸡的父母,且饲养的种公鸡数较多。自然交配下,适宜的轻型蛋鸡公、母比例为 1：(12～15),中型蛋鸡公、母比例为 1：(10～12),大型蛋鸡公、母比例为 1：(8～10)。鸡群大小也会影响种蛋受精率的高低,一般每群大小以 300～500 只为宜。

○ 人工授精

1. 人工授精的目的和意义

人工授精是笼养种鸡常采用的繁殖方式。其优点是种公鸡饲养量少。自然交配下种鸡的公、母比例为 1：10,采用人工授精后,每只公鸡可负担 30～50 只母鸡,加倍稀释后可增加到 50～100 只,且种蛋受精率高。肉用种鸡因公、母体重悬殊,自然交配时公鸡常把母鸡背部扒伤而使母鸡拒绝交配,由此引起受精率降低。另外,自然交配下有些公鸡(包括蛋鸡和肉鸡)对母鸡有选择性,或者群大时公鸡之间互相争配,导致受精率低。采用人工授精后避免了公、母之间的直接接触,同时使每只母鸡都能得到同样的机会,种蛋受精率明显提高,且不受饲养方式限制,可准确记录。由于笼养种鸡的出现,使自然交配受到了限制,而人工授精时,公、母鸡虽不直接接触,也能达到精卵结合的目的,同时还可准确记录公、母鸡,为选种和育种提供方便。

2. 人工授精的方法和步骤

人工授精的操作分为采精和输精 2 个过程。

(1)人工授精前的准备

人工授精前应确定人员,进行种鸡的选择、种公鸡的训练、仪器和用具的准备。

人员确定:要求进行人工授精的人员动作灵活,反应灵敏,接受能力强,热爱本职工作;一般经 1～2 周的训练就能熟练掌握。

种鸡选择：适合人工授精的种公鸡应外貌符合品种特征,体质健壮,发育匀称,雄性强,同时肛门还应大而湿润,用手按摩其背部,尾巴向上翘,性反射好。种母鸡应外貌符合品种特征,体质健壮,体重大小适中,肥瘦适度,无病(尤其无输卵管炎),产蛋率高,蛋品质好。

种公鸡训练：一般在正式采精前3～5天开始训练(方法同正式采精法),每天2次。经训练后仍不反射或不射精者,应淘汰。能使用的公鸡将其肛门周围羽毛剪去,以防污染精液。

(2)器械

人工授精时所需主要仪器及用具有采精杯、棕色试管(集精杯)、保温杯、温度计、输精管(滴管或注射器)、显微镜等,参见图3-1。

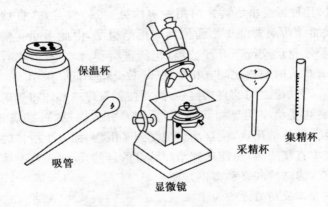

图3-1　人工授精器械图

采精杯可用专用的,也可用高脚玻璃酒杯代替,还可用漏斗(将其漏管处用蜡封住)。集精杯最好为一棕色试管,不具备者可用白色试管,但无论哪种颜色试管,管壁一定要厚,防止被输精管捅破。

精液品质检查：精液品质的好坏主要通过精液的颜色、量、浓度、活力、pH 值等指标反映出来。颜色和量可通过肉眼直接观察。检查浓度时，取一滴精液，涂在玻片上，盖上盖玻片，在 400 倍显微镜下观察；若整个视野被精子占满，每毫升精子数约为 40 亿个；若精子之间距离明显，每毫升含 20 亿～30 亿个；若视野中有大量空间，在 20 亿个以下。观察活力时，各取一滴精液和生理盐水，混匀，在显微镜下观察，看呈前进运动的精子所占的比例。

正常精液为乳白色，一只公鸡每次射精量 0.25～1.0 mL，密度为每毫升 30 亿个以上，呈前进运动的精子占 70% 以上，pH 值 7 左右。符合上述条件时，可给母鸡输精。若精液颜色发红带血，或被粪尿污染，密度太低，呈转圈运动的较多，pH 值过高或过低，为不正常精液，不能用于输精。

（3）采精

目前鸡场常用腹背按摩法。双人操作，一人保定，一人采精。保定者两手分握公鸡两腿，使其自然分开，头向后，尾朝术者。术者右手中指和无名指夹住采精杯，拇指与其余四指分开，置于肛门下腹部，使器口向外。左手沿公鸡背鞍部按摩 3～6 次，待鸡翘尾有性反射时，迅速翻到肛门两侧，用拇指和食指轻轻挤压肛门，与此同时，右手在腹部揉弄几下，并将采精杯口置于肛门下接收精液（彩图 5）。

公鸡每次的射精量为 0.25～1.0 mL，以每周采精 3～5 次为宜。注意将采出的精液保存在 25～30℃ 的环境中，20～30 min 内用完。

（4）精液的稀释与保存

生产上对鸡的精液一般不进行稀释而直接输入，但对于公鸡饲养量较少、精液较紧张的种鸡场，可进行简单稀释后输入。方法是用 0.9% 的氯化钠溶液（生理盐水）按照 1∶1 的比例稀释之后，尽快使用。

精液的保存方式有低温保存和冷藏保存。现今绝大部分种鸡场实行直接输入法,即将采出的精液或经稀释后的精液存放到25～30℃的保温桶或保温杯中,并在20～30 min 内用完。

(5)输精

输精也为 2 人操作(3 人一组可加快速度)。一人(或 2 人)翻肛,一人输精。翻肛者一手握住鸡的两腿,将其提至鸡笼口处,另一手拇指与其余四指分开,在腹部稍稍挤压,输卵管口翻出(左侧开口)。输精者将吸好精液的输精管插入输卵管 1～1.5 cm,将精液挤出(彩图 6)。

母鸡每次的输精量为 0.025～0.05 mL,每 3～5 天输精 1 次。每天 14 点钟后输精。第一次输精后 48 h 可采集种蛋。

每次输完精后将所有器具进行蒸煮消毒(蜡封口时用酒精消毒),晾干后待用。用酒精消毒时,一定待酒精气味挥发完后再用。

(6)输精时的注意事项

待输精的母鸡群产蛋率达到 70％以上时输精较为适宜;首次输精前 3 天饲喂抗生素预防输卵管疾病及卵黄性腹膜炎的发生;每天待鸡群 95％以上的鸡产完蛋后再输精;输精时的动作要轻,输精管头不能太尖,防止损伤输卵管。

❸ 鸡的人工孵化

为了保证较高的孵化率、健雏率和雏鸡的成活率,应精选种蛋,严格控制孵化条件,经常不断地对孵化效果进行检查。

○ 种蛋的选择、保存、消毒、运输

1.种蛋的选择

种蛋必须来源于健康的种鸡群,种鸡不应携带可经蛋传播的疾病,如白痢、支原体、淋巴细胞白血病等。种鸡应喂全价配合饲料,采用科学的饲养管理方法。种蛋的蛋面要清洁,蛋壳完整无裂缝,颜色符合品种特征,表面钙质沉积均匀,蛋重适中,引入品种蛋重 50～65 g,蛋形正常,蛋的长径与短径之比为(1.32～1.39)：1。

2. 种蛋的保存

种蛋应保存在温度为 12～15℃、相对湿度为 75%～80%、通风良好、不被太阳直射、无蚊蝇的环境中;保存期最好不超过 1 周,最长不应超过 2 周。当保存期超过 1 周时,每天最好翻蛋 1 次,以防蛋黄与蛋壳粘连。大型种鸡场应设专门的蛋库,可为地下或半地下式,并安装空调和取暖设备。小型种鸡场可用普通的房屋,冬季配备取暖设备,夏季将种蛋放入菜窖内、水塔下或安装空调。

3. 种蛋消毒

种蛋在入孵前需消毒 2 次。第一次消毒在捡蛋后;第二次消毒在加温孵化以前。常用的消毒方法是高锰酸钾-福尔马林熏蒸法,即每立方米高锰酸钾 15 g、福尔马林 30 mL,在温度为 25℃、相对湿度为 65%～75% 的环境下熏蒸 30 min,然后将多余的气体放出。消毒可在专门的消毒箱、消毒室内,也可在孵化箱内(箱内无其他胚龄的种蛋),还可临时用塑料布将种蛋罩住,周围用土压紧,既简单又省药。消毒药液最好放入瓷盆或搪瓷盆,先放高锰酸钾,后放福尔马林。

4. 种蛋的运输

装运种蛋最好有专门的种蛋箱;若不具备,可用纸箱或木箱代替,放一层柔软垫料放一层种蛋。途中防止剧烈颠簸,避免受冻、暴晒和雨淋。

○ 孵化条件的控制

孵化条件主要指温度、湿度、通风、翻蛋和凉蛋。

温度是孵化的首要条件。立体孵化 1～19 天的适宜温度为 37.8℃(100°F),19 天后的适宜温度为 37.3～37.5℃。胚胎发育对温度有一定的适应能力,在 35～40℃ 的范围内,都有一些种蛋能出雏,但过高或过低,出雏率低,雏鸡软弱。当温度偏低时,胚胎发育迟缓,出雏时间推迟,雏鸡腹部大,站立不稳,出雏率低;温度偏高时,雏鸡发育过快,出雏时间提前,雏鸡脐带愈合不良,往往带血,有的半个蛋黄在腹腔内,半个在腹腔外,将来育雏条件不良时,易引起脐带炎,使雏鸡的成活率降低。因此,不论采用哪种孵化方法,都应保证适宜的温度。

湿度是影响胚胎发育的另一重要条件。立体孵化适宜的湿度是:1～19 天为 55%～60%,开始出雏时将湿度提高到 65%～70%。胚胎发育对湿度的适应范围较宽,一般在 40%～70% 的相对湿度下,对胚胎不会有明显影响。但当湿度过高时,蛋内的水分不能正常蒸发,雏鸡腹大,站立不稳;脐带愈合不良,出现带血;卵黄不能完全吸收;羽毛污秽。湿度过低时,蛋内水分蒸发过多,使胚胎与蛋壳粘连,引起胚胎脱水。另外,湿度过低时,胚胎所需营养物质得不到彻底分解,使胚胎发育不良。湿度控制的关键在于出雏时湿度不能低,16～18 天时湿度不能高。

通风可保证胚胎氧气的吸入和二氧化碳的排出。一般要求孵化器内氧气含量 21%,二氧化碳含量不超过 0.5%。孵化期间,除前 5～6 天外,其他阶段胚胎都要与外界进行经常不断的气体交换,尤其到孵化后期(18 天后),胚胎由尿囊呼吸转为肺呼吸,对氧气的需求量剧增,要特别注意。有条件的孵化场可安装充氧设备,中小型场可通过加大通风量改变机内的空气环境。例如,孵化室安排风扇,孵化器进出气孔全部打开。

翻蛋可保证胚胎受热均匀,促进胚胎运动,防止胚胎与蛋壳粘连。孵化时以每 2 h 翻蛋 1 次为宜,18 天后停止翻蛋。翻蛋对 1 周前的胚胎发育尤为重要。翻蛋角度以水平位置前后各倾 45° 为宜;若为手工翻蛋,以 180° 为适。翻蛋的动作要轻、稳、慢。

凉蛋可将蛋内产生的多余的热散失掉。孵化后期,由于胚胎的代谢率提高,自身产热能力增强,使蛋内的温度急剧升高,若不能散失,将会影响胚胎发育。因此,到孵化的 12～13 天后开始凉蛋,以每天凉 2～3 次为宜,直至出雏。前期凉的次数少,时间短;后期次数增加,时间延长。其方法是打开机门,将蛋盘抽出,让其自然冷却;也可在蛋面喷冷水;还可切断加热电源,只开风扇。在孵化时,若孵化器设计合理,通风良好,可不进行凉蛋。

○ 孵化效果的检查

孵化过程中,应经常不断地对孵化效果进行检查。常用的方法有照检、称蛋重、观察出雏情况、分析死亡曲线等。

1.衡量孵化效果的主要指标

$$受精率=\frac{受精蛋数}{入孵蛋数}\times100\%$$

$$死精率=\frac{头照死精蛋数}{受精蛋数}\times100\%$$

$$受精蛋孵化率=\frac{出雏数}{受精蛋数}\times100\%$$

$$入孵蛋孵化率=\frac{出雏数}{入孵蛋数}\times100\%$$

$$健雏率=\frac{健雏数}{出雏数}\times100\%$$

$$死胎率=\frac{未出雏的死胎蛋数}{受精蛋数}\times100\%$$

2.照检

用一可聚光的照卵器透视蛋内胚胎的发育情况,检查一下孵化效果即为照检。生产上一般照检 2 次。

一照(头照):白壳蛋在 5～6 天,褐壳蛋在 9～10 天。头照的目的是剔除无精蛋和中死蛋,空出蛋位以供下批用;观察胚胎发育情况,作为调节孵化条件的依据。头照时,正常胚胎头部发育较大,尾部较小,黑色眼点清晰可见,血管呈放射状,蛋色暗红;弱胚体小,眼点不明显,血管纤细;死胚多为一血环或不完整的血环,有的为一血线;无精蛋又称白蛋,蛋色浅黄,透明发亮,用手摇动时隐约可见蛋黄在动(图 3-2)。

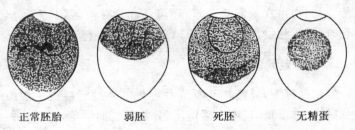

正常胚胎　　　　弱胚　　　　死胚　　　　无精蛋

图 3-2　胚胎发育图谱(孵化 5 天的种蛋)
引自杨宁主编《现代养鸡生产》

二照(落盘照):二照的时间是 18~19 天。二照的目的是剔除死胎蛋,观察胚胎发育情况。落盘照的正常胚蛋呈暗黑,气室倾斜,边缘为暗红色,蛋内有黑影晃动;弱胚胎儿较小,气室较小,血管面积大;死胎因死的胚龄不同而异,但均有一黑色死胎,蛋内液体呈灰黑色。

另外,在孵化过程中应不定期地对胚蛋进行抽检,将抽检结果与标准胚胎发育图谱比较,若发育太快应适当降低孵化温度,相反应升温。

3.称蛋重

对于鸡蛋,1~19 天蛋重减轻约 10.5%,平均每天减重0.55%。当蛋重损失过多或过少时,说明湿度、通风量、温度不适宜,会影响种蛋的孵化率;当机内湿度小、通风量大、温度高时,蛋重损失多;湿度大、通风量小、温度低时,蛋重损失少。测量蛋重的方法是在孵化开始时称取 100 个蛋,求其平均数,以后在不同阶段用同样的方法称同样的蛋重。用公式即[(初始平均重-测量时平均重)/初始平均重]×100%计算出蛋重损失率,并与标准对照,若发现损失率高,应适当加大孵化湿度,相反,应减小。

4. 观察出雏情况

孵化正常时,出雏时间准(轻型鸡 20.5 天,中型鸡 21 天,重型鸡 21.5 天),整齐一致,从开始出雏到最后清摊约需 24 h。若出雏时间提前,往往是后期孵化温度高、湿度小所致;若出雏时间错后,多为孵化温度低,湿度大;当出雏时间不整齐时,如有的过早,有的过晚,多为种蛋保存时间长,或种鸡营养不良所致。

初生雏鸡的表现能反应孵化条件是否适宜。孵化条件适宜时,雏鸡羽毛光泽,叫声洪亮,两脚站立稳健,腹部大小适中,脐带愈合良好;孵化温度高时,雏鸡羽毛短而干枯,个体小,脐带常带血,卵黄吸收不良;孵化温度低时,雏鸡羽毛长而污秽,个体大,腹部大,两脚站立不稳。

5. 死亡曲线分析

以胚龄为横坐标、死亡率为纵坐标画出的曲线为死亡曲线。正常情况下,胚胎的死亡曲线有 2 个死亡高峰,第一个高峰在 3～5 日龄,大约占死亡率的 15%;第二个在 18～19 日龄,大约占死亡率的 60%(图 3-3)。如果孵化期间的死亡曲线偏离标准曲线太

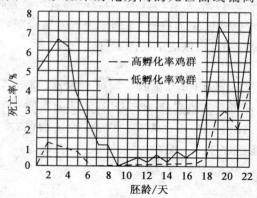

图 3-3　胚胎死亡曲线

引自杨宁主编《现代养鸡生产》

远,说明孵化条件或种蛋、种鸡方面存在问题。

○ 孵化率低的原因分析及解决办法

影响孵化率的因素很多,如遗传因素、种鸡饲养管理水平、种蛋的处理、孵化条件的控制等。其中遗传因素是难以改变的,如蛋鸡的孵化率高于肉鸡,杂交品种高于纯种。这类因素只有通过育种措施才能得以改善。其他条件通过对孵化效果的检查,随时发现问题随时解决。

1.种鸡营养缺乏

种鸡缺乏维生素 A 时,胚胎 2～3 天死亡率高,胎位不正,雏鸡眼睑溃烂,失明,病死胚胎肾脏尿酸盐沉积。维生素 D 缺乏时,雏鸡发育不良,软骨,皮下水肿。维生素 B_1 缺乏时,大部分胚胎在出壳前死亡,已破壳的雏鸡有的呈"观星"症状,即颈后拧,头望天。维生素 B_2 缺乏时,9～14 天死亡率高,雏鸡卷趾、侏儒、水肿。钙、磷缺乏时,孵化率低,雏鸡喙、腿短而软,14～18 天死亡率高。蛋白质缺乏时,雏鸡软弱,营养不良,羽毛污秽。几乎所有的营养素都对孵化率有影响,只是有些营养不易缺乏,有些经常出现缺乏症而已。通过对孵化效果的检查,若确定为营养因素影响孵化率,应及时调整日粮,补足所缺乏的营养素。

2.种蛋处理不当

种蛋保存时间过长,孵化的前期死亡率高,雏鸡弱小,出雏时间不整齐。种蛋受冻或受热时,头照死亡率高。种蛋在运输途中受到剧烈震荡时,胚胎死亡率高。因此,种蛋的保存时间越短越好,最长不能超过 2 周。保存种蛋的温度应控制好,冬季运输时应加盖棉被,且途中防止剧烈颠簸。

3.孵化条件控制不当

孵化前期温度高,胚胎发育快,尿囊合拢早,胎位不正,出雏时间提前,雏鸡小,羽毛污秽。孵化后期温度高,出雏时死亡率高,胎位不正,死胚内脏出血;雏鸡毛短,个小,羽污秽,脐带愈合不良,带血,出雏率低;若育雏室卫生条件差时,雏鸡脐带炎的发病率高,死亡率增加。孵化温度低时,胚胎发育迟缓,出壳时间推迟,雏鸡腹大,毛长而污秽,软弱,两脚站立不稳,成活率低。湿度过大时,气室太小,常因空气不足而窒息死亡,死胚消化道内充满液体;雏鸡腹大,软弱,羽毛污秽。湿度过小时,胚胎分解营养物质所需的水分得不到满足,造成营养不良,雏鸡体弱小,坚硬,出雏时间长,成活率低。后期通风不良时,导致胎位不正,雏鸡脐带愈合不良,出雏率低。

为保证正常的孵化率,一定给胚胎发育创造适宜的环境条件。温度的高低应根据胚胎发育情况而调节,即"看胎施温"。同时应注意前期温度不能太低,后期温度不能太高。造成孵化湿度大的原因较多,如水盘多、通风量小、空气潮湿等。另外,当蛋壳过厚时,因蛋内水分蒸发量小,所孵雏鸡也有湿度大的表现。因此,避免湿度大的方法应根据产生的原因采取相应措施。例如,减少水盘,加大通风量,空气潮湿或蛋壳厚时,湿度适当减小。避免湿度小的方法是增加水盘,地面洒水,加温水时湿度增加快。孵化时的空气越新鲜越好,只是考虑到温度、湿度等条件的变化,一般孵化前期通风量较小,后期通风量大,尤其是 18 天以后,将进、出气孔全部打开,并将孵化室的排风扇开动。

种鸡大量投药,引起死胎增加。

○ **机械孵化的操作管理**

1. 检修与试温

在每次开始使用孵化器之前,检查机器的性能,主要包括加热系统、报警系统、翻蛋系统、风扇、加湿系统、通风系统,并对该加油的地方加油。

种蛋入孵前 2～3 天,开动孵化器,将机内的条件调整到孵化所要求的条件,当一切正常时便可入孵。

2.码盘、预热和消毒

大头向上将种蛋码入孵化盘内,同时将过大、过小、裂纹、被污染、畸形的蛋去除。把码好的蛋盘入蛋车,在 20~25℃ 的环境下放置 4~6 h。之后,按照每立方米容积高锰酸钾 15 g、福尔马林 30 mL 的比例,在一防腐的盆内先放入高锰酸钾,再放入福尔马林,温度保持在 25℃,相对湿度保持在 65%~75%,熏蒸 20~30 min,之后将气体放出。

3.入孵

蛋车型孵化器入孵时将蛋车沿轨道推入,用卡子卡好;八角形孵化器将蛋盘插入蛋架上,并遵循上下、左右、前后对称的原则,装好后贴好标签,以防弄混。开机加热。

4.管理

孵化室实行三班倒,每班 8 h。值班人员的任务是每小时观察 1 次,每 2 h 记录 1 次温度。若发现机内长时间高温或低温应进行调整;经调整后仍不能正常者,应检查加温和控温系统。每天早晨向水槽内加水(自动加湿的除外),定时翻蛋,记录翻蛋方向,检查机器运转是否正常,若发现异常,应及时处理或找技术人员。每次交接班时要将该班的情况如实地向下一班交代。

5.照蛋、落盘

白壳蛋 5~6 天,褐壳蛋 9~10 天进行头照。照蛋时先升高室温到 30℃,将蛋车拉出或将蛋盘抽出,用照卵器逐个透视蛋内的情况,剔除颜色浅而透明、没有胚胎的无精蛋以及只有一血线的中死蛋,留下正常发育的胚胎蛋。对照胚胎发育图谱,检查孵化条件控制是否适宜,作为调整孵化条件的依据。因照蛋时已剔除了部分无精蛋和中死蛋,其空位应用正常胚蛋补充满,以便计数。将已照好的胚蛋及时装入孵化器继续孵化。落盘是将孵化 18~19 天的鸡胚由孵化器转入出雏器,操作时动作要轻稳,切不可莽撞。落盘时可照检一下也可不照。若种蛋的质量已经掌握则不照;若不清楚,则应照检一下,方法同上。

6. 出雏

出雏器在落盘前 1～2 天开机,并将机内的条件调整好等待落盘。当 80％以上的鸡已出壳时,可将干毛的雏鸡和蛋壳捡出,其余的拼在一起,继续出雏;也可等全部出完再捡雏。捡鸡的速度要快,以防未破壳的胚蛋温度下降太多。

7. 清扫与消毒

出雏结束后将出雏器清扫洗刷干净,用熏蒸法消毒后备用。

○ 初生雏的雌雄鉴别、分级及运输

1. 初生雏鸡雌雄鉴别

目前,初生雏鸡鉴别方法有肛门鉴别法、羽色鉴别法和羽速鉴别法。

(1)肛门鉴别法

肛门鉴别法在父母代种鸡、肉用仔鸡中使用较多。这种方法适合于任何品种的鸡,适用范围广泛,准确率高(可达到 98％～100％),但技术难以掌握,对雏鸡的伤害较大,所以,商品蛋鸡生产中已很少使用这种方法。

肛门鉴别法的主要依据是鸡退化的交尾器的结构及形态。鸡的泄殖腔的开口腹侧有一退化的交尾器,它由生殖突起和八字状襞组成。生殖突起在中央,突起两边为斜向内方的呈八字状的皱襞,即八字状襞。在孵化初期公、母均有生殖突起,到中后期母鸡的突起开始退化,至出雏时,有一部分已经退化完全,可以完全区别于公鸡,还有一部分仍然保留,但此时公、母鸡的突起已有组织形态上的差异。其主要区别如表 3-1 所示。

表 3-1　公、母鸡生殖突起的组织形态差异

性别	充血 程度	弹性 大小	变形 程度	突起周围 陪衬	突起 顶端	有否 光泽
公	易	大	不易	有力	钝圆	有
母	不易	小	易	无力	尖	缺乏

肛门鉴别法目前普遍采用的为拇指式翻肛鉴别,即鉴别者右手将鸡抓起,迅速倒入左手,使雏鸡颈部置于无名指和中指之间(注意不能用力,避免雏鸡窒息死亡),小手指和无名指握住雏鸡两腿,头向手背方向,尾部朝上,将雏鸡握于左手中,此时用左手的拇指和食指分别置于雏鸡的左右髂部柔软处,轻轻挤压,迫使雏鸡排出胎粪。之后,右手食指置于肛门的右上角,拇指置于脐带上方,左手食指置于肛门左上角,与右手食指形成一个三角区,再将置于脐带上的右手拇指轻向上推挑,泄殖腔及周围组织便暴露出来,根据生殖突起的有无及组织形态进行鉴别,最后将雏鸡放入不同的雏鸡盒内。

肛门鉴别法需要的用具较为简单,主要有鉴别台、台灯、排粪缸、椅子等。鉴别台由鉴别盒和支架组成,鉴别盒长 1.2～1.3 m,宽 0.5～0.6 m,前深 15～20 cm,后深 20～25 cm,分 3 个格,中间格稍大,放混合雏;两边格稍小,分别放公、母雏。支架高 75～80 cm。台灯最好为铁罩,用 60～100 W 的灯泡。排粪缸直径 20 cm,深 35～40 cm。

鉴别时动作要轻。鉴别必须在雏鸡出壳后 24 h 之内,以 5～6 h 较适宜。鉴别需要在 60～100 W 的灯光下进行。一只雏鸡只鉴别 1 次,不应反复鉴别。

(2)羽色鉴别法

生产中褐壳蛋鸡商品代主要使用羽色鉴别。这种方法简单,容易掌握,准确率高达 98%～99%,但需要经育种手段培育专门的配套品系。

控制金黄色和银白色羽毛的基因位于性染色体上。其中,银白色(S)对金黄色(s)为显性,若培育出具有金黄色羽毛的公鸡(Z^sZ^s)和具有银白色羽毛的母鸡(Z^SW),两者交配后其后代公鸡为银白色,母鸡为金黄色(彩图 7),表示为:

$$Z^sZ^s（公鸡） \times Z^SW（母鸡）$$

$$Z^SZ^s（公鸡） \quad Z^sW（母鸡）$$

父母代金黄色羽毛的为公鸡,银白色羽毛的为母鸡;商品代银白色的为公鸡,金黄色的为母鸡。

(3)羽速鉴别法

白壳和粉壳蛋鸡及肉用鸡常使用快慢羽鉴别。控制快羽和慢羽的基因也位于性染色体上。其中,慢羽(K)对快羽(k)为显性,若培育出具有快羽的公鸡(Z^kZ^k)和具有慢羽的母鸡(Z^KW),两者交配后其后代公鸡为慢羽,母鸡为快羽(彩图 8),表示为:

$$Z^kZ^k（公鸡） \times Z^KW（母鸡）$$

$$Z^KZ^k（公鸡） \quad Z^kW（母鸡）$$

2. 初生雏鸡的分级

为了提高雏鸡成活率,保证鸡群健康,雏鸡出壳后要进行分级,主要分为健雏、弱雏和残雏。

(1)健雏

活泼好动,反应灵敏;叫声洪亮;眼睛明亮而有神;羽毛光亮、整洁;脐带愈合良好,腹部大小适中;两脚站立稳健,喙、胫、趾色泽鲜浓;手握有弹性。这一部分雏鸡是主要的育雏对象。

(2)弱雏

反应迟钝,常萎缩不动,羽毛污秽,腹部过大,脐带愈合不良或带血,喙、胫、趾色淡,体重过轻。这一部分雏鸡应特殊照顾。

（3）残雏

外观有明显的残疾,如"剪子嘴"、脑壳愈合不完全、颈部扭曲呈"观星"姿势、脚趾弯曲、卵黄或肠在腹腔外等,这部分雏鸡是被淘汰的对象。

3. 雏鸡运输

将分级后的雏鸡接种马立克氏疫苗,然后装箱。雏鸡盒一般用硬纸板制作,呈方形或长方形,长、宽各 50～60 cm,深 20～25 cm;上口小,下底大,周围打孔;中间用十字纸板将其分为 4 个小格,每个小格 25 只雏鸡,一盒容纳 100 只雏鸡,一次性使用。小规模鸡场可用纸箱或木箱代替。

运输雏鸡应选择适宜的时间。冬季中午运输;夏季早晚运输。运输工具要有防雨、防晒、防冻设备,要有通风口。运输途中要经常观察雏鸡,当发现雏鸡张口喘气时,应适当开大通风口,减少雏鸡盒的层数。每次上下坡后要观察 1 次雏鸡,防止挤压成堆造成死亡。

○ 马立克氏疫苗注射

对出壳 24 h 内的商品蛋用雏鸡和种鸡进行马立克氏疫苗注射。其方法是用连续注射器将稀释好的马立克氏疫苗通过雏鸡的颈部皮下注入(彩图 9)。注意不能打空针,逐个注射。稀释好的药液争取在 1 h 内用完,最长不能超过 2 h。

第4章 鸡的营养与饲料

❶营养需要与饲养标准……………………………………… 55
❷常用饲料的营养特性……………………………………… 88
❸饲料搭配…………………………………………………… 96
❹防止饲料浪费……………………………………………… 100
❺饲料安全与卫生…………………………………………… 101

❶ 营养需要与饲养标准

○ 营养需要及营养来源

为了满足鸡的正常生长发育、生产和繁殖,需要能量、蛋白质、矿物质、维生素和水等营养物质。各种营养在体内起着不同的营养作用。

1. 能量

能量是维持机体正常的运动、呼吸、循环、吸收、排泄、神经系统、繁殖、体温调节等活动必不可少的。饲料中能量不足,雏鸡逐渐消瘦、体重减轻、生长发育受阻、抗病力降低。成鸡体重下降、产蛋量减少、蛋重减轻。如果能量过高,容易肥胖,引起雏鸡过早性成熟,而影响全期产蛋;成鸡脂肪浸润卵巢,产蛋量减少或停产。这种现象在肉用种鸡及褐壳蛋鸡时有发生。

不同经济类型、不同年龄、处于不同环境下的鸡对能量的需求量不同。一般肉鸡需能量高于蛋鸡,幼雏鸡及产蛋鸡高于青年鸡,温度低时高于正常温度时。

能量的主要来源是能量饲料。常用的能量饲料有玉米、小麦、大麦、燕麦、高粱、碎米、小米、大米、麸皮、米糠、甘薯以及糟渣类。

2. 蛋白质

蛋白质是机体所有器官的组成成分,血液、肌肉、皮肤、羽毛、鸡蛋以及内脏器官主要由蛋白质构成,参与代谢的酶、激素、抗体等也离不开蛋白质。生长鸡蛋白质缺乏时,生长缓慢,体重减轻,抗病力下降,羽毛干枯,有时出现贫血;成年产蛋鸡缺乏时,蛋重减轻,产蛋量减少。蛋白质过量时,多余的蛋白质转化为能量,而造成蛋白质的浪费,使饲料成本提高,严重超标时造成机体代谢紊乱,出现蛋白质中毒症,即"痛风",表现为排出大量白色稀粪,并出现鸡死亡现象,病死鸡腹腔内沉积大量尿酸盐。在生产实践中,既要避免不足,又要防止过高。

在配合饲料时,除考虑蛋白质的量外,还应注意品质。蛋白质由氨基酸组成,在构成蛋白质的 20 种氨基酸当中,有一些是鸡体内不能合成或合成量很少而不能满足需要的,必须从饲料中摄取的氨基酸,称其为必需氨基酸;还有一些则是鸡体内能够合成,不必从饲料中摄取的,称其为非必需氨基酸。实际上蛋白质营养是氨基酸营养。鸡的必需氨基酸有 13 种,它们是赖氨酸、蛋氨酸、色氨酸、精氨酸、苏氨酸、组氨酸、亮氨酸、异亮氨酸、苯丙氨酸、缬氨酸、甘氨酸、胱氨酸、酪氨酸。其中赖氨酸、蛋氨酸、色氨酸称为限制性氨基酸,由于它们的缺乏,会影响其他氨基酸的吸收和利用,生产上一定要注意供给充足。雏鸡阶段增重快,且增重部分蛋白质含量高,因此,对蛋白质的需求量较大。并且蛋白质的质量要高,品质要好,即氨基酸种类齐全,必需氨基酸含量高。成年产蛋鸡由于需要补充因产蛋而丢失的大量蛋白质,饲料中的蛋白质含量也要高,特别是在产蛋高峰期。青年鸡的饲料中蛋白质含量可适当降低。

　　蛋白质的主要来源是蛋白质饲料,包括植物性和动物性蛋白质饲料。植物性蛋白质饲料包括豆类及其加工副产品,常用的有黄豆、黑豆及其饼(粕)、棉仁饼(粕)、花生仁饼(粕)、菜籽饼(粕)、葵花籽饼、芝麻饼等;动物性蛋白质饲料包括海产品、畜产品加工的下脚料及人工养殖的低等动物,常用的有鱼粉、鱼渣、肉粉、肉骨粉、羽毛粉、血粉、蚕蛹、单细胞藻类等。

　　3. 矿物质

　　矿物质主要存在于鸡的骨骼和蛋中,血液、酶、体液、羽毛等内也有矿物质存在。鸡需要的主要矿物质元素有钙、磷、钠、氯、硫、镁、钾、铁、铜、锌、锰、碘、钴、硒等。生长期和产蛋期的鸡如果缺乏或过食某种元素,轻者影响生长和生产,重者出现代谢性疾病。因此,一定要适量供给。一般情况下:如果鸡直接接触土壤,除钙、磷、氯、钠以外的其他元素不单独添加也不易缺乏,而笼养、网养或水泥地面饲养时,必须按需要量供给。

　　(1)钙和磷

　　如果缺少钙,血钙降低,食欲不振,雏鸡生长发育不良,成年产蛋鸡产蛋量减少,蛋壳变薄,破蛋率增加。如果缺乏磷,雏鸡生长缓慢,易出现异食癖,如啄毛、啄趾、啄羽、啄肛等。缺钙或磷,或者是钙、磷同时缺乏以及钙、磷比例不适,雏鸡易患软骨症,明显的表现是“O”形腿或“X”形腿,有的胸骨畸形或驼背。产蛋鸡常表现为骨质疏松,易骨折,蛋壳品质下降。

　　(2)钠和氯

　　钠、氯大部分存在于体液当中,它们参与维持细胞外液的渗透压和调节体液容量,此外氯还参与胃酸的形成。钠、氯不足,鸡食欲下降,也常出现异食癖。但过量后,饮水量增加,严重时出现食盐中毒。

　　(3)铁

　　铁主要存在于血红素中,肌红蛋白和一些酶中有少量存在,缺铁时,蛋鸡易患贫血症。

(4)镁

鸡体内 70％的镁存在于骨骼和牙齿中。镁还是多种酶的活化剂,在糖和蛋白质的代谢中起重要作用,能维持神经、肌肉的正常机能。鸡缺镁导致过度兴奋而痉挛,食欲下降,生长停滞。

(5)硫

硫在体内主要以有机形式存在,鸡羽毛中含量最多。硫在蛋白质代谢中作为含硫氨基酸的成分,在脂类代谢中是生物素的成分,也是碳水化合物代谢中硫胺素的成分,又是能量代谢中辅酶 A 的成分。当鸡日粮中含硫氨基酸不足时,生长停滞,羽毛发育不良。

(6)铜

铜作为酶的成分在血红素和红细胞的形成过程中起催化作用,与骨骼的发育、羽毛生长、色素沉着有关。缺铜会发生与缺铁相同的贫血症。并引起骨质脆弱、羽毛退色等。过量的钼也会造成铜的缺乏症,故在钼的污染区,应增加铜的补饲。

(7)锌

锌作为鸡体多种酶的成分而参与体内营养物质的代谢。缺锌时鸡生长受阻,被毛粗乱,脱毛,皮炎,繁殖机能障碍。

(8)锰

锰是骨骼有机质形成过程中所必需的酶的激活剂。缺锰时,这些酶活性降低,导致骨骼发育异常,如滑腱症、骨短粗症、弯腿、脆骨症。锰还与胆固醇的合成有关,而胆固醇是性激素的前体,所以,缺锰会影响正常的繁殖机能。

(9)硒

硒是谷胱甘肽过氧化物酶的成分,具有和维生素 E 相似的抗氧化作用,能防止细胞线粒体的脂类氧化,保护细胞膜不受脂类代谢副产物的破坏。对生长也有刺激作用。缺硒时,可引发鸡渗出性素质病、胰脏变性等。

（10）碘

碘是甲状腺素的成分，是调节基础代谢和能量代谢、生长、繁殖不可缺少的物质。缺碘具有地方性。缺碘发生代偿性甲状腺增生和肿大。

（11）钴

钴是维生素 B_{12} 的组成成分。日粮中缺钴时，鸡生长缓慢，孵化率降低。

矿物质的来源主要是矿物质饲料和微量元素添加剂。常用的补充钙的有碳酸钙（石粉）、碳酸氢钙、贝壳粉、蛋壳粉；补充钙和磷的有骨粉、磷酸钙、磷酸氢钙；补充钠和氯的有食盐。其他元素的补充方法可通过其相应的盐类补充，市面上有单一的盐类，如硫酸铜、硫酸锌、硫酸锰、碘化钾、氧化铁、氧化锌等，也有搭配好的复合微量元素添加剂。

在使用或配制微量元素添加剂时，千万注意一要剂量准确，二要搅拌均匀。遵循由小到大逐渐扩散的原则。

4. 维生素

维生素虽不构成体组织和体成分，但对维持机体正常代谢和生命活动是必不可少的。鸡的饲料中需要加入 14 种维生素，它们是维生素 A、维生素 D、维生素 E、维生素 K、维生素 C、维生素 B_1、维生素 B_2、泛酸、烟酸、吡哆素、叶酸、生物素、胆碱、维生素 B_{12}。其中维生素 A、维生素 D、维生素 E、维生素 K 为脂溶性维生素，它们的吸收和利用需要脂溶性溶剂的参与，同时能够在体内存留，短期缺乏时不会造成很大影响；其他的为水溶性维生素，它们的吸收利用需要水作为溶剂，在体内存留时间短，饲料中缺乏时很快表现症状，且保存不当时极易失效，应特别注意。生产当中有些维生素不易缺乏，有些则经常出现缺乏症。

（1）维生素 A

维生素 A 有维持上皮细胞和神经组织的正常机能、促进生长、增进食欲、提高机体抗病力的功能。雏鸡缺乏时,生长慢,羽毛干枯,眼病发生率高;成鸡产蛋少;种鸡的种蛋受精率低,孵化率低。因此,孵化期的种鸡饲料维生素 A 的含量为产蛋鸡的 2～3 倍。一般黄玉米、胡萝卜、鱼肝油中富含维生素 A。生产上主要通过添加剂的形式补充维生素 A。

(2)维生素 D

维生素 D 可促进钙、磷的吸收;缺乏时的症状基本与缺乏钙、磷相同。雏鸡缺乏时,骨短易弯,腿变形,行走无力,爱蹲伏;成鸡缺乏时蛋壳变薄,软蛋率增加,骨质疏松,易骨折;种鸡缺乏时,种蛋受精率低,胚胎死亡率高,孵化率下降。鱼肝油和青饲料中含维生素 D 丰富。经常接受紫外线照射的散养鸡群,维生素 D 不易缺乏;舍内笼养鸡一定要通过添加剂形式给予补充。

(3)维生素 E

维生素 E 与核酸代谢及酶的氧化还原有关;肉用仔鸡及种鸡易缺乏。肉用仔鸡缺乏时,肌肉营养不良,胸囊肿发生率高;种鸡缺乏时,睾丸退化,精液品质降低,种蛋孵化率低。因此,在肉用仔鸡及种鸡的饲料中应多添加维生素 E,如添加剂、青绿饲料等。

(4)维生素 K

维生素 K 与凝血有关;具有促进和调节肝脏合成凝血酶原的作用,保证血液正常凝固。日粮中维生素 K 缺乏时,全身出血,不易凝固。饲料中添加抗生素、磺胺类药,对维生素 K 有拮抗作用,维生素 K 需要量增加;某些饲料如草木犀及某些杂草含有双香豆素,阻碍维生素 K 的吸收利用,也需要在鸡的日粮中加大添加量。

(5)维生素 B_1

维生素 B_1 又称硫胺素,是碳水化合物代谢过程中重要酶如脱羧酶、转酮基酶的辅酶。维生素 B_1 缺乏时,碳水化合物代谢障碍,中间产物如丙酮酸不能被氧化,积累在血液及组织中,特别是在脑和心肌中,直接影响神经系统、心脏、胃肠和肌肉组织的功能,会出现神经炎、食欲减退、痉挛、运动失调、消化不良、产蛋率下降等。

（6）维生素 B_2

维生素 B_2 是鸡最易缺乏的一种 B 族维生素。雏鸡缺乏时，生长不良，腿软，有时关节触地走路，趾向内侧蜷曲。成鸡产蛋少，蛋白稀薄。种鸡缺乏时，种蛋的受精率低，死胎蛋增加，大量胚胎出雏前死于壳内，使孵化率降低。维生素 B_2 在青饲料、干草粉、酵母、鱼粉、糠麸和小麦中含量较高，但在鸡的常用饲料中往往表现含量不足，需通过添加剂的形式予以补充，同时还应注意其有效性。

（7）泛酸

泛酸是辅酶 A 的成分，是体内能量代谢不可缺少的物质。日粮中泛酸不足时，雏鸡生长缓慢，引起皮炎、脱毛，胚胎死亡，眼分泌物增加与眼睑黏合在一起，喙角及趾部形成痂皮，成鸡产蛋率和孵化率均下降。

（8）维生素 B_6

维生素 B_6 又称吡哆素，包括吡哆醇、吡哆醛和吡哆胺 3 种。维生素 B_6 在体内以磷酸吡哆醛和磷酸吡哆胺的形式作为许多酶的辅酶，参与蛋白质和氨基酸的代谢，并与红细胞形成和内分泌有关。维生素 B_6 缺乏时，雏鸡生长缓慢，发生皮炎、脱毛，神经系统受损，表现为运动失调，严重时痉挛。产蛋减少，孵化率降低。

（9）维生素 B_{12}

维生素 B_{12} 是一种含钴的维生素，故又被称为钴胺素，是雏鸡代谢所必需的维生素。它在体内参与许多物质的代谢，其中最主要的是与叶酸协同参与核酸和蛋白质的合成，促进红细胞的发育和成熟，保护神经系统的正常功能，同时还能提高植物性蛋白质的利用率。维生素 B_{12} 缺乏时，雏鸡生长缓慢，被毛粗乱，贫血，运动失调，成鸡产蛋率、种蛋孵化率下降，胚胎在最后 1 周死亡，并可导致肌胃黏膜发炎，体况下降。

植物性饲料中不含维生素 B_{12}，动物性饲料中如鱼粉、肉粉、肝脏中含量最多。另外，由于鸡的粪便中含有一定的维生素 B_{12}，垫草中含量较高，散养的鸡群不易出现缺乏，只有集约化经营的笼养鸡群必须在饲料中添加，特别是全植物性饲料时，更要注意添加维生素 B_{12}。

（10）烟酸

烟酸作为维生素并不直接发挥生理作用，而是以其衍生物——尼克酰胺的形式参与代谢，是多种脱氢酶的辅酶的成分，在生物氧化中起传递氢的作用，与维持皮肤、消化器官和神经系统的机能有关。鸡日粮中烟酸不足或缺乏时，食欲减退，生长受阻，产蛋鸡降低产蛋率和孵化率，雏鸡口腔炎症，羽毛生长不良，痂性皮炎，脱毛。

（11）叶酸

叶酸在体内的活性形式为四氢叶酸，以辅酶的形式作为各种一碳基团的载体，参与氨基酸的代谢，促进血细胞的形成。生长期的鸡典型的叶酸缺乏症为生长缓慢、羽毛脱色、贫血等。鸡对叶酸的需要主要依靠饲料和微生物的合成，而且数量基本能满足。但长期饲喂治疗剂量的抗生素和磺胺类药物或长期患慢性消化道疾病后有可能出现叶酸缺乏。

（12）维生素 C

维生素 C 又叫抗坏血酸。在体内参与细胞间质中胶原的生成及氧化还原反应，刺激肾上腺皮质激素的形成，促进肠道对铁的吸收，并具有解毒作用和抗氧化作用。维生素 C 缺乏时，鸡主要是引起坏血病，抗病能力下降。

鸡体内能合成维生素 C，一般能满足需要。当处于高温季节、生理紧张、运输等应激状态时，体内合成减少，同时需要量也提高。因此，此时在每千克日粮中补加 $50\sim200$ mg，有利于缓解应激的影响，提高饲料利用率。

(13)胆碱

胆碱参与体内蛋氨酸的合成。雏鸡需要量大,缺乏时生长缓慢,发生曲腱病。胆碱有助于脂肪的移动,可以预防脂肪肝症。鱼粉、豆饼、糠麸等含量丰富,玉米含量较少;日粮以玉米为主,缺少麦类、糠麸时应注意补充。生产上多通过添加氯化胆碱的形式补充胆碱。

鸡所需的许多维生素的补充主要通过添加剂的形式。目前有单一的,如维生素 B_1、维生素 B_2、维生素 C、维生素 K、维生素 E、生物素、胆碱等;也有复合多种维生素。添加时注意保存期和保存环境,防止失效。少量饲喂蛋鸡时,可用 30% 的青菜代替维生素。

5.水

水对鸡的生长和生产是必不可少的。据测定,雏鸡体内约含水 70%,成鸡含水 50%,鸡蛋中含水 70%。水的主要作用是参与营养物质的吸收和代谢产物的排泄,调节体温,构成血液。当鸡饮水不足时,常出现消化不良,血液黏稠度增加,体温升高,生长减慢,产蛋减少。严重缺水时,如机体缺水 10% 时,可引起鸡只死亡。

鸡对水的需求量受生长速度、产蛋量和温度的影响,当室温在 20℃ 以下时,每只成鸡每天需水 150~250 g,约为耗料量的 1.6 倍;35℃ 时饮水为 20℃ 时的 1.5 倍。产蛋量高时,需水量大。另外,饮水的多少还受饲料、健康等条件的影响。当饲料的含盐量和粗纤维含量高时,鸡的饮水增加;患有某些疾病时,饮水量发生变化,如患球虫病、法氏囊等病时饮水增加。在任何时间都应供给常备不断的清洁饮水。

○ 饲养标准

饲养标准是指鸡在一定生理、生产阶段,为达到某一生产水平和效率,每只每天供给的各种营养物质的种类和数量,或每千克饲粮中各种营养物质含量或百分比。它加有安全系数(高于最低营养需要),并附有相应饲料成分及营养价值表。

饲养标准的用途主要是作为配合日粮、检查日粮以及对饲料厂产品检验的依据。它对于合理有效利用各种饲料资源、提高配合饲料质量、提高养鸡生产水平和饲料效率、促进整个饲料行业和养殖业的快速发展具有重要作用。

饲养标准规定了鸡对各种营养物质的需要量。中华人民共和国于1986年正式颁布了鸡的饲养标准,之后又进行了修订。1994年美国NRC最新颁布了鸡的饲养标准,分别列出供参考。

1. 蛋鸡饲养标准

表4-1为2004年我国蛋鸡饲养标准,表4-2至表4-3为1994年美国NRC蛋鸡饲养标准。

表 4-1　蛋鸡营养需要

生长蛋鸡营养需要

营养标准	单位	0~8 周龄	9~18 周龄	19 周龄至开产
代谢能	MJ/kg(Mcal/kg)	11.91(2.85)	11.70(2.80)	11.50(2.75)
粗蛋白质	%	19.0	15.5	17.0
蛋白能量比	g/MJ(g/Mcal)	15.95(66.67)	13.25(55.30)	14.78(61.82)
赖氨酸能量比	g/MJ(g/Mcal)	0.84(3.51)	0.58(2.43)	0.61(2.55)
赖氨酸	%	1.00	0.68	0.70
蛋氨酸	%	0.37	0.27	0.34
蛋氨酸＋胱氨酸	%	0.74	0.55	0.64
苏氨酸	%	0.66	0.55	0.62
色氨酸	%	0.20	0.18	0.19
精氨酸	%	1.18	0.98	1.02
亮氨酸	%	1.27	1.01	1.07
异亮氨酸	%	0.71	0.59	0.60

续表 4-1

生长蛋鸡营养需要

营养标准	单位	0～8 周龄	9～18 周龄	19 周龄至开产
苯丙氨酸	%	0.64	0.53	0.54
苯丙氨酸＋酪氨酸	%	1.18	0.98	1.00
组氨酸	%	0.31	0.26	0.27
脯氨酸	%	0.50	0.34	0.44
缬氨酸	%	0.73	0.60	0.62
甘氨酸＋丝氨酸	%	0.82	0.68	0.71
钙	%	0.90	0.80	2.00
总磷	%	0.70	0.60	0.55
非植酸磷	%	0.40	0.35	0.32
钠	%	0.15	0.15	0.15
氯	%	0.15	0.15	0.15
铁	mg/kg	80	60	60
铜	mg/kg	8	6	8
锌	mg/kg	60	40	80
锰	mg/kg	60	40	60
碘	mg/kg	0.35	0.35	0.35
硒	mg/kg	0.30	0.30	0.30
亚油酸	%	1	1	1
维生素 A	IU/kg	4 000	4 000	4 000
维生素 D	IU/kg	800	800	800
维生素 E	IU/kg	10	8	8
维生素 K	IU/kg	0.5	0.5	0.5
硫胺素	mg/kg	1.8	1.3	1.3
核黄素	mg/kg	3.6	1.8	2.2
泛酸	mg/kg	10	10	10
烟酸	mg/kg	30	11	11
吡哆醇	mg/kg	3	3	3

续表 4-1

生长蛋鸡营养需要

营养标准	单位	0～8 周龄	9～18 周龄	19 周龄至开产
生物素	mg/kg	0.15	0.10	0.10
叶酸	mg/kg	0.55	0.25	0.25
维生素 B_{12}	mg/kg	0.010	0.003	0.004
胆碱	mg/kg	1 300	900	500

注:根据中型体重鸡制定,轻型鸡可酌减 10%;开产日龄按 5%产蛋率计算。

产蛋鸡营养需要

营养标准	单位	开产高峰期 >85%	高峰后 <85%	种鸡
代谢能	MJ/kg(Mcal/kg)	11.29(2.70)	10.87(2.65)	11.29(2.70)
粗蛋白质	%	16.5	15.5	18.0
蛋白能量比	g/MJ(g/Mcal)	14.61(61.11)	14.26(58.49)	15.94(66.67)
赖氨酸能量比	g/MJ(g/Mcal)	0.64(2.67)	0.61(2.54)	0.63(2.63)
赖氨酸	%	0.75	0.70	0.75
蛋氨酸	%	0.34	0.32	0.34
蛋氨酸+胱氨酸	%	0.65	0.56	0.65
苏氨酸	%	0.55	0.50	0.55
色氨酸	%	0.16	0.15	0.16
精氨酸	%	0.76	0.69	0.76
亮氨酸	%	1.02	0.98	1.02
异亮氨酸	%	0.72	0.66	0.72
苯丙氨酸	%	0.58	0.52	0.58
苯丙氨酸+酪氨酸	%	1.08	1.06	1.08
组氨酸	%	0.25	0.23	0.25
缬氨酸	%	0.59	0.54	0.59
甘氨酸+丝氨酸	%	0.57	0.48	0.57
可利用赖氨酸		0.66	0.60	—

续表 4-1

产蛋鸡营养需要

营养标准	单位	开产高峰期 >85％	高峰后 <85％	种鸡
可利用蛋氨酸		0.32	0.30	—
钙	％	3.5	3.5	3.5
总磷	％	0.60	0.60	0.60
非植酸磷	％	0.32	0.32	0.32
钠	％	0.15	0.15	0.15
氯	％	0.15	0.15	0.15
铁	mg/kg	60	60	60
铜	mg/kg	8	8	6
锌	mg/kg	60	60	60
锰	mg/kg	80	80	60
碘	mg/kg	0.35	0.35	0.35
硒	mg/kg	0.30	0.30	0.30
亚油酸	％	1	1	1
维生素 A	IU/kg	8 000	8 000	10 000
维生素 D	IU/kg	1 600	1 600	2 000
维生素 E	IU/kg	5	5	10
维生素 K	IU/kg	0.5	0.5	1.0
硫胺素	mg/kg	0.8	0.8	0.8
核黄素	mg/kg	2.5	2.5	3.8
泛酸	mg/kg	2.2	2.2	10
烟酸	mg/kg	20	20	30
吡哆醇	mg/kg	3.0	3.0	4.5
生物素	mg/kg	0.10	0.10	0.15
叶酸	mg/kg	0.25	0.25	0.35
维生素 B_{12}	mg/kg	0.004	0.004	0.004
胆碱	mg/kg	500	500	500

表 4-2　未成年来航蛋用鸡的营养需要

营养素	白壳蛋鸡				褐壳蛋鸡			
	0~6 周龄	6~12 周龄	12~18 周龄	18 周龄至开产	0~6 周龄	6~12 周龄	12~18 周龄	18 周龄至开产
终体重/g	450	980	1 375	1 475	500	1 100	1 500	1 600
代谢能/(MJ/kg)	11.92	11.92	12.13	12.13	11.71	11.71	11.92	11.92
蛋白质和氨基酸								
粗蛋白质/%	18.00	16.00	15.00	17.00	17.00	15.00	14.00	16.00
精氨酸/%	1.00	0.83	0.67	0.75	0.94	0.78	0.62	0.72
(甘氨酸+丝氨酸)/%	0.70	0.58	0.47	0.53	0.66	0.54	0.44	0.50
组氨酸/%	0.26	0.22	0.17	0.20	0.25	0.21	0.16	0.18
异亮氨酸/%	0.60	0.50	0.40	0.45	0.57	0.47	0.37	0.42
亮氨酸/%	1.10	0.85	0.70	0.80	1.00	0.80	0.65	0.75
赖氨酸/%	0.85	0.60	0.45	0.52	0.80	0.56	0.42	0.49
蛋氨酸/%	0.30	0.25	0.20	0.22	0.28	0.23	0.19	0.21
(蛋氨酸+胱氨酸)/%	0.62	0.52	0.42	0.47	0.59	0.49	0.39	0.44
苯丙氨酸/%	0.54	0.45	0.36	0.40	0.51	0.42	0.34	0.38
(苯丙氨酸+酪氨酸)/%	1.00	0.83	0.67	0.75	0.94	0.78	0.63	0.70
苏氨酸/%	0.68	0.57	0.37	0.47	0.64	0.53	0.35	0.44
色氨酸/%	0.17	0.14	0.11	0.12	0.16	0.13	0.10	0.11
缬氨酸/%	0.62	0.52	0.41	0.46	0.59	0.49	0.38	0.43

续表 4-2

营养素	白壳蛋鸡				褐壳蛋鸡			
	0~6 周龄	6~12 周龄	12~18 周龄	18 周龄至开产	0~6 周龄	6~12 周龄	12~18 周龄	18 周龄至开产
脂肪								
亚油酸/%	1.00	1.00	1.00	1.00	1.00	1.00	1.00	1.00
常量元素								
钙/%	0.90	0.80	0.80	2.00	0.90	0.80	0.80	1.80
非植酸磷/%	0.40	0.35	0.30	0.32	0.40	0.35	0.30	0.35
钾/%	0.25	0.25	0.25	0.25	0.25	0.25	0.25	0.25
钠/%	0.15	0.15	0.15	0.15	0.15	0.15	0.15	0.15
氯/%	0.15	0.12	0.12	0.15	0.12	0.11	0.11	0.11
镁/(mg/kg)	600.00	500.00	400.00	400.00	570.00	470.00	370.00	370.00
微量元素								
锰/(mg/kg)	60.00	30.00	30.00	30.00	56.00	28.00	28.00	28.00
锌/(mg/kg)	40.00	35.00	35.00	35.00	38.00	33.00	33.00	33.00
铁/(mg/kg)	80.00	60.00	60.00	60.00	75.00	56.00	56.00	56.00
铜/(mg/kg)	5.00	4.00	4.00	4.00	5.00	4.00	4.00	4.00
碘/(mg/kg)	0.35	0.35	0.35	0.35	0.33	0.33	0.33	0.33
硒/(mg/kg)	0.15	0.10	0.10	0.10	0.14	0.10	0.10	0.10

续表 4-2

营养素	白壳蛋鸡				褐壳蛋鸡			
	0~6周龄	6~12周龄	12~18周龄	18周龄至开产	0~6周龄	6~12周龄	12~18周龄	18周龄至开产
脂溶性维生素								
维生素 A/(IU/kg)	1 500.00	1 500.00	1 500.00	1 500.00	1 420.00	1 420.00	1 420.00	1 420.00
维生素 D$_3$/(IU/kg)	200.00	200.00	200.00	300.00	190.00	190.00	190.00	280.00
维生素 E/(IU/kg)	10.00	5.00	5.00	5.00	9.50	4.70	4.70	4.70
维生素 K/(mg/kg)	0.50	0.50	0.50	0.50	0.47	0.47	0.47	0.47
水溶性维生素								
核黄素/(mg/kg)	3.60	1.80	1.80	2.20	3.40	1.70	1.70	1.70
泛酸/(mg/kg)	10.00	10.00	10.00	10.00	9.40	9.40	9.40	9.40
烟酸/(mg/kg)	27.00	11.00	11.00	11.00	26.00	10.30	10.30	10.30
维生素 B$_{12}$/(mg/kg)	0.009	0.003	0.003	0.004	0.009	0.003	0.003	0.003
胆碱/(mg/kg)	1 300.00	900.00	500.00	500.00	1 225.00	850.00	470.00	470.00
生物素/(mg/kg)	0.15	0.10	0.10	0.10	0.14	0.09	0.09	0.09
叶酸/(mg/kg)	0.55	0.25	0.25	0.25	0.52	0.23	0.23	0.23
硫胺素/(mg/kg)	1.0	1.0	0.8	0.8	1.0	1.0	0.8	0.8
吡哆醇/(mg/kg)	3.0	3.0	3.0	3.0	2.8	2.8	2.8	2.8

注:1.鸡不需要粗蛋白本身,但必须保证足够的粗蛋白用于非必需氨基酸的合成。建议值是根据豆粕日粮确定的,使用合成氨基酸时日粮中粗蛋白水平可降低;

2.当日粮中含有大量非植酸磷时,钙的需要量应提高(Nelson,1984)。

表 4-3　来航产蛋母鸡的营养需要（90% 干物质，产蛋率 90%）

营养素	不同采食量白壳蛋鸡的日粮营养浓度			需要量[mg/(只·天)或IU/(只·天)]		
				白壳蛋种母鸡	白壳商品鸡	褐壳商品鸡
采食量/g				100	100	110
代谢能/(MJ/kg)				12.31	12.31	12.31
蛋白质和氨基酸						
粗蛋白	18.8	15.0	12.5	15 000	15 000	16 500
精氨酸	0.88	0.70	0.58	700	700	770
组氨酸	0.21	0.17	0.14	170	170	190
异亮氨酸	0.81	0.65	0.54	650	650	715
亮氨酸	1.03	0.82	0.68	820	820	900
赖氨酸	0.86	0.69	0.58	690	690	760
蛋氨酸	0.38	0.30	0.25	300	300	330
蛋氨酸+胱氨酸	0.73	0.58	0.48	580	580	645
苯丙氨酸	0.59	0.47	0.39	470	470	520
苯丙氨酸+酪氨酸	1.04	0.83	0.69	830	830	910
苏氨酸	0.59	0.47	0.39	470	470	520
色氨酸	0.20	0.16	0.13	160	160	175
缬氨酸	0.88	0.70	0.58	700	700	770
脂肪亚油酸	1.25	1.0	0.83	1 000	1 000	1 100

续表 4-3

营养素	不同采食量白壳蛋鸡的日粮营养浓度			需要量[mg/(只·天)或 IU/(只·天)]		
				白壳蛋种鸡	白壳商品鸡	褐壳商品鸡
常量元素						
钙/%	4.06	3.25	2.71	3 250	3 250	3 600
氯/%	0.16	0.13	0.11	130	130	145
镁/(mg/kg)	625	500	420	50	50	55
非植酸磷/%	0.31	0.25	0.21	250	250	275
钾/%	0.19	0.15	0.13	150	150	165
钠/%	0.19	0.15	0.13	150	150	165
微量元素						
铜/(mg/kg)	—	—	—	—	—	—
碘/(mg/kg)	0.044	0.035	0.029	0.010	0.004	0.004
铁/(mg/kg)	56	45	38	6.0	4.5	5.0
锰/(mg/kg)	25	20	17	2.0	2.0	2.0
硒/(mg/kg)	0.08	0.06	0.05	0.006	0.006	0.006
锌/(mg/kg)	44	35	29	4.5	3.5	3.9
脂溶性维生素						
维生素 A/(IU/kg)	3 750	3 000	2 500	300	300	330
维生素 D₃/(IU/kg)	375	300	250	30	30	33
维生素 E/(IU/kg)	6	5	4	1.0	0.5	0.55

续表 4-3

营养素	不同采食量白壳蛋鸡的日粮营养浓度			需要量[mg/(只·天)或 IU/(只·天)]		
	0.6	0.5	0.4	白壳蛋种母鸡	白壳商品鸡	褐壳商品鸡
维生素 K/(mg/kg)	0.6	0.5	0.4	0.1	0.05	0.055
水溶性维生素						
维生素 B₁₂/(mg/kg)	0.008	0.004	0.004	0.008	0.000 4	0.000 4
生物素/(mg/kg)	0.13	0.10	0.08	0.01	0.01	0.011
胆碱/(mg/kg)	1 310	1 050	875	105	105	115
叶酸/(mg/kg)	0.31	0.25	0.21	0.035	0.025	0.028
烟酸/(mg/kg)	12.5	10.0	8.3	1.0	1.0	1.1
泛酸/(mg/kg)	2.5	2.0	1.7	0.7	0.2	0.22
吡哆醇/(mg/kg)	3.1	2.5	2.1	0.45	0.25	0.28
核黄素/(mg/kg)	3.1	2.5	2.1	0.36	0.25	0.28
硫胺素/(mg/kg)	0.88	0.70	0.60	0.07	0.07	0.08

注:1. 日粮营养浓度中蛋白质和氨基酸单位是%,每只需要量中蛋白质和氨基酸单位 IU/(只·天);

2. 日粮营养浓度中常量元素单位是%,每只需要量中常量元素单位是 kg/(只·天);

3. 日粮营养浓度中微量元素单位是 mg/kg,每只需要量中微量元素单位是 mg/(只·天);

4. 日粮营养浓度中维生素 A、维生素 D、维生素 E 的单位是 IU/kg,每只需要量中维生素 A、维生素 D、维生素 E 的单位是 IU/(只·天);

5. 日粮营养浓度中维生素 K 和水溶性维生素的单位是 mg/kg,每只需要量中维生素 K 和水溶性维生素的单位是 mg/(只·天)。

— 表示数据缺乏。

2. 肉鸡饲养标准

表 4-4 至表 4-8 为我国 2004 年制定的肉鸡饲养标准,表 4-9 至表 4-11 为美国 NRC 1994 年版肉鸡饲养标准。

表 4-4　肉用仔鸡营养需要之一

营养标准	单位	0～3 周龄	4～6 周龄	7 周龄～
代谢能	MJ/kg(Mcal/kg)	12.54(3.00)	12.960(3.10)	13.17(3.15)
粗蛋白质	%	21.5	20.0	18.0
蛋白能量比	g/MJ(g/Mcal)	17.14(71.67)	15.43(64.52)	13.67(57.14)
赖氨酸能量比	g/MJ(g/Mcal)	0.92(3.83)	0.77(3.23)	0.67(2.81)
赖氨酸	%	1.15	1.00	0.87
蛋氨酸	%	0.50	0.40	0.34
蛋氨酸＋胱氨酸	%	0.91	0.76	0.65
苏氨酸	%	0.81	0.72	0.68
色氨酸	%	0.21	0.18	0.17
精氨酸	%	1.20	1.12	1.01
亮氨酸	%	1.26	1.05	0.94
异亮氨酸	%	0.81	0.75	0.63
苯丙氨酸	%	0.71	0.66	0.58
苯丙氨酸＋酪氨酸	%	1.27	1.15	1.00
组氨酸	%	0.35	0.32	0.27
脯氨酸	%	0.58	0.54	0.47
缬氨酸	%	0.85	0.74	0.64
甘氨酸＋丝氨酸	%	1.24	1.10	0.96
钙	%	1.0	0.9	0.8
总磷	%	0.68	0.65	0.60

续表 4-4

营养标准	单位	0～3 周龄	4～6 周龄	7 周龄～
非植酸磷	%	0.45	0.40	0.35
钠	%	0.20	0.15	0.15
氯	%	0.20	0.15	0.15
铁	mg/kg	100	80	80
铜	mg/kg	8	8	8
锌	mg/kg	120	100	80
锰	mg/kg	100	80	80
碘	mg/kg	0.70	0.70	0.70
硒	mg/kg	0.30	0.30	0.30
亚油酸	%	1	1	1
维生素 A	IU/kg	8 000	6 000	2 700
维生素 D	IU/kg	1 000	750	400
维生素 E	IU/kg	20	10	10
维生素 K	IU/kg	0.5	0.5	0.5
硫胺素	mg/kg	2.0	2.0	2.0
核黄素	mg/kg	8	8	5
泛酸	mg/kg	10	10	10
烟酸	mg/kg	35	30	30
吡哆醇	mg/kg	3.5	3.0	3.0
生物素	mg/kg	0.18	0.15	0.10
叶酸	mg/kg	0.55	0.55	0.50
维生素 B_{12}	mg/kg	0.010	0.010	0.007
胆碱	mg/kg	1 300	1 000	750

表 4-5　肉用仔鸡营养需要之二

营养标准	单位	0~2 周龄	3~6 周龄	7 周龄~
代谢能	MJ/kg(Mcal/kg)	12.75(3.05)	12.96(3.10)	13.17(3.15)
粗蛋白质	%	22.0	20.0	17.0
蛋白能量比	g/MJ(g/Mcal)	17.25(72.13)	15.43(64.52)	12.91(53.97)
赖氨酸能量比	g/MJ(g/Mcal)	0.88(3.67)	0.77(3.23)	0.62(2.60)
赖氨酸	%	1.20	1.00	0.82
蛋氨酸	%	0.52	0.40	0.32
蛋氨酸＋胱氨酸	%	0.92	0.76	0.63
苏氨酸	%	0.84	0.72	0.64
色氨酸	%	0.21	0.18	0.16
精氨酸	%	1.25	1.12	0.95
亮氨酸	%	1.32	1.05	0.89
异亮氨酸	%	0.84	0.75	0.59
苯丙氨酸	%	0.74	0.66	0.55
苯丙氨酸＋酪氨酸	%	1.32	1.15	0.98
组氨酸	%	0.36	0.32	0.25
脯氨酸	%	0.60	0.54	0.44
缬氨酸	%	0.90	0.74	0.72
甘氨酸＋丝氨酸	%	1.30	1.10	0.93
钙	%	1.05	0.95	0.80
总磷	%	0.68	0.65	0.60
非植酸磷	%	0.50	0.40	0.35
钠	%	0.20	0.15	0.15

续表 4-5

营养标准	单位	0～2 周龄	3～6 周龄	7 周龄～
氯	%	0.20	0.15	0.15
铁	mg/kg	120	80	80
铜	mg/kg	10	8	8
锌	mg/kg	120	100	80
锰	mg/kg	120	80	80
碘	mg/kg	0.70	0.70	0.70
硒	mg/kg	0.30	0.30	0.30
亚油酸	%	1	1	1
维生素 A	IU/kg	10 000	6 000	2 700
维生素 D	IU/kg	2 000	1 000	400
维生素 E	IU/kg	30	10	10
维生素 K	IU/kg	1.0	0.5	0.5
硫胺素	mg/kg	2	2	2
核黄素	mg/kg	10	5	5
泛酸	mg/kg	10	10	10
烟酸	mg/kg	45	30	30
吡哆醇	mg/kg	4.0	3.0	3.0
生物素	mg/kg	0.20	0.15	0.10
叶酸	mg/kg	1.00	0.55	0.50
维生素 B_{12}	mg/kg	0.010	0.010	0.007
胆碱	mg/kg	1 500	1 200	750

表 4-6　肉用种鸡营养需要

营养标准	单位	0～6周龄	7～18周龄	19周龄至开产	开产至高峰期（产蛋率＞65%）	高峰期后（产蛋率＜65%）
代谢能	MJ/kg（Mcal/kg）	12.12（2.90）	11.91（2.85）	11.70（2.75）	11.70（2.80）	11.70（2.80）
粗蛋白质	%	18.0	15.0	16.0	17	16
蛋白能量比	g/MJ（g/Mcal）	14.85（66.67）	12.59（52.63）	13.68（57.14）	14.53（60.71）	13.68（57.14）
赖氨酸能量比	g/MJ（g/Mcal）	0.76（3.17）	0.55（2.28）	0.64（2.68）	0.68（2.86）	0.64（2.68）
赖氨酸	%	0.92	0.65	0.75	0.80	0.75
蛋氨酸	%	0.34	0.30	0.32	0.34	0.30
蛋氨酸＋胱氨酸	%	0.72	0.56	0.62	0.64	0.60
苏氨酸	%	0.52	0.48	0.50	0.55	0.50
色氨酸	%	0.20	0.17	0.16	0.17	0.16
精氨酸	%	0.90	0.75	0.90	0.90	0.88
亮氨酸	%	1.05	0.81	0.86	0.86	0.81
异亮氨酸	%	0.66	0.58	0.58	0.58	0.58
苯丙氨酸	%	0.52	0.39	0.42	0.51	0.48
苯丙氨酸＋酪氨酸	%	1.00	0.77	0.82	0.85	0.80
组氨酸	%	0.26	0.21	0.22	0.24	0.21
脯氨酸	%	0.50	0.41	0.44	0.45	0.42
缬氨酸	%	0.62	0.47	0.50	0.66	0.51
甘氨酸＋丝氨酸	%	0.70	0.53	0.57	0.57	0.54
钙	%	1.00	0.90	2.0	3.30	3.50
总磷	%	0.68	0.65	0.65	0.68	0.65

续表 4-6

营养标准	单位	0~6周龄	7~18周龄	19周龄至开产	开产至高峰期（产蛋率>65%）	高峰期后（产蛋率<65%）
非植酸磷	%	0.45	0.40	0.42	0.45	0.42
钠	%	0.18	0.18	0.18	0.18	0.18
氯	%	0.18	0.18	0.18	0.18	0.18
铁	mg/kg	60	60	80	80	80
铜	mg/kg	6	6	8	8	8
锰	mg/kg	80	80	100	100	100
锌	mg/kg	60	60	80	80	80
碘	mg/kg	0.70	0.70	1.00	1.00	1.00
硒	mg/kg	0.30	0.30	0.30	0.30	0.30
亚油酸	%	1	1	1	1	1
维生素 A	IU/kg	8 000	6 000	9 000	12 000	12 000
维生素 D	IU/kg	1 600	1 200	1 800	2 400	2 400
维生素 E	IU/kg	20	10	10	30	30
维生素 K	IU/kg	1.5	1.5	1.5	1.5	1.5
硫胺素	mg/kg	1.8	1.5	1.5	2.0	2.0
核黄素	mg/kg	8	6	6	9	9
泛酸	mg/kg	12	10	10	12	12
烟酸	mg/kg	30	20	20	35	35
吡哆醇	mg/kg	3.0	3.0	3.0	4.5	4.5
生物素	mg/kg	0.15	0.10	0.10	0.20	0.20
叶酸	mg/kg	1.0	0.5	0.5	1.2	1.2
维生素 B_{12}	mg/kg	0.01	0.006	0.008	0.012	0.012
胆碱	mg/kg	1 300	900	500	500	500

表 4-7　黄羽肉仔鸡营养需要

营养标准	单位	♂0～4周龄 ♀0～3周龄	♂5～8周龄 ♀4～5周龄	♂>8周龄 ♀>5周龄
代谢能	MJ/kg(Mcal/kg)	12.12(2.90)	12.54/3.00	12.96/3.10
粗蛋白质	%	21.0	19.0	16.0
蛋白能量比	g/MJ(g/Mcal)	17.33/72.41	15.15/63.3	12.34/51.61
赖氨酸能量比	g/MJ(g/Mcal)	0.87/3.62	0.78/3.27	0.66/2.74
赖氨酸	%	1.05	0.98	0.85
蛋氨酸	%	0.46	0.40	0.34
蛋氨酸+胱氨酸	%	0.85	0.72	0.65
苏氨酸	%	0.76	0.74	0.68
色氨酸	%	0.19	0.18	0.16
精氨酸	%	1.19	1.10	1.00
亮氨酸	%	1.15	1.09	0.93
异亮氨酸	%	0.76	0.73	0.62
苯丙氨酸	%	0.69	0.65	0.56
苯丙氨酸+酪氨酸	%	1.28	1.22	1.00
组氨酸	%	0.33	0.32	0.27
脯氨酸	%	0.57	0.55	0.46
缬氨酸	%	0.86	0.82	0.70
甘氨酸+丝氨酸	%	1.19	1.14	0.97
钙	%	1.00	0.90	0.80
总磷	%	0.68	0.65	0.60
非植酸磷	%	0.45	0.40	0.35
钠	%	0.15	0.15	0.15

续表 4-7

营养标准	单位	♂0～4 周龄 ♀0～3 周龄	♂5～8 周龄 ♀4～5 周龄	♂＞8 周龄 ♀＞5 周龄
氯	%	0.15	0.15	0.15
铁	mg/kg	80	80	80
铜	mg/kg	8	8	8
锰	mg/kg	80	80	80
锌	mg/kg	60	60	60
碘	mg/kg	0.35	0.35	0.35
硒	mg/kg	0.15	0.15	0.15
亚油酸	%	1	1	1
维生素 A	IU/kg	5 000	5 000	5 000
维生素 D	IU/kg	1 000	1 000	1 000
维生素 E	IU/kg	10	10	10
维生素 K	IU/kg	0.50	0.50	0.50
硫胺素	mg/kg	1.80	1.80	1.80
核黄素	mg/kg	3.60	3.60	3.00
泛酸	mg/kg	10	10	10
烟酸	mg/kg	35	30	25
吡哆醇	mg/kg	3.5	3.5	3.0
生物素	mg/kg	0.15	0.15	0.15
叶酸	mg/kg	0.55	0.55	0.55
维生素 B_{12}	mg/kg	0.010	0.010	0.010
胆碱	mg/kg	1 000	750	500

表 4-8　黄羽肉种鸡营养需要

营养标准	单位	0～6周龄	7～18周龄	19周龄至开产	产蛋期
代谢能	MJ/kg（Mcal/kg）	12.12/2.90	11.70/2.70	11.50/2.75	11.50/2.75
粗蛋白质	%	20.0	15.0	16	16
蛋白能量比	g/MJ（g/Mcal）	16.50/68.96	12.82/55.56	13.91/58.18	13.91/58.18
赖氨酸能量比	g/MJ（g/Mcal）	0.74/3.10	0.56/2.32	0.70/2.91	0.70/2.91
赖氨酸	%	0.90	0.75	0.80	0.80
蛋氨酸	%	0.38	0.29	0.37	0.40
蛋氨酸＋胱氨酸	%	0.69	0.61	0.69	0.80
苏氨酸	%	0.58	0.52	0.55	0.56
色氨酸	%	0.18	0.16	0.17	0.17
精氨酸	%	0.99	0.87	0.90	0.95
亮氨酸	%	0.94	0.74	0.83	0.86
异亮氨酸	%	0.60	0.55	0.56	0.60
苯丙氨酸	%	0.51	0.48	0.50	0.51
苯丙氨酸＋酪氨酸	%	0.86	0.81	0.82	0.84
组氨酸	%	0.28	0.24	0.25	0.26
脯氨酸	%	0.43	0.39	0.40	0.42
缬氨酸	%	0.60	0.52	0.57	0.70
甘氨酸＋丝氨酸	%	0.77	0.69	0.75	0.78
钙	%	0.90	0.90	2.00	3.00
总磷	%	0.65	0.61	0.63	0.65

续表 4-8

营养标准	单位	0～6周龄	7～18周龄	19周龄至开产	产蛋期
非植酸磷	%	0.40	0.36	0.38	0.41
钠	%	0.16	0.16	0.16	0.16
氯	%	0.16	0.16	0.16	0.16
铁	mg/kg	54	54	72	72
铜	mg/kg	5.4	5.4	7.0	7.0
锰	mg/kg	72	72	90	90
锌	mg/kg	54	54	72	72
碘	mg/kg	0.60	0.60	0.90	0.90
硒	mg/kg	0.27	0.27	0.27	0.27
亚油酸	%	1	1	1	1
维生素 A	IU/kg	7 200	5 400	7 200	10 800
维生素 D	IU/kg	1 440	1 080	1 620	2 160
维生素 E	IU/kg	18	9	9	27
维生素 K	IU/kg	1.4	1.4	1.4	1.4
硫胺素	mg/kg	1.6	1.4	1.4	1.8
核黄素	mg/kg	7	5	5	8
泛酸	mg/kg	11	9	9	11
烟酸	mg/kg	27	18	18	32
吡哆醇	mg/kg	2.7	2.7	2.7	4.1
生物素	mg/kg	0.14	0.09	0.09	0.18
叶酸	mg/kg	0.90	0.45	0.45	1.08
维生素 B_{12}	mg/kg	0.009	0.005	0.007	0.010
胆碱	mg/kg	1 170	810	450	450

表 4-9　肉鸡营养需要（90%干物质）

营养素	0~3周龄	3~6周龄	6~8周龄
代谢能/（MJ/kg）	13.39	13.39	13.39
蛋白质和氨基酸			
粗蛋白质/%	23.00	20.00	18.00
精氨酸/%	1.25	1.10	1.00
（甘氨酸+丝氨酸）/%	1.25	1.10	1.00
组氨酸/%	0.35	0.32	0.27
异亮氨酸/%	0.80	0.73	0.62
亮氨酸/%	1.20	1.09	0.93
赖氨酸/%	1.10	1.00	0.85
蛋氨酸/%	0.50	0.38	0.32
（蛋氨酸+胱氨酸）/%	0.90	0.72	0.60
苯丙氨酸/%	0.72	0.65	0.56

营养素	0~3周龄	3~6周龄	6~8周龄
非植酸磷/%	0.45	0.35	0.30
钾/%	0.30	0.30	0.30
钠/%	0.20	0.15	0.12
微量元素			
铜/（mg/kg）	8	8	8
碘/（mg/kg）	0.35	0.35	0.35
铁/（mg/kg）	80	80	80
锰/（mg/kg）	60	60	60
硒/（mg/kg）	0.15	0.15	0.15
脂溶性维生素			
维生素 A/（IU/kg）	1 500	1 500	1 500
维生素 D$_3$/（IU/kg）	200	200	200

续表 4-9

营养素	0~3周龄	3~6周龄	6~8周龄
(苯丙氨酸+酪氨酸)/%	1.34	1.22	1.04
脯氨酸/%	0.60	0.55	0.46
苏氨酸/%	0.80	0.74	0.68
色氨酸/%	0.20	0.18	0.16
缬氨酸/%	0.90	0.82	0.70
脂肪			
亚油酸/%	1.00	1.00	1.00
常量元素			
钙/%	1.00	1.00	0.80
氯/%	0.20	0.15	0.12
镁/(mg/kg)	600	600	600
锌/(mg/kg)	40	40	40

营养素	0~3周龄	3~6周龄	6~8周龄
维生素 E/(IU/kg)	10	10	10
维生素 K/(mg/kg)	0.50	0.50	0.50
水溶性维生素			
维生素 B_{12}/(mg/kg)	0.01	0.01	0.007
生物素/(mg/kg)	0.15	0.15	0.12
胆碱/(mg/kg)	1 300	1 000	750
叶酸/(mg/kg)	0.55	0.55	0.50
烟酸/(mg/kg)	35	30	25
泛酸/(mg/kg)	10	10	10
吡哆醇/(mg/kg)	3.5	3.5	3.0
核黄素/(mg/kg)	3.6	3.6	3
硫胺素/(mg/kg)	1.80	1.80	1.80

表 4-10　　肉用种公鸡营养需要(90%干物质)

营养素	周龄		
	0～4	4～20	20～60
代谢能/[k/(只·天)]	—	—	1 464～1 674
蛋白质和氨基酸			
蛋白质/%	15.00	12.00	—
赖氨酸/%	0.79	0.64	—
蛋氨酸/%	0.36	0.31	—
(蛋氨酸＋胱氨酸)/%	0.61	0.49	—
矿物元素			
钙/%	0.90	0.90	—
非植酸磷/%	0.45	0.45	—
每天营养成分需要量			
蛋白质和氨基酸			
蛋白质/(g/只)	—	—	12
精氨酸/(mg/只)	—	—	680
赖氨酸/(mg/只)	—	—	475
蛋氨酸/(mg/只)	—	—	340
(蛋氨酸＋胱氨酸)/(mg/只)	—	—	490
矿物元素			
钙/(mg/只)	—	—	200
非植酸磷/(mg/只)	—	—	110

　　上述营养需要量不是固定不变的,在生产实践中,还应根据具体情况具体对待。一般情况下,不同类型、环境温度、体重、健康水平对营养的需要量有一定差异。如肉鸡对蛋白质的需要量高于蛋鸡;温度高时蛋白质、钙、磷的需要量高于温度低时;体重超标、过于肥胖时,蛋白质、能量的水平都要降低,反之就要增加;患有某些疾病对营养的需要量有变化,患球虫病时,如果喂低蛋白日粮,死亡率降低。

表4-11 肉用种母鸡每天每只营养需要(90%干物质)

营养素	需要量	营养素	需要量
代谢能/kJ	1 674~1 883	(苯丙氨酸+酪氨酸)/mg	1 112
蛋白质和氨基酸		苏氨酸/mg	720
蛋白质/g	19.5	色氨酸/mg	190
精氨酸/mg	1 110	缬氨酸/mg	750
组氨酸/mg	205	矿物元素	
异亮氨酸/mg	850	钙/g	4.0
亮氨酸/mg	1 250	氯/mg	185
赖氨酸/mg	765	非植酸磷/mg	350
蛋氨酸/mg	450	钠/mg	150
(蛋氨酸+胱氨酸)/mg	700	维生素	
苯丙氨酸/mg	610	生物素/μg	16

注：为种母鸡产蛋高峰期需要量。肉种鸡常需限同以维持适宜体重。每日能量消耗量随年龄、生长阶段和环境温度变化而异，高峰期通常为1 674~1 883 kJ/只。没有列出的营养素请参考蛋用母鸡的数据。

❷ 常用饲料的营养特性

鸡的常用饲料按其所含营养物质量的不同分为能量饲料、蛋白质饲料、矿物质饲料、维生素饲料和饲料添加剂等。

○ 能量饲料

凡干物质中蛋白质含量低于 20％、粗纤维含量低于 18％的饲料都属于能量饲料。对于鸡主要的能量饲料是谷物饲料，如玉米、高粱、小麦、碎米、稻谷、大麦等。玉米的代谢能为 14 MJ/kg，含蛋白质约 8％，脂肪 3.5％，纤维素 3％，钙 0.03％，磷 0.25％，灰分 1.5％；赖氨酸与色氨酸很少，在配合饲料中所占比例为 35％～70％，且以黄色玉米为好。高粱多为白酒的原料，若作为饲料，因含有单宁酸喂量不能太高，以占日粮的 5％～15％为宜。小麦含能量较高、蛋白质多，氨基酸较其他谷类齐全，B 族维生素含量丰富。次粉为制粉厂出来的次等品，蛋白质含量高于小麦，适口性好，价格便宜。小麦和次粉可占日粮的 10％～30％。碎米和稻谷均为鸡的良好饲料，在日量中可占 10％～20％。大麦的粗纤维含量高，不易消化，宜粉碎或发芽后饲喂，喂量不能过高。

另一类常用的能量饲料是糠麸类。鸡常用的有小麦麸、米糠等。小麦麸价格便宜，蛋白质、锰和 B 族维生素含量丰富，但粗纤维含量高，可占雏鸡和成年产蛋鸡日粮的 5％～7％，育成鸡可占 10％～20％。米糠含脂肪高，特性与用量同小麦麸。

○ 蛋白质饲料

蛋白质饲料包括植物性蛋白质饲料和动物性蛋白质饲料。植物性蛋白质饲料主要有大豆饼（粕）、花生饼（粕）、棉仁饼（粕）、菜籽饼(粕)、芝麻饼等;动物性蛋白质饲料主要包括鱼粉、肉骨粉、血粉、羽毛粉、蚕蛹粉等。

1. 大豆饼(粕)

大豆饼蛋白质含量为 42%～44%,大豆粕蛋白质含量为46%～48%,赖氨酸含量为 2.9%,并富含核黄素和尼克酸,营养价值较高。大豆饼与含赖氨酸较低的玉米、高粱配合使用,可大大提高饲粮中蛋白质的质量,但生豆饼中含有胰蛋白酶抑制因子、红细胞凝集素和皂角素,前者阻碍蛋白质的消化和利用,后两者有毒害作用,因此,豆饼不能生喂。一般熟豆饼可占日粮的 10%～30%。

2. 花生饼

花生饼含蛋白质在 40% 以上,精氨酸含量很高,含硫氨基酸1%～1.2%,赖氨酸 1.7% 左右,适口性较好。但花生饼在潮热的环境下容易感染黄曲霉菌,其分泌的黄曲霉毒素对鸡有害。另外,花生若脱壳不彻底,多加后会增加饲料的粗纤维含量,应特别注意。花生仁饼一般可占日粮的 15%～20%。

3. 棉籽饼

棉籽饼含蛋白质约 40%,含硫氨基酸、赖氨酸与花生饼相近。但棉仁中含有游离棉酚,若喂量过大,会影响蛋的品质,降低种蛋的受精率和孵化率;同时粗纤维含量较高。一般饲粮中棉籽饼不超过 6%。经 20～30 min 的蒸煮后或在棉仁饼中加入等量铁离子的硫酸亚铁可达到脱毒的目的。

4. 菜籽饼

菜籽饼含蛋白质 36%,含硫氨基酸和赖氨酸的含量与花生饼差不多,蛋白质的质量与棉仁饼相似,但生菜籽饼中含有一种芥子毒素,经加热处理后方能去毒。一般菜籽饼占日粮的 5%左右。

5.芝麻饼

芝麻饼含蛋白质 42% 以上,含硫氨基酸 2.08%,赖氨酸 1.37%,在饲粮中加入 5% 左右,可降低饲料成本,提高蛋白质的利用率。但加量过大,因其有一种苦涩味,使适口性降低。

6.鱼粉

鱼粉的蛋白质含量高,一般为 45%~65%,氨基酸含量丰富而完善,蛋白质的生物学价值高;富含维生素和矿物质,是鸡理想的蛋白质补充料。进口鱼粉含蛋白质多在 50% 以上,且含盐量低;国产鱼粉蛋白质含量在 35%~55%,有的含盐量高达 15%,添加时一定注意。一般鱼粉占饲粮的 1%~6%。

7.肉骨粉

肉骨粉由不适宜食用的畜禽骨骼、肌肉、内脏和其他废弃物加工而成。其营养成分的含量因原料的不同而有差异。一般含蛋白质 40%~65%,脂肪 8%~15%,钙 6%,磷 3%,蛋氨酸和胱氨酸偏低,一般与植物性蛋白质混合使用。使用肉骨粉时应防止肉毒梭菌中毒。

8.血粉和羽毛粉

血粉和羽毛粉的粗蛋白含量均在 80% 左右,血粉缺乏异亮氨酸,羽毛粉蛋氨酸和赖氨酸的含量相对较少,氨基酸极不平衡,生物学价值较低,一般占日粮的 3% 左右。

9.其他动物性蛋白质饲料

蚕蛹、蝇蛆、河蚌、小杂鱼及一些肉类加工副产品,蛋白质含量很高,各种氨基酸比例合适,营养价值较高,在有条件的地区可在饲料中适当加入。

○ 矿物质饲料

矿物质饲料是一种营养较为专一的饲料。常用的有石粉、贝壳粉、蛋壳粉、磷酸氢钙、骨粉、食盐等。

1.石粉

石粉为天然的碳酸钙,含钙在 35％以上,是一个廉价钙源,雏鸡饲料中可加入 1％,成鸡料中可加入 2％～6％。使用时应注意其中的铅、汞、砷和氟的含量不能超过安全系数。

2.贝壳粉

贝壳粉主要由海、湖产的贝类加工而成,含钙 38％,是良好的钙源,喂鸡后钙的吸收率较高,一般占日粮的 2％～8％。

3.蛋壳粉

经清洗、烘干、消毒后粉碎的蛋壳,含钙量为 38％,也是良好的钙质饲料,可与石粉和贝壳粉配合使用。

以上介绍的几种矿物质补充料主要作为钙源补充。

4.磷酸氢钙

磷酸氢钙含钙 21％,含磷 18.5％,可同时补充钙和磷。

5.骨粉

动物骨骼经高温、高压、脱脂、粉碎后即成骨粉。骨粉含钙 26％,含磷 12.6％,饲料中加入后可同时补充钙和磷;一般饲料中加入 1％～3％。

6.食盐

食盐主要成分为氯化钠。一般在鸡饲料中加入 0.3％～0.4％的食盐;在喂咸鱼粉时应适当减量,防止食盐中毒。

其他矿物质饲料的营养特性见营养成分表。鸡所需要的微量矿物质元素可通过其盐或复合添加剂的形式加入。

○ 维生素饲料

鸡主要用的维生素饲料是一些青绿饲料及其干制后的产品,以补充维生素 A、B 族维生素以及维生素 E 等。常用的维生素饲料有胡萝卜、苜蓿粉、槐叶粉等。新鲜青绿饲料的适口性好,但含水多,用量不能超过30%。喂青绿饲料需洗净切碎,劳动强度大,一般在小鸡场使用。干制后的青绿饲料含有较高的粗纤维,一般在日粮中占1%～5%。

○ 饲料添加剂

根据饲料添加剂的作用效果不同,将饲料添加剂分为维生素添加剂、微量元素添加剂、抗生素添加剂、驱虫剂和防腐剂等。

1. 维生素添加剂

维生素添加剂用来补充饲料中维生素的不足,常用的有单一的维生素添加剂,也有复合维生素添加剂。单一的有维生素 B_1、维生素 B_2、维生素 B_6、维生素 B_{12}、维生素 E、维生素 K、维生素 C、维生素 D_3、氯化胆碱等;复合的有泰德维他、牧乐维他、速补和一些其他的复合维生素添加剂,主要含有维生素 A、维生素 D_3、维生素 E、维生素 K、维生素 B_2、维生素 B_1、维生素 B_3、维生素 PP、维生素 B_6、维生素 B_{12}、生物素、叶酸等。

2. 微量元素添加剂

微量元素添加剂主要用于补充饲料中微量矿物质元素的不足。有用其盐类单独补充的,也有复合添加的。单一的有硫酸亚铁、硫酸铜、硫酸锰、硫酸锌、氧化锌、碘化钾、亚硒酸钠、硒酸钠等。复合的主要含铁、锰、锌、铜、碘、硒、镁、钾、硫、钴、钼等。

3. 氨基酸添加剂

为弥补饲料中某些限制性氨基酸的不足,提高蛋白质的生物学价值,减少饲料浪费,根据需要,需在饲料中加入某种限制性氨基酸。现常用的有蛋氨酸、赖氨酸、色氨酸、苏氨酸等添加剂。

4. 药物添加剂

药物添加剂的作用机理是抑制消化道中有害菌的繁殖,减少养分消耗,防止特定疾病发生。使用的药物添加剂种类见表4-14

和表 4-15。

5. 酶制剂

饲料中添加酶的主要目的是最大限度地利用饲料资源,提高饲料利用率,促进营养物质的消化和吸收,减少动物体内矿物质的排泄量,从而减轻对环境的污染。常用于养鸡上的酶有:木聚糖酶、β-葡聚糖酶、α-淀粉酶、蛋白酶、纤维素酶、脂肪酶、果胶酶、植酸酶、混合酶等。

6. 驱虫剂

驱虫剂主要用于驱除鸡体内的球虫和蛔虫。驱球虫药有球痢灵、球安、加福、盐霉素等。在饲养肉用仔鸡时,因考虑到药物残留等问题,有些药物禁止使用,详见肉鸡部分。驱蛔虫药有阿维菌素、依维菌素、左旋咪唑等。

7. 防腐剂

为防止饲料发霉和不饱和脂肪酸的氧化,常加入一些防霉剂和抗氧化剂。抗氧化剂有:BHT(二丁基羟基甲苯)、BHA(丁基羟基茴香醚)、乙氧喹啉;防霉剂有丙酸、丙酸钠、丙酸钙、山梨酸等。

8. 微生态制剂

微生态制剂又名活菌制剂、生菌剂、益生素。鸡食入后,能在消化道中生长、发育或繁殖,具有有益作用的活体微生物饲料添加剂。它可以被用来替代抗生素饲料添加剂防止消化道疾病、降低鸡的死亡率、提高饲料效率、促进动物生长等,是天然无毒、安全无残留、副作用少的饲料添加剂。主要的菌种有乳酸杆菌属、链球菌属、双歧杆菌属、某些芽孢杆菌、酵母菌、无毒的肠道杆菌和肠球菌等,多来自土壤、腌制品和发酵食品、动物消化道、动物粪便的无毒菌株。

9. 着色剂

饲料中加入着色剂可改变蛋黄及皮肤的色泽,增加感官诱惑力,提高销售价格。着色剂的种类较多,分为人工合成和植物提取的天然色素。我国允许使用的着色剂主要有 β-胡萝卜素、辣椒红、β-阿朴-8′-胡萝卜素醛、β-阿朴-8′-胡萝卜素酸乙酯、β,β-胡萝卜素-4,4-二酮(斑蝥黄)、叶黄素、天然叶黄素等。

10. 寡聚糖

研究证明,在动物的消化道内存在的正常微生物群落对宿主具有营养、免疫、刺激生长和生物拮抗等作用,是维持动物良好健康状况和发挥正常生产性能所必需的条件。近年来,已开始采用寡糖等通过化学益生作用调控动物消化道微生物群落组成。这些寡糖包括果寡糖、甘露寡糖、麦芽寡糖、异麦芽寡糖、半乳糖寡糖等。大量研究表明,在饲料中添加适量寡糖,可提高鸡生长速度,改善其健康状况,提高饲料利用率和免疫力,减少粪便及粪便中氨等腐败物质的量。

11. 酸化剂

酸化剂是近年来研究开发的主要用于雏鸡日粮以调整消化道内环境的一类添加剂,即指为补充雏鸡胃液分泌不足并降低胃内 pH 值而添加于饲料中的一类物质。酸化剂包括无机酸、有机酸及其盐类。添加酸化剂的饲料称为酸化饲料。

酸化剂的研究开发,主要是基于较低的胃内 pH 值(2 左右)。酸化剂不仅是胃蛋白酶的激活剂和保持较高活性的必要条件,并有助于饲料的软化、养分的溶解和水解,而且还起着阻止病原微生物经消化道进入体内的屏障作用。

在鸡日粮中添加酸化剂可起到补充胃酸分泌不足、激活酶原、抑制病原增殖、防止鸡下痢、改进生产性能、降低死亡率。此外,较低的胃内 pH 值降低胃内容物排空速度,有利于养分的消化吸收。有机酸化剂还可作为动物的能源。有的有机酸以络合剂的形式促进矿物元素的吸收,有的(如柠檬酸等)还可起到调味剂的作用,促进鸡采食。近年来,酸化饲料的应用更进一步延伸到母鸡饲料,因为有迹象表明混合有机酸能阻断大肠杆菌对鸡的垂直感染。

大量的研究显示,有机酸的添加效果优于无机酸,表现出添加正效应的主要有柠檬酸、延胡索酸、甲酸、甲酸钙、乙酸、丙酸、丙酸钙和丁酸等。其中以 1%～3% 的柠檬酸添加效果最好。其次是延胡索酸和延胡索酸钙,甲酸和丙酸及其钙盐也有较好的添加效果,而且在饲料中有很好的抑制真菌的作用。对盐酸、硫酸和磷酸用做酸化剂的研究中,仅磷酸表现出较小的正效应。在应用酸制剂时必须注意其适口性、腐蚀性及刺激气味的大小,可以单独使用或多种混合搭配使用,选用兼具酸化与抑菌的产品效果会更好。

12. 有机铬

铬是葡萄糖耐量因子(GTF)的重要组分,其活性形式是三价铬离子,为动物的必需微量元素。GTF 是一种能够维持动物血液中葡萄糖正常水平的物质,其化学结构可能是以烟酸-三价铬-烟酸为轴连接,有谷氨酸、甘氨酸、半胱氨酸配体的配位化合物。研究表明:铬主要通过 GTF 协同和增强胰岛素的作用,进而影响糖类、脂类、蛋白质及核酸代谢,并对畜禽的生长、繁殖、胴体品质、应激与免疫等均有不同程度的影响。肉仔鸡日粮中添加有机铬可减少腹脂,提高瘦肉率;蛋鸡添加可提高产蛋量和饲料转化效率;夏季添加可减轻热应激的影响。

13. 甜菜碱

甜菜碱也称三甲胺乙内酯,包括天然提纯物质(如芬兰从甜菜糖蜜中提取的天然甜菜碱)和人工合成物(有纯品、盐酸盐和粗品形式)2 大类。甜菜碱为白色结晶,无毒、稳定,能耐 200℃ 的高温,近中性。蛋氨酸作为必需氨基酸在动物代谢方面发挥着非常重要的作用,其中主要功能是作为甲基供体。由于蛋氨酸价格昂贵且资源紧缺,生产中逐渐转向添加比较廉价的甲基供体——甜菜碱。如近年来甜菜碱已部分替代饲料中的蛋氨酸和胆碱。甜菜碱是最有效的甲基供体,且在饲料中添加,不会破坏维生素等活性物质。

甜菜碱可参与体内转甲基的生化过程,对脂肪代谢起很重要的作用。甜菜碱可动员和刺激肝中脂肪转运,对血中脂肪及蛋白质有很大的影响。此外,甜菜碱可催化肉毒碱且促进在线粒体内脂肪酸的代谢过程,故常用做动物的减肥剂。

上面只介绍了鸡主要饲料的营养特性,鸡常用饲料的营养成分含量见附表1至附表4。

❸ 饲料搭配

饲料搭配的目的是利用多种饲料原料,为鸡搭配一个能满足正常生长发育,发挥最大生产潜力的饲粮。

○ 饲料搭配时应注意的问题

第一,必须以饲养标准为依据,因为饲养标准是根据大量饲养实践总结出的科学参考值。

第二,饲料种类要多(能量、蛋白质饲料均在3种以上),以发挥营养之间的互补作用。

第三,饲料要安全、无毒无害,且饲料的品质要好,适口性要强,不要有特殊的异味,不用发霉变质的饲料。

第四,要根据当地的自然条件选择价格较便宜的饲料,尽量降低饲料成本。

第五,配合好的饲料要具有相对的稳定性,不要轻易地改换和变动,以防因消化道不适引起消化不良。若必须改动时,应逐渐改变,经5~7天的过渡后,达到全部更换的目的。

第六,选择的饲料原料及搭配好的饲料一定要符合国家的法律法规。

○ 饲料搭配时应考虑的营养成分

搭配饲料应考虑的营养成分主要有能量、蛋白质(包括氨基酸）、维生素、矿物质（常量与微量）和盐等。其需要量见饲养标准表 4-1 至表 4-5。为了满足这一标准，需用各类饲料的用量为：谷物饲料（2～3 种）45%～70%，糠麸类 5%～15%，植物性蛋白饲料 15%～25%，动物性蛋白饲料 3%～7%，矿物质饲料 5%～8%，微量元素、维生素、氨基酸等添加剂 1%，干草类 2%～5%，动、植物油 1%～2%。

○ **饲料搭配的方法**

配合饲料的方法有多种，但生产上常用的是微机配合和试差法。微机配合是将专门的配合饲料软件装入微机，把各种饲料中所含的营养成分和单价输入计算机内储存，再输饲养标准要求的各种营养素的需求量，可得一成本最低、满足营养需要的饲料配方。这种方法运算速度快，有畜牧专业知识的人员稍加训练便能掌握。

随着计算机技术的发展和应用，科技人员考虑将计算机技术应用到饲料配方设计上，以达到快速、准确、方便的目的。但是，经计算机制作出的配方必须客观现实，且与饲料知识相结合，使配方更加科学化。

1. 计算机优化饲料配方的原理

目前，利用计算机优化饲料配方的方法一般有三方面：一是基于试差法的手工规划法，主要用于检查饲料配方营养成分和调整饲料原料配比；二是线性规划法，主要用于设计一定约束条件下的最低成本配方及最大收益配方；三是多目标规划法，可用于设计各种规格和目标要求的配方。

2. 电脑配方软件应用

随着越来越多的农业院校、科研机构科技人员对计算机配方技术的研究开发，计算机配方技术的逐渐成熟，配方软件的功能越来越完善,操作越来越简单,获得的配方也逐渐变得更加实用,从最初的只能进行线性规划,获得全价饲料最低成本配方,发展到现在的目标规划、多配方技术、概率配方、生产工艺管理、配料仓竞争处理技术、原料采购决策与灵敏度分析技术、多套原料组分概念、配方渐变分析与综合分析技术等,可同时进行全价饲料、浓缩饲料、预混料等配方设计,而且操作界面也越来越友好、简单易用。应用饲料配方软件进行配方设计时一般主要经过以下几个步骤:

①根据饲养对象,选择合适的饲养标准,并依据实际饲养环境,进行营养需要量的确定。

②根据现有饲料资源选择饲料原料,并根据实际分析结果,修改饲料原料营养成分含量和价格,并确定饲料原料的大致使用量范围。

③进行优化计算,获得理想配方。

④依据实践生产情况,进行实际配方转换,获得实践可行的生产配方。

3. 试差法设计饲料配方

试差法仍然是大家公认的一种操作简便、易于掌握的方法。首先,根据日龄或生产阶段查出饲养标准;其次,选用饲料;第三,确定各种饲料的大致用量;第四,根据营养成分表计算营养成分含量;第五,将计算结果累加起来,与标准比较,若不适应再进行调整。调整后的饲料配方必须经过饲养实践后才能证明其可行性(计算过程见表4-12)。

表4-12中能量偏低,而蛋白质偏高,应在原来的基础上适当增加玉米的用量,减少豆饼的用量,使其尽量接近标准。在生产实践中,除考虑上述成分外,还应考虑氨基酸(特别是赖氨酸、蛋氨酸、色氨酸等)、有效磷、维生素、微量元素等成分。

表 4-12　饲料营养成分计算举例

饲料名称	配比	代谢能/(MJ/kg)	粗蛋白/%	钙/%	总磷/%
玉米	66.5	0.665×13.347=8.876	0.665×9.0=5.985	0.665×0.03=0.019 95	0.665×0.28=0.186 2
麸皮	1.0	0.01×8.66=0.086 6	0.01×16.0=0.16	0.01×0.34=0.003 4	0.01×1.05=0.010 5
豆饼	19	0.19×10.334=1.963	0.19×46.2=8.778	0.19×0.36=0.068 4	0.19×0.74=0.140 6
进口鱼粉	4	0.04×11.088=0.444	0.04×60=2.4	0.04×6.78=0.271 2	0.04×3.59=0.143 6
骨粉	2.5			0.025×30.71=0.767 7	0.25×12.86=0.321 5
贝壳粉	6.0			0.060×38.1=2.286	0.060×0.07=0.004 2
食盐	0.35				
蛋氨酸	0.15			0.003 5×0.03=0.000 1	
预混料	0.5				
合计	100	11.37	17.32	3.417	0.807
标准		11.5	16.5	3.5	0.60

注：1. 预混料中含有产蛋鸡所需的各种维生素、微量元素及其他添加剂。

2. 该配方为产蛋鸡饲料配方。

❹ 防止饲料浪费

养鸡饲料成本占总支出的 70% 左右,节约饲料可明显提高经济效益。为了节约饲料,防止浪费,应做好以下几方面的工作:

①饲料搭配要合理,营养要齐全,满足生长和生产的需要。营养不平衡的饲料浪费最大,因为营养物质的吸收是按一定比例的,且具有就低不就高的特性;当营养不平衡时,高出的部分就会浪费掉。饲料品质要好,防止发霉变质。

②饲槽结构合理,添料量适中。每次添料为饲槽深度的 1/3,料桶深度的 1/2。若加料过多,在鸡采食时部分饲料就会洒落在粪便中。这项浪费在大多数养鸡场占的比重很大,主要是因管理不善造成的。建议鸡场在保证正常生长和产蛋的前提下,将节约饲料与工人工资结合起来,可有效防止饲料浪费。

③及时淘汰停产和低产鸡,减少非生产性耗料。

④饲料的粒度合理。不能太细,否则饲料飞扬,既浪费饲料又污染环境。一般蛋鸡和种鸡采用干粉料自由采食的饲喂方法,可防止过肥,减少啄癖的发生;肉用仔鸡喂颗粒饲料,可增加采食量,加快增重速度。

⑤鸡舍温度要适宜。在相同的生长与增重速度、产蛋量与蛋重条件下,不同的环境温度对饲料消耗量有影响。温度适宜时,耗料量最少;温度过高或过低时,鸡为了维持体温的恒定,需要消耗体内较多的养分调节体温,增加饲料的用量。因此,在任何情况下应尽力保证环境温度的适宜。其他环境条件对耗料量也有影响,只是不像温度那样明显。

⑥灭鼠和防止其他野鸟的危害。老鼠不仅吃掉粮食,同时还会传播疾病。据统计,一只老鼠每年可吃掉 9～11 kg 的粮食,可传播多种疾病。因此,必须经常不断地扑杀老鼠。另外,进入料库

的野鸟也可消耗饲料和传播疾病。

饲料应保存在防潮避光的地方,以防止饲料霉变和维生素失效。

❺ 饲料安全与卫生

饲料安全包含广泛的内容,它不仅需要研究饲料对动物自身健康、生产效率的影响,而且还需要研究对畜禽产品品质的影响,以及对宏观生态和微观生态不同层次所产生的影响。饲料安全在很大程度上影响饲养动物和动物性食品的安全性,关系到人类生存环境和人类自身的安全。饲料的安全性也就成为当前饲料工业所面临的主要问题。

由于饲料添加剂和兽药的滥用,环境的污染,饲料中农药和重金属元素的大量残留,导致畜禽产品质量降低,有害残留物超标,严重威胁着人们的健康和安全。如英国的"疯牛病事件"、比利时的"二噁英事件"、中国的"瘦肉精事件"、"三聚氰胺"事件等,无一不与畜禽饲料有关。还有一些有害添加剂目前虽然对家禽及人未产生明显的影响,但其对以后人类健康的影响是可以预见的,如抗生素的耐药性、重金属的累计中毒、对环境的污染等。因此,安全饲料生产越来越受到人们的重视。

科学技术的进步使人们广泛认识到滥用农药、兽药和饲料添加剂对畜禽及其产品产生的负面影响及对人类健康的危害,无污染、无残留、无公害的绿色安全食品已成为一种消费时尚。各国政府对兽药和饲料管理法规进行多次改进,主要内容有:更全面评价饲料添加剂和兽药安全性,例如,增加环境毒性、残留毒理和免疫毒理学等,检测细菌耐药性;研究转基因食品安全性评价方法;对生产食品的动物限制使用兽药的品种;开发更有效、安全的新兽药并且淘汰不安全的兽药。对批准的兽药规定动物性食品中最高残留剂量、停药期;在生产饲料、饲料添加剂和兽药的工厂和养殖场规定良好的生产规则等。我国为提高食品安全性,提高畜禽产品在国际市场的竞争力,颁布了"兽药管理条例"和"饲料添加剂管理条例",从生产和使用各个环节加强饲料的安全性。

○ 影响饲料卫生与安全的因素及其控制

影响饲料卫生安全的主要因素有:饲料原料本身所含的有毒有害物质;饲料原料在储存、加工和运输过程中可能造成的霉变和污染;饲料添加剂和药物的不合理使用。所有这些都可能造成严重的安全问题,必须严格控制。

1. 饲料中有毒有害物质的危害及其控制

多种化学物质如有毒金属和非金属,某些有机或无机化合物均可以污染饲料,严重影响饲料安全性。危害较大的金属元素及化合物有铅、汞、砷、镉等。常用的鸡饲料原料中,常常还含有一种或多种天然有毒有害物质。例如,植物性饲料中的生物碱、棉酚、单宁、蛋白酶抑制剂、植酸及有毒硝基化合物等,动物性饲料中的组氨、抗硫胺素及抗生物素等。这些有毒有害物质可对动物体造成多种危害和影响,轻者降低饲料的营养价值,影响动物的生产性能;重者引起动物急性或慢性中毒,诱发癌症,甚至死亡。

(1)铅

一般情况下,植物中含铅量非常低,不足以对鸡产生危害,但若土壤被含铅较高的工业废水或废物污染后,饲料中含铅量也随之增加,其增加程度因土壤中含量的高低而变化。目前鸡使用的饲料中,有个别矿物质饲料和鱼粉、肉骨粉中含量较高,其他饲料含量较小,但因矿物质和动物性饲料使用量小,所以一般的配合饲料中的含量很低。

鸡长期饲喂含铅量过高的饲料(我国规定,鸡的混合饲料中铅含量不超过 5 mg/kg,其他家禽可参考这一标准),便会引起慢性中毒。鸡铅中毒后,主要损害神经系统、造血器官、肾脏等,表现为神经机能紊乱、兴奋和抑制不能自行调节、溶血性贫血、肾脏变性或坏死、消化道出现病变等。

降低饲料铅含量的有效途径是减少汽车尾气铅的含量,如使用无铅汽油;对含铅污水经过处理达到国家排放标准后再排放;对高铅土壤使用石灰、磷肥,以降低铅的活性;对鸡使用的饲料原料严格检测,禁用高铅饲料。

(2)汞

在工业废水污染严重的水域生产的鱼粉,汞含量是非污染区的 5 倍。我国沿海地区有用鱼、虾或鱼粉饲喂鸡的,可见到汞污染引起的中毒现象。

汞对动物的毒性很大,鸡对其非常敏感。中毒后的鸡常表现为神经症状,如运动不协调、盲目行走、呆滞、昏睡等。雏鸡表现为消瘦、厌食、生长发育受阻,有些鸡脱毛。食入高汞量鸡所生产的鸡产品中,汞的含量增高,被人食用后,危害人体健康。

预防汞中毒的方法是少用或禁用含汞的消毒剂;工业污水经处理达到排放标准后再排放;对已经被汞污染的土壤,尽量使用有机肥料;配制鸡饲料时严格按照国家规定的汞允许量标准选择原料,保证配合饲料中汞的含量低于 0.1 mg/kg。

(3)砷

在鸡生产中,经常使用砷制剂作为饲料添加剂,以促进机体血液循环,提高代谢速率,使鸡冠和肉髯鲜红。鸡常用的是 3-硝基-4-羟基苯胂酸和 4-硝基苯胂酸,其中砷易于在体内蓄积,它对鸡和人可产生毒性和致癌性的作用。有人推测,若鸡饲料中使用 90 mg/kg 阿散酸(有机砷允许剂量),约 20 年后人将难以在养殖场周围生存。

鸡主要表现为慢性中毒。砷中毒后的鸡常出现胃肠炎,健康不佳,生长受阻,羽毛粗乱,易脱落,食欲反复无常,可视黏膜发红,皮肤感觉降低,四肢无力,以致麻痹。防止砷中毒的方法是饲料中减少砷制剂的添加量;对烟尘、废水、废渣进行回收处理;多使用有机肥料;在作物收获前禁止使用含砷农药;严格按照国家规定的砷含量标准选择原料;对含砷较高的日粮添加碘、锌、硒可缓解砷的危害;使鸡饲料中的含砷量低于 2 mg/kg。

(4)镉

皮革蛋白粉生产过程中须有严格的去镉工艺,否则残留镉将严重污染饲料,对动物和人的毒性很强。一般游离镉对鸡无毒害作用,但当其与硫蛋白结合后,表现其毒害作用。急性中毒的鸡表现为呼吸困难、流鼻液、食欲降低、腹泻;慢性中毒的表现为食欲降低、生长发育缓慢、羽毛缺乏光泽、骨质疏松或患软骨病、运动障碍、母鸡繁殖率降低。预防镉中毒的方法是严格控制镉的排放,治理"三废",提高饲料中锌、铁的含量,补充足量的维生素 C 和维生素 D_3,选择无污染饲料,保证鸡配合饲料中镉的含量不超过 0.5 mg/kg。

(5)棉酚

棉籽饼(粕)中含有的有毒物质主要是棉酚。其对鸡的毒害作用表现为破坏胃肠的正常机能,导致胃肠炎;损害心、肝、肾等实质性器官,出现心力衰竭、肺水肿,多种器官出现出血性炎症;破坏公鸡的睾丸生精上皮,引起精子畸形、死亡甚至无精子,导致种蛋受精率降低,死胎增加,因此,种鸡严禁饲喂未经脱毒的棉籽饼(粕)。蛋品质降低,使经一定时间保存的蛋黄变绿或红褐色,有时出现斑点。

控制棉酚中毒的方法,一是控制棉籽饼(粕)在配合饲料中的用量,商品鸡不超过 5%,种鸡禁用;二是种植无毒棉;三是对棉籽饼(粕)进行脱毒处理,常用的方法是加入硫酸亚铁或加碱处理,还可用加热处理,如蒸、煮、炒等,最终保证配合饲料中棉酚含量低于 20 mg/kg。

（6）植酸及植酸盐

植酸广泛存在于植物饲料中，以禾谷类籽实及豆类中含量最高，特别是在种皮中含量特别高，如麸皮、米糠等。植酸的主要储存形式是植酸磷。植酸磷的利用率极低，鸡食入后大部分被排出体外，造成环境的污染。植酸还可与钙、铁、锌、锰、铜、钴等螯合后形成不溶性的螯合物；植酸与蛋白质螯合后，使蛋白质的溶解度大大降低；此外，植酸还可与多种营养物质结合，从而降低营养物质的消化吸收率，污染环境。

控制植酸危害的方法是在饲料中加入植酸酶，促进植酸向正磷酸及其他磷酸肌醇中间产物转化，提高植酸磷的利用率，减少环境污染。考虑到植酸与微量元素和蛋白质结合后影响营养物质的消化吸收率，在配合饲料时，为满足营养需要，保证正常的生长和生产，饲料中应适当增加添加量。饲料经加压、加热处理可使部分植酸磷水解；微生物的活动也可使植酸磷分解，经分解后的植酸磷利用率明显提高。

另外，还有些饲料中含有天然的有毒有害物质，如菜籽饼（粕）中的硫葡萄糖苷、芥酸和芥子碱、缩合单宁等，鸡大量食入后，除对其本身产生危害作用，还污染鸡产品。生豆饼粕中的胰蛋白酶抑制因子大量食入后，可使鸡消化不良，降低营养物质的消化吸收率。亚麻仁饼（粕）、蓖麻饼等均含有不同量的毒素，饲喂时应严格控制用量。

2. 饲料生物污染的危害及其控制

饲料生物污染是指由微生物包括饲料中的细菌（沙门氏菌、大肠杆菌、肉毒梭菌、葡萄球菌、魏氏梭菌等）、霉菌、病毒等引起的污染。致病菌可直接进入消化道，引起消化道感染，而发生感染型中毒性疾病，如沙门氏菌中毒等。某些细菌在饲料中繁殖并产生细菌毒素，通过相应的发病机制引起的细菌毒素型中毒，如由肉毒梭菌毒素等引起的细菌外毒素中毒。

（1）细菌污染及其控制

鱼粉、肉粉、骨粉、蚕蛹及各种动物屠宰的下脚料，若消毒不彻底或保存不当，常含有沙门氏菌、大肠杆菌、肉毒梭菌、葡萄球菌、魏氏梭菌等，鸡食入被这些病菌严重污染的饲料时，可能暴发疾病，在机体健康状况较差或应激状态下，发病几率更高。

被细菌污染的饲料可引起饲料的腐败变质，表现为适口性降低，颜色和气味异常，营养物质被破坏，导致鸡发病。沙门氏菌污染的饲料常引起鸡、鸭、火鸡、野鸭、鹌鹑、雉鸡、鹧鸪等的下痢，可使雏禽发生急性或慢性败血症。肉毒梭菌分泌的毒素可使家禽出现中毒性症状，这种现象在水禽尤为多见。该毒素是一种嗜神经毒素，家禽食入中毒后，表现为四肢无力、全身麻痹、运动失调。鸡食入含有大量大肠杆菌的饲料后，往往暴发大肠杆菌病，常发生肠炎型和败血症型大肠杆菌病。发病鸡出现心包炎、肝周炎、腹膜炎型大肠杆菌病。饲料中的葡萄球菌通过家禽破口侵入机体，使家禽暴发葡萄球菌病。

控制饲料病菌含量过高的方法是使用经高温消毒后的鱼粉、肉粉、骨粉、蚕蛹及各种动物屠宰的下脚料；各种饲料原料分开储存；添加适量且允许添加的抗菌药物或有机酸，抑制细菌的繁殖；妥善处理鸡粪便；避免鼠、鸟的传播；注意饲料加工环境的卫生消毒；保证饲料水分含量在 14％ 以下。

（2）霉菌污染及其控制

霉菌和霉菌毒素对饲料的污染在我国的饲料生物性污染中占据十分显著的位置。霉变过程产生的代谢产物可使饲料感官性状恶化，如产生刺激性气味、颜色异常、结块等，结果饲料适口性下降。鸡摄入受霉菌污染的饲料后，在肝、肾、肌肉及鸡蛋中可以检出霉菌毒素及其代谢产物，因而导致动物性食品污染。

霉菌可消耗饲料营养，如霉菌生长需要蛋白质、淀粉，从而导致霉变饲料的营养价值降低，如蛋白质溶解度下降，部分维生素被破坏,代谢能减少;霉变饲料的适口性降低,颜色、气味、质地发生变化。

鸡食入发霉饲料后,当霉菌分泌的毒素达到一定水平时,可使鸡中毒。如黄曲霉毒素中毒后,鸡常表现呼吸困难、拉稀、运动失调,死亡率很高。该毒素还有强烈的致癌作用。

预防霉菌污染的方法是严格控制饲料的水分含量,一般稻谷水分含量低于 13%,花生低于 8%,玉米低于 12.5%;选择培育抗菌饲料,如花生对霉菌比其他饲料易感;改善储藏条件,采用低温储藏,减少氧气量;饲料中加入防霉剂,如乙氧喹、延胡索酸、丙酸等。

(3)农药污染的危害及其控制

随着科学的进步与农业的发展,农药的品种越来越多,但因农药的长期使用,以及滥用农药,使土壤、饲料遭到严重污染,人及畜禽健康受到严重危害。目前主要使用的农药有有机磷和有机氯农药。

第一,有机磷农药污染及其控制。农业上常用的有机磷农药有 1605、1059、3911 以及高效、低毒、低残留的乐果、敌百虫、敌敌畏等。目前主要使用的是高效、低毒、低残留的农药,但也有的仍在使用剧毒农药。农作物长期使用后,其产品中有机磷含量增高,当超过允许残留量后,家禽食入后,可引起中毒。

中毒后的家禽主要表现神经症状,另外,人食入有机磷残留过高的家禽产品后,可致癌、致畸和致基因突变。

减少有机磷农药残留的方法是使用高效、低毒、低残留农药,推广生物治虫法,加强饲料原料的管理,制定饲料中农药药物残留标准,进行饲料农药残留的监控,饲草和饲料经日光照射使农药分解。

第二,有机氯农药污染及其控制。常用的有机氯农药有六六六、DDT 等,目前我国已经禁止使用。但以前使用的该类农药对环境的污染很难消除,使生产出的饲料含有这些有毒物质。

鸡有机氯中毒后,主要损害神经系统、肝、肾等实质性器官,还对免疫器官有损伤作用,影响鸡的繁殖机能,有致癌、致畸和致基因突变的作用。

预防有机氯中毒的方法可参考有机磷的预防方法。

第三,有机氟农药。有机氟农药主要有氟乙酸钠、氟乙酰胺。此类农药的残效期长,动物长期食用后,可引起中毒。有机氟农药对鸡的主要影响是损害心脏和中枢神经系统。

预防有机氟中毒的方法可参考有机磷的预防方法。

○ 饲料添加剂和药物不合理使用的危害及其控制

1.抗生素

抗生素作为饲料添加剂在饲料工业中的应用已有 40 多年的历史,曾对预防动物疾病、促进动物生长、增加畜产品产量和提高养殖业的效益起到积极作用。抗生素的使用抑制或杀灭了大部分药物敏感的病原微生物,但有少量的细菌产生了耐药性。欧洲和美国的科学家经过 30 年调查发现细菌在动物体的耐药性可传递给人。据中国兽医杂志报道(1992),近几年令人惶恐的疯牛病也是如此。抗生素在我国超量使用十分严重。

根据生产实际情况,鸡饲料中主要滥用的抗生素有喹乙醇、氯霉素、金霉素、泰乐菌素等。促生长剂硝呋烯腙对肉鸡、肉鸭均有较好的促生长作用,但是因为其致癌、致畸的作用,而未获得批准使用。

另外,在使用药物添加剂时,应使用经过有效性和安全性考察批准的品种;选用有生产许可证的厂家产品,保证产品质量可靠;根据动物年龄和种类,选用合理的原料品种和适宜的使用范围;用量准确;严格控制药物配伍和停药期。

控制抗生素药物残留的有效途径是使用低残留的抗生素,寻求抗生素的替代产品,开辟绿色饲料添加剂。绿色饲料添加剂能有力地避免应用兽药和化学饲料添加剂给畜禽带来的自身耐药性和畜禽产品有害物质残留的问题,使畜禽产品品质得以提高,符合国际标准,提高其在国际市场的竞争力。我国研制的益生素、低聚糖、酶制剂及中草药添加剂等新产品,可提高动物的非特异性免疫力,在集约化饲养条件下可以替代抗生素和抗菌药物,并能促进动物生长,改善饲料利用率,具有广泛的应用前景。

2. 激素

大量的实验表明,大部分激素有提高增长速度、增加瘦肉率、提高饲料报酬的作用,如瘦肉精(盐酸克仑特罗,为一种 β-肾上腺素能激动剂)、雌激素(包括雌烯二醇、黄体酮、睾酮、酶烯酮)等。过去曾有人用瘦肉精、雌激素在肉用家禽上进行试验,并取得了理想的结果,但因生产的产品经人食用后可使人出现一些不良反应,如人大量食用添加瘦肉精后生产的动物产品,会出现血压增高、心跳加快、气喘、多汗、手足颤抖、摇头等症状;食入添加雌激素的动物产品,可扰乱人体内分泌,引起致癌、致畸,所以,目前动物生产中禁用激素类添加剂。

3. 转基因饲料

伴随我国作物育种的发展和加入世界贸易组织,陌生的转基因作物饲料离我们可能并不遥远。经基因重组的饲料为畜禽业的发展提供了很好的机遇。它不仅可以大幅度提高产量,而且可以最大限度地减少杀虫剂的使用,生产特殊用途的饲料(如植酸玉米),同时对转基因饲料至少存在以下忧虑:一是基因是否会转移到其他植物或细菌上;二是转基因饲料对人乃至动物的直接抗营养作用,如小麦中的抗凝集素(昆虫的抗营养因子)可对大鼠产生抗营养作用。

我国允许使用的饲料和兽药添加剂及饲料、饲料添加剂卫生标准,见表 4-13 至表 4-16。

表 4-13 鸡使用的饲料添加剂品种目录

类别	通用名称	适用范围
氨基酸	L-赖氨酸盐酸盐、L-赖氨酸硫酸盐*、DL-蛋氨酸、L-苏氨酸、L-色氨酸	养殖动物
	蛋氨酸羟基类似物、蛋氨酸羟基类似物钙盐	猪、鸡和牛
维生素	维生素 A、维生素 A 乙酸酯、维生素 A 棕榈酸酯、盐酸硫胺(维生素 B_1)、硝酸硫胺(维生素 B_1)、核黄素(维生素 B_2)、盐酸吡哆醇(维生素 B_6)、维生素 B_{12}(氰钴胺)、L-抗坏血酸(维生素 C)、L-抗坏血酸钙、L-抗坏血酸-2-磷酸酯、维生素 D_3、α-生育酚(维生素 E)、α-生育酚乙酸酯、亚硫酸氢钠甲萘醌(维生素 K_3)、二甲基嘧啶醇亚硫酸甲萘醌*、亚硫酸烟酰胺甲萘醌*、烟酸、烟酰胺、D-泛酸钙、DL-泛酸钙、叶酸、D-生物素、氯化胆碱、肌醇、L-肉碱盐酸盐	养殖动物
矿物元素及其络合物	氯化钠、硫酸钠、磷酸二氢钠、磷酸氢二钠、磷酸二氢钾、磷酸氢二钾、轻质碳酸钙、氯化钙、磷酸氢钙、磷酸二氢钙、磷酸三钙、乳酸钙、七水硫酸镁、一水硫酸镁、氧化镁、氯化镁、六水柠檬酸亚铁、富马酸亚铁、三水乳酸亚铁、七水硫酸亚铁、一水硫酸亚铁、一水硫酸铜、五水硫酸铜、氧化锌、七水硫酸锌、一水硫酸锌、无水硫酸锌、氯化锰、氧化锰、一水硫酸锰、碘化钾、碘酸钾、碘酸钙、六水氯化钴、一水氯化钴、硫酸钴、亚硒酸钠、蛋氨酸铜络合物、甘氨酸铁络合物、蛋氨酸铁络合物、蛋氨酸锌络合物、酵母铜*、酵母铁*、酵母锰*、酵母硒*	养殖动物
	碱式氯化铜*#	猪和鸡
酶制剂	淀粉酶(产自黑曲霉、解淀粉芽孢杆菌、地衣芽孢杆菌、枯草芽孢杆菌)、纤维素酶(产自长柄木霉、李氏木霉)、β-葡聚糖酶(产自黑曲霉、枯草芽孢杆菌、长柄木霉)、葡萄糖氧化酶(产自特异青霉)、脂肪酶(产自黑曲霉)、麦芽糖酶(产自枯草芽孢杆菌)、甘露聚糖酶(产自迟缓芽孢杆菌)、果胶酶(产自黑曲霉)、植酸酶(产自黑曲霉、米曲霉)、蛋白酶(产自黑曲霉、米曲霉、枯草芽孢杆菌)、支链淀粉酶(产自酸解支链淀粉芽孢杆菌)、木聚糖酶(产自米曲霉、孤独腐质霉、长柄木霉、枯草芽孢杆菌*、李氏木霉*)、半乳甘露聚糖酶(产自黑曲霉和米曲霉)*	指定的动物和饲料

续表 4-13

类别	通用名称	适用范围
微生物	地衣芽孢杆菌*、枯草芽孢杆菌、两歧双歧杆菌*、粪肠球菌、屎肠球菌、乳酸肠球菌、嗜酸乳杆菌、干酪乳杆菌、乳酸乳杆菌*、植物乳杆菌、乳酸片球菌、戊糖片球菌*、产朊假丝酵母、酿酒酵母、沼泽红假单胞菌	指定的动物
	保加利亚乳杆菌#	猪和鸡
抗氧化剂	乙氧基喹啉、丁基羟基茴香醚（BHA）、二丁基羟基甲苯（BHT）、没食子酸丙酯	养殖动物
防腐剂、防霉剂和酸化剂	甲酸、甲酸铵、甲酸钙、乙酸、双乙酸钠、丙酸、丙酸铵、丙酸钠、丙酸钙、丁酸、丁酸钠、乳酸、苯甲酸、苯甲酸钠、山梨酸、山梨酸钠、山梨酸钾、富马酸、柠檬酸、酒石酸、苹果酸、磷酸、氢氧化钠、碳酸氢钠、氯化钾、碳酸钠	养殖动物
着色剂	β-胡萝卜素、辣椒红、β-阿朴-8′-胡萝卜素醛、β-阿朴-8′-胡萝卜素酸乙酯、β,β-胡萝卜素-4,4-二酮（斑蝥黄）、叶黄素*、天然叶黄素（源自万寿菊）	家禽
调味剂和香料	糖精钠、谷氨酸钠、5′-肌苷酸二钠、5′-鸟苷酸二钠、血根碱、食品用香料	养殖动物
黏结剂、抗结块剂和稳定剂	α-淀粉、三氧化二铝、可食脂肪酸钙盐*、硅酸钙、硬脂酸钙、甘油脂肪酸酯、聚丙烯酸树脂Ⅱ、聚氧乙烯20山梨醇酐单油酸酯、丙二醇、二氧化硅、海藻酸钠、羧甲基纤维素钠、聚丙烯酸钠*、山梨醇酐脂肪酸酯、蔗糖脂肪酸酯、焦磷酸二钠*、单硬脂酸甘油酯*	养殖动物
	丙三醇*	猪、鸡和鱼
多糖和寡糖	低聚木糖（木寡糖）#	蛋鸡
	低聚壳聚糖#	猪和鸡
	半乳甘露寡糖#	猪、肉鸡和兔
	果寡糖、甘露寡糖	养殖动物
其他	甜菜碱、甜菜碱盐酸盐、天然甜菜碱、大蒜素、聚乙烯聚吡咯烷酮（PVP）、山梨糖醇、大豆磷脂、天然类固醇萨洒皂角苷（源自丝兰）、二十二碳六烯酸*、半胱胺盐酸盐#	养殖动物
	糖萜素（源自山茶籽饼）、牛至香酚*	猪和家禽

注："*"为已经获得进口登记证的饲料添加剂，在中国境内生产带"*"的饲料添加剂需办理新饲料添加剂证书。

"#"为 2000 年 10 月后批准的新饲料添加剂。

表 4-14　饲料药物添加剂附录一

名　称	名　称
二硝托胺预混剂	洛克沙胂预混剂
马杜霉素铵预混剂	莫能菌素钠预混剂
尼卡巴嗪预混剂	杆菌肽锌预混剂
尼卡巴嗪、乙氧酰胺苯甲酯预混剂	黄霉素预混剂
甲基盐霉素、尼卡巴嗪预混剂	维吉尼亚霉素预混剂
甲基盐霉素预混剂	喹乙醇预混剂
拉沙诺西钠预混剂	那西肽预混剂
氢溴酸常山酮预混剂	阿美拉霉素预混剂
盐酸氯苯胍预混剂	盐霉素钠预混剂
盐酸氨丙啉、乙氧酰胺苯甲酯预混剂	硫酸黏杆菌素预混剂
盐酸氨丙啉、乙氧酰胺苯甲酯、磺胺喹噁啉预混剂	牛至油预混剂
氯羟吡啶预混剂	杆菌肽锌、硫酸黏杆菌素预混剂
海南霉素钠预混剂	吉他霉素预混剂
赛杜霉素钠预混剂	土霉素钙预混剂
地克珠利预混剂	金霉素预混剂
复方硝基酚钠预混剂	恩拉霉素预混剂
氨苯胂酸预混剂	

注:具有预防动物疾病、促进动物生长作用,可在饲料中长时间添加使用的饲料药物添加剂(品种收载于附录一),其产品批准文号需用"药添字"。

表 4-15　饲料药物添加剂附录二

名　称	名　称
磺胺喹噁啉、二甲氧苄啶预混剂	氟苯咪唑预混剂
越霉素 A 预混剂	复方磺胺嘧啶预混剂
潮霉素 B 预混剂	盐酸林可霉素、硫酸大观霉素预混剂
地美硝唑预混剂	硫酸新霉素预混剂

续表 4-15

名　称	名　称
磷酸泰乐菌素预混剂	磷酸替米考星预混剂
硫酸安普霉素预混剂	磷酸泰乐菌素、磺胺二甲嘧啶预混剂
盐酸林可霉素预混剂	甲砜霉素散
赛地卡霉素预混剂	诺氟沙星、盐酸小檗碱预混剂
伊维菌素预混剂	维生素 C 磷酸酯镁、盐酸环丙沙星预混剂
呋喃苯烯酸钠粉	盐酸环丙沙星、盐酸小檗碱预混剂
延胡索酸泰妙菌素预混剂	噁喹酸散
环丙氨嗪预混剂	磺胺氯吡嗪钠可溶性粉

注:用于防治动物疾病,并规定疗程,仅是通过混饲给药的饲料药物添加剂(包括预混剂或散剂,品种收载于附录二),其产品批准文号须用"兽药字"。

表 4-16　(2001)《饲料卫生标准》饲料、饲料添加剂卫生指标

卫生指标项目	产品名称	指标	试验方法	备注
砷(以总砷计)的允许量(每千克产品中,mg)	石粉	≤2.0	GB/T 13079	不包括国家主管部门批准使用的有机砷制剂中的砷含量
	硫酸亚铁、硫酸镁、磷酸盐	≤20		
	沸石粉、膨润土、麦饭石	≤10		
	硫酸铜、硫酸锰、硫酸锌、碘化钾、碘酸钙、氯化钴	≤5.0		
	氧化锌	≤10.0		
	鱼粉、肉粉、肉骨粉	≤10.0		
	家禽配合饲料	≤2.0		
	家禽浓缩饲料	≤10.0		以在配合饲料中20%的添加量计
	家禽添加剂预混合饲料	≤2		以在配合饲料中1%的添加量计

续表 4-16

卫生指标项目	产品名称	指标	试验方法	备注
铅（以 Pb 计）的允许量（每千克产品中，mg）	鸡配合饲料	≤5	GB/T 13080	
	产蛋鸡、肉用仔鸡浓缩饲料	≤13		以在配合饲料中20%的添加量计
	骨粉、肉骨粉、鱼粉、石粉	≤10		
	磷酸盐	≤30		
	产蛋鸡、肉用仔鸡复合预混合饲料	≤40		以在配合饲料中20%的添加量计
氟（以 F 计）的允许量（每千克产品中，mg）	鱼粉	≤500	GB/T 13083	高氟饲料用 HG 2636-1994 中 4.4 条
	石粉	≤2 000		
	磷酸盐	≤1 800	HG 2636	
	肉用仔鸡、生长鸡配合饲料	≤250	GB/T 13083	
	产蛋鸡配合饲料	≤350		
	骨粉、肉骨粉	≤1 800		
	禽添加剂预混合饲料	≤1 000	GB/T 13080	以在配合饲料中1%的添加量计
	禽浓缩饲料	按添加比例折算后，与相应禽配合饲料规定值相同		
霉菌的允许量（每克产品中，霉菌数 × 10³ 个	玉米	<40	GB/T 13092	限量饲用：40～100 禁用：>100
	小麦麸、米糠			限量饲用：40～80 禁用：>80
	豆饼（粕）、棉籽饼（粕）、菜籽饼（粕）	<50		限量饲用：50～100 禁用：>100
	鱼粉、肉骨粉	<20		限量饲用：20～50 禁用：>50
	鸡配合饲料、鸡浓缩饲料	<45		

续表 4-16

卫生指标项目	产品名称	指标	试验方法	备注
黄曲霉毒素 B_1 允许量（每千克产品中，μg）	玉米	≤50	GB/T 17480 或 GB/T 8381	
	花生饼（粕）、棉籽饼（粕）、菜籽饼（粕）			
	豆粕	≤30		
	肉用仔鸡前期、雏鸡配合饲料及浓缩饲料	≤10		
	肉用仔鸡后期、生长鸡、产蛋鸡配合饲料及浓缩饲料	≤20		
铬（以 Cr 计）的允许量（每千克产品中，mg）	皮革蛋白粉	≤200	GB/T 13088	
	鸡配合饲料	≤10		
汞（以 Hg 计）的允许量（每千克产品中，mg）	鱼粉	≤0.5	GB/T 13081	
	石粉	≤0.1		
	鸡配合饲料			
镉（以 Cd 计）的允许量（每千克产品中，mg）	米糠	≤1.0	GB/T 13082	
	鱼粉	≤2.0		
	石粉	≤0.75		
	鸡配合饲料	≤0.5		
氰化物（以 HCN 计）的允许量（每千克产品中，mg）	木薯干	≤100	GB/T 13084	
	胡麻饼、粕	≤350		
	鸡配合饲料	≤50		
亚硝酸盐（以 $NaNO_2$ 计）的允许量（每千克产品中，mg）	鱼粉	≤60	GB/T 13085	
	鸡配合饲料	≤15		

续表 4-16

卫生指标项目	产品名称	指标	试验方法	备注
游离棉酚的允许量（每千克产品中,mg）	棉籽饼、粕	≤1 200	GB/T 13086	
	肉用仔鸡、生长鸡配合饲料	≤100		
	产蛋鸡配合饲料	≤20		
异硫氰酸酯（以丙烯基异硫氰酸酯计）的允许量（每千克产品中,mg）	菜籽饼、粕	≤4 000	GB/T 13087	
	鸡配合饲料	≤500		
噁唑烷硫酮的允许量（每千克产品中,mg）	肉用仔鸡、生长鸡配合饲料	≤1 000	GB/T 13089	
	产蛋鸡配合饲料	≤500		
六六六的允许量（每千克产品中,mg）	米糠	≤0.05	GB/T 13090	
	小麦麸			
	大豆饼、粕			
	鱼粉			
	肉用仔鸡、生长鸡配合饲料	≤0.3		
	产蛋鸡配合饲料			
滴滴涕的允许量（每千克产品中,mg）	米糠	≤0.02	GB/T 13090	
	小麦麸			
	大豆饼、粕			
	鱼粉			
	鸡配合饲料	≤0.2		
沙门氏杆菌	饲料	不得检出	GB/T 13091	

续表 4-16

卫生指标项目	产品名称	指标	试验方法	备注
细菌总数的允许量(每克产品中),细菌总数×10⁶ 个	鱼粉	<2	GB/T 13093	限量饲用:2～5 禁用:>5

注:1. 所列允许量均为以干物质含量为 88%的饲料为基础计算;

2. 浓缩饲料、添加剂预混合饲料添加比例与本标准备注不同时,其卫生指标允许量可进行折算。

第 5 章　鸡的饲养管理

❶ 蛋鸡饲养管理 ……………………………………… 118
❷ 肉鸡饲养管理 ……………………………………… 160
❸ 优质鸡蛋、鸡肉生产 ……………………………… 181

　　品种决定了生产潜力的大小,而科学饲养管理则是挖掘这一潜力的有效工具。饲养管理水平高时,鸡群能最大限度地发挥其生产潜力;反之,即使品种再好,其生产性能也难正常表现出来。鸡的饲养管理技术包括创造良好的环境条件、合理搭配饲料、科学管理、建立严格的防疫制度、搞好疾病防治等。

　　不同类型或经济用途的鸡群对上述条件的要求不完全相同,饲养管理方式有差异,故分蛋鸡和肉鸡两部分介绍。

❶ 蛋鸡饲养管理

　　根据蛋鸡各期生长发育和生产特点以及对环境条件要求的不同,可将其分为育雏期(0~42 日龄)、育成期(43~140 日龄)、产蛋期(141 日龄至淘汰)。

○ 育雏期的饲养管理

　　雏鸡培育的好坏,直接关系到今后成年鸡生产性能的高低。育雏效果好时,雏鸡健壮,发育整齐,成活率高,将来的产蛋量高;反之,雏鸡体弱多病,大小不齐,死亡率高,将来的蛋鸡产蛋没有高峰或高峰较低,持久性差,总产蛋量低。有经验的养鸡户都有这样的体会:若雏鸡发育差,体质弱,除本身成活率低外,成鸡的产蛋量也低,且容易发病。因此,培育雏鸡是养鸡生产中必须重视的一个环节。

1. 生长发育特点

雏鸡与其他阶段的鸡相比,有下列特点:

第一,体温调节能力差,抗寒能力弱。刚出壳的雏鸡体温低,约 20 日龄时才接近成鸡的体温,40 天以后才具备适应外界环境温度变化的能力;羽毛短而稀疏,且全为绒毛,保温能力差;雏鸡采食少,体内产热少;雏鸡虽体重小,但单位体重表面积大,散热多。因此,育雏期所需的温度较高。

第二,雏鸡的胃肠道容积小,消化机能尚未健全。雏鸡的消化道细窄,消化腺体不发达,对食物的消化能力差,要求饲喂易消化、高营养的饲料,同时要注意少量多次。

第三,雏鸡的生长发育速度极快,代谢率极高,除要求营养充足外,还要保证各种环境条件的良好。

第四,雏鸡体小,抗病力差,加之饲养密度大,平时一定要注意卫生消毒和疾病预防,否则,一旦有病,就难以控制。

第五,敏感性强。雏鸡对周围环境的变化非常敏感,噪声、免疫、更换饲料、药物过量、操作程序的变更等都会给雏鸡带来一些应激反应,如食欲下降、精神委靡,有时会发病,严重时会造成雏鸡的死亡。因此,环境的安静与稳定对雏鸡尤为重要。

2. 育雏方式

雏鸡培育的方式分为平面育雏和立体笼育 2 种。

(1)平面育雏

平面育雏多采用垫料或平网地面。垫料育雏是在地面铺垫约 10 cm 厚的柔软垫料(垫料可经常更换,也可到育雏结束时再清理),将饲槽和饮水器置于垫料上(饮水器下面可放置 2 块砖),取暖可用暖气、炉火、红外线灯、育雏伞等,雏鸡在垫料上活动和休息。平网育雏是将铁丝网、竹网(或竹条)或木网架高 50~60 cm,

网孔大小为 1.25 cm×1.25 cm(竹条或木条间隙为 1.25 cm),饲槽设在网的外周,水槽(或饮水器)在网上,取暖的方式与垫料平育基本相同,雏鸡在网上活动和休息。

平面育雏的成本较低,鸡舍空气好,雏鸡患呼吸道疾病的机会较少,对饲料的要求不很严格。但饲养密度小,占地面积大,垫料饲养时因雏鸡与地面接触,感染消化道疾病的机会较多,劳动强度高。因此,目前一些大规模养鸡场不采用此种育雏方式,而有部分小型鸡场仍在使用。另外,在我国东北常用火炕或烟道供热,热能的利用率较高。近年国外有的使用人工合成橡胶管,内有循环热水,管上铺垫料,雏鸡在垫料上活动和休息,环境较好,雏鸡体质健壮,成活率很高。

(2)笼育雏鸡

笼育雏鸡多采用多层育雏笼,可自制或购买。如某厂生产的四层育雏笼的尺寸为:每层高度 333 mm,每笼面积 700 mm×1 400 mm,层与层间有 700 mm×700 mm 的接粪板,全笼总高度为 1 720 mm。该育雏器的配置为 1 个加热笼组,1 个保温笼组,4 个活动笼组,外形尺寸为 4 404 mm×1 450 mm×1 720 mm,总占地 6.38 m²,可饲养 45 日龄的雏鸡 800～1 200 只,详见图 5-1。有的鸡场只买活动笼,不买保温和加热设备。

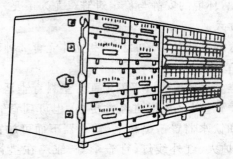

图 5-1　四层育笼

另一种育雏笼为阶梯式,三层,如彩图 10 所示。

笼育雏鸡的饲养密度大,便于管理,劳动强度低,因雏鸡不与粪便直接接触,消化道疾病少,但因密度大,呼吸道疾病较多,一次性投入较大,对饲料的要求较高,适合于大规模的养鸡场。

3. 环境控制

由于雏鸡的生理特点决定了育雏条件不同于其他阶段的鸡。这些条件主要包括温度、湿度、空气、密度、光照等。

(1)温度

温度是培育雏鸡的首要条件。温度是否合适,对雏鸡的运动、采食、消化、饮水甚至健康和成活都有极大的影响。温度过高时,雏鸡张口喘气,饮水量增加,采食量减少,呼吸加快,运动量减少。长时间的高温,使雏鸡软弱,消瘦,易患感冒等病。若温度过低,雏鸡过于拥挤,活动量降低,易患消化道疾病(如白痢等)。严重低温时,常因大量砌堆而造成挤压死亡。培育雏鸡较适宜的温度即雏鸡活动区域(离雏鸡的活动地面 5 cm 处)的温度:第 1 周 32～35℃,以后每周下降 2～3℃,即:1 周龄 32～35℃,2 周龄 29～32℃,3 周龄 26～29℃,4 周龄 23～26℃,5 周龄 20～23℃,至 6 周龄达到 18～20℃,开始训练离温。离温时要逐渐进行,开始白天离,晚上不离;晴天离,阴天不离,最后达到彻底离温。当发现鸡群体质较差,体重不足时,应适当推迟离温的时间。

观察温度是否适宜,除看温度计外,主要看雏鸡的表现。当雏鸡在笼内(或地面、网上)均匀分布,活动正常,采食、饮水适中时,则表示温度适宜;当雏鸡远离热源,两翅开张,卧地不起,张口喘气,采食减少,饮水增加,则表示温度高,应设法降温;当雏鸡紧靠热源,砌堆挤压,吱吱叫,则为温度低,应加温。

提供温度的方法有多种,如热风炉、电炉、煤火、煤油、热水管、火炕等。控制温度的方法有自动控制和人为控制。许多用电力供热者多采用自动控制,其他供暖方式多采用人为控制,即根据温度计及雏鸡的表现人为调节。

(2)湿度

湿度对雏鸡的影响不像温度那样严重,但当湿度过高或过低时,对雏鸡的生长发育也有影响。湿度过高,雏鸡羽毛污秽,食欲不振,并因微生物的大量繁殖而使雏鸡患病,尤其是在温度不适宜的情况下,高湿对雏鸡的影响更大。高温高湿,雏鸡因散热困难而感到闷气,食欲下降,生长缓慢,体质虚弱,抗病力下降。此时应注意通风换气。低温高湿,雏鸡因散热过多而感到寒冷,育雏舍阴冷潮湿,雏鸡易患感冒和胃肠道疾病,此时应注意升温,同时加大通风量;湿度过低,雏鸡会大量失水,腹内卵黄吸收不良,有时会使鸡舍灰尘飞扬,易引起呼吸道疾病。对雏鸡较适宜的环境湿度是55%~65%,前10天湿度稍高,后期要低。常用的控制湿度过小的方法是在火炉上放一水盆或水桶蒸发水分,或者在地面、墙壁上喷水。湿度过大时,应加大通风量,减小鸡舍密度,尽量减少漏水。

(3)空气

空气主要指育雏舍内空气的新鲜程度。育雏期的饲养密度大,温度高,同时雏鸡的代谢率非常强,每天需要排出大量的二氧化碳、粪和尿,如果不注意通风换气,粪尿和洒落的饲料一起发酵,产生大量的有害气体,如氨气、硫化氢气、二氧化碳气、甲烷气等。这些气体浓度过高,一方面会降低舍内氧气的含量,另一方面对雏鸡有直接的危害作用,如雏鸡生长发育不良,经常患眼病和呼吸道疾病,对鸡瘟敏感性增强,最终表现为雏鸡的生长发育受阻,成活率降低。为了防止雏鸡舍内有害气体浓度过高,在保证温度的同时,要适当通风,其通风量的大小随品种和日龄的变化而变化。一般白壳蛋鸡0~6日龄所要求的通风量为1.8 m³/(h·只),7~20周龄为5.8 m³/(h·只);褐壳蛋鸡0~6周龄所要求的通风量为2.3 m³/(h·只),7~20周龄为8 m³/(h·只)。

保证鸡舍空气新鲜的方法是通风。通风分为机械通风和自然通风,经专门设计的育雏舍都应有排风装置,采用机械通风。方法是在山墙上安装排风扇,根据舍内的空气和温度,确定开关的时间和风扇数。对小型养鸡场,如果没有专门的通风设备,一般通过启闭门窗达到通风换气的目的(即自然通风)。做法是在中午或天气温暖时打开门窗,视舍内温度的高低确定关窗的时间。育雏舍空气新鲜与否,除通过监测以外,还可通过人的感观来感知。当人进入舍内感到较舒适,没有刺激性气味或刺激性气味较小时,可认为新鲜。

(4)密度

密度的大小,对雏鸡的生长发育有一定的影响。密度大时,一部分雏鸡不能很好采食,造成生长发育不整齐,体重悬殊,长此以往,强抢弱食,就形成了两极分化,弱者因抵抗力下降而易感染疾病,少数患病,很快在全群传播,轻者生长发育受阻,重者引起死亡。密度小有利于雏鸡的生长发育,但因占地面积大而使成本增加,不经济。不同阶段、不同的饲养方式要求的适宜密度不同。平面育雏时的适宜密度为每平方米 13～15 只;立体笼育 1～2 周龄时为 60 只/m^2,3～4 周龄 40 只/m^2,5～6 周龄 30 只/m^2。

饲养密度的大小受很多因素影响,如品种、季节、体重、鸡舍环境等。一般来讲,饲养某些褐壳蛋鸡或在夏季育雏时,饲养密度小;而饲养某些白壳蛋鸡或在冬季育雏,饲养密度可大些。密度的大小需经常调整。

(5)光照

光照对育雏期雏鸡的影响远不如对育成鸡的影响大,一般在前几天为了让其充分熟悉环境,认识采食和饮水的位置,多采用全光照或 23 h/天光照。以后的白天用自然光或灯光,晚上除喂时开灯外,其他时间不照明。

4.育雏前的准备

(1)确定育雏时间

对于不同生产规模的养鸡场,其育雏季节的选择依据不同。

规模较大的鸡场,由于育雏条件较好,全年任何时期育雏都能获得良好的育雏效果,此时,育雏季节的选择依据是全年均衡向市场供应鸡蛋,充分利用育雏舍的使用面积。因此,现在一些大鸡场每年育雏 3～4 批。而对于小规模的农户养鸡场,由于鸡舍环境受外界影响较大,育雏季节的选择依据是选择既有利于鸡生长又能使产蛋高峰落在蛋价最好的季节。从几年的经验看,每年的 9 月份到第二年的 1 月份是鸡蛋价格较好的时期,为了让鸡在此时下蛋,尽量选择在 2～3 月份育雏(最晚不能超过 5 月份),经 5 个多月的时间,8～9 月份开产,10～11 月份进入产蛋高峰期,鸡蛋可赶上好价钱。另外,2～3 月份育雏,雏鸡较健壮,气候干燥,有利于雏鸡生长发育。

育雏时间的确定,除遵循以上原则外,还应根据本场的人力、物力、财力灵活掌握。

(2)预订雏鸡

预订雏鸡应选择信誉好、品种纯、疾病少、管理完善的鸡场。预订的数量应超出预计成鸡数的 5%。订鸡时应有订鸡合同,包括内容有供鸡时间、数量、是否接种马立克氏疫苗、运费、雏鸡鉴别准确率、1 周内雏鸡成活率、违约后的处理办法等。接鸡的大概时间确定后,准备育雏室。

(3)育雏室的准备

进鸡前,将育雏室彻底清扫,地面用 1%～2% 的火碱水浸泡 2～4 h 后用清水冲洗干净,鸡笼用高压水枪喷刷,之后,鸡笼和育雏室一同用高锰酸钾-福尔马林熏蒸 24 h(用药比例同种蛋消毒法),24 h 之后将门窗和排风扇全部打开,待气体排完后再升温进鸡。饲槽、饮水器用清水洗刷后用 0.1% 的高锰酸钾水消毒,再用清水洗净。

(4)试温

雏鸡进入前两天,将育雏室内的所有条件调到育雏所需要的标准,尤其是温度,待温度正常时,可以接鸡。进鸡前 4 h 将水烧开,等雏鸡进入后,水温与舍温基本相同。

（5）药品及疫苗的准备

雏鸡阶段常用的药品有氟哌酸、环丙沙星、土霉素、青霉素、链霉素、庆大霉素及一些磺胺类药物,常用的疫苗有新城疫苗、气管炎、法氏囊、鸡痘疫苗等,并注意保存环境的温湿度、光线和时间。

5. 雏鸡的日常饲养管理

初生雏鸡由孵化器孵出后 24 h 内进行雌雄鉴别,并进行马立克氏疫苗注射,之后便可接入育雏舍。由于雏鸡生理特点,要求管理要精心,饲养要科学,环境要适合。

6. 雏鸡的选择与运输

（1）选择。雏鸡生长状况,与初生雏的好坏密切相关。而初生雏的好坏又与种鸡的健康、饲养管理水平、种蛋的选择保存情况紧密相连。因此,选择的雏鸡必须来源于高产、健康、饲养管理完善的种鸡群。同时,种蛋的选择要严格,保存要合适。选择雏鸡除从种鸡和种蛋上考虑外,还应注重雏鸡的外观选择。选择的雏鸡应羽毛有光泽,大小适中,叫声洪亮,眼睛明亮有神,反应灵敏,腹部大小适中且柔软有弹性,脐带愈合良好,两脚站立较稳,腿、喙色浓。这样的雏鸡将来成活率高。而那些羽毛暗淡、体重过小、两眼紧闭、反应迟钝、腹部过大或有硬块、脐带湿润或带血、卧地不起、腿与喙色淡的雏鸡,一般育雏率较低,且易传播疾病,应作为被淘汰的对象或单独饲养。有明显缺陷的雏鸡则必须淘汰,如瞎眼、脑壳愈合不全、卵黄未全部吸收、腿脚残疾等。

（2）运输

运输雏鸡的工具及雏鸡盒要消毒,雏鸡盒可为纸板制或木制,周围有孔,内有隔板将其分为 4 格,每格 25 只雏鸡,一盒装 100只。装车时盒与盒之间应有一定空隙。运输道路要平稳,防止剧烈颠簸。途中要经常观察,防止挤压或窒息死亡。运输时间选择要合适,冬季选择天气暖和时,夏季在早晚运输,最好在出雏后48 h内到达目的地。

7.初生雏的安置

将运到的雏鸡按强弱分群后过数。强壮雏安置在远离热源处,弱者靠近热源。多层笼育时弱者放在上层,强者放在下层。

(1)饮水

初生雏第一次饮水叫初饮。雏鸡在进入育雏舍之前,饲养员已将烧开的水放在育雏舍,待雏鸡进入时,饮水器内的水温与舍温相差无几,雏鸡进入后便可饮用。有些场在初饮水中加入5%葡萄糖或加抗生素,也有的加入3%~5%的白糖或电解质多维葡萄糖、电解多维、速补等,还有的饮0.01%的高锰酸钾水。其目的是为雏鸡补充体液,肠道消毒。1周前饮开水,1周后可饮自来水。水要清洁,常备不断。每次换水时要把饮水器洗刷一遍,每天用高锰酸钾水消毒1次。每只雏鸡占饮水器的长度为2 cm。在任何时候都不能中断水,中断水会引起鸡群骚乱,严重时出现互相蚕食的现象。一般每2 h换水1次,若发现换水时饮水器中无水,说明供水不足,应增加饮水器的数量或缩短换水的时间。正常情况下雏鸡的饮量(每100只鸡)为:1周龄2.5 L/天,2周龄3.5 L/天,3周龄5 L/天,4周龄6 L/天,5周龄7.5 L/天,6周龄8.5 L/天。饮水量的多少受许多因素的影响。当温度高,密度大,饲料含盐量高时雏鸡的饮水量增加,患有某些疾病时饮水量发生变化。雏鸡饮水所用的饮水器可直接购买成品,也可自制。当饲养规模不大,资金力量较薄弱时,可用一罐头瓶(先在其口处用钳子夹去约1 cm的小口)装满水扣在盘子里代替饮水器。

(2)饲喂

饲喂雏鸡的饲料品质要好,营养完善,适口性强,容易消化,粗纤维含量低。饲喂时应遵循少量多次、少喂勤添的原则。

　　雏鸡第一次喂食叫开食或开饲。一般开食的时间是在出壳后24 h 左右、饮水后 2～3 h、视有 2/3 的雏鸡有求食的欲望时开饲。开食时将干粉料或破碎料撒于料盘或塑料布上，为防止雏鸡扒料，可制作与料盘同样大小的网片盖在料盘上。吃完料后应将料盘或塑料布收起，以防雏鸡在上面排粪。对于个别不采食的要人工往其嘴内塞几粒食物，待刺激其产生食欲后便可自行采食。前两天每隔 2～3 h 饲喂 1 次，以后每天喂 5～6 次。7～10 日龄改为饲槽，全喂干粉状配合饲料，自由采食。饲槽的高度随雏鸡日龄的增加而增加，一般与鸡背等高或高于鸡背 2 cm 为适。配合饲料的配方可参考表 5-1。

表 5-1　育雏期蛋鸡饲料配方举例　　　　　　　　%

原料	0～6 周龄（配方 1）	0～6 周龄（配方 2）	原料	0～6 周龄（配方 1）	0～6 周龄（配方 2）
玉米	62.4	64.8	磷酸氢钙	1.4	1.4
麸皮	4.7	2.8	石粉	0.7	
大豆粕	24.6	26.9	贝壳粉		0.6
棉籽粕	1.5		食盐	0.3	0.3
菜籽粕	1.5		添加剂	0.9	0.9
进口鱼粉	2.0	2.3			

注：添加剂包括维生素、微量元素、氨基酸、药物等。

　　（3）称重

　　为了掌握鸡群的发育情况，检查饲养管理水平的高低，及时发现问题解决问题，应定期称重。将称重结果与标准比较，若发现体重过大，应适当限饲；若体重过小，应检查一下是饲料还是管理问题，以采取相应措施。称重时应随机抽取雏鸡，不要选择过大或过小的，每次称重的鸡只数不应少于 50 只，且逐只称重，将每只的体重结果加起来，求平均体重，并将其与标准体重进行比较。轻型和中型蛋鸡体重标准和饲料消耗见表 5-2。实际当中，每一品种都

有其自己的标准体重和饲料消耗量,可以其为主要依据进行饲养
管理。

表 5-2　轻、中型蛋鸡体重标准与饲料消耗

周龄	轻型蛋鸡 体重/g	中型蛋鸡 体重/g	轻型蛋鸡耗料/ [g/(天·只)]	中型蛋鸡耗料/ [g/(天·只)]
1	90	60	10	12
2	150	120	16.3	18
3	220	195	24.5	23
4	305	270	27.5	28
5	385	355	33	33
6	455	430	39	38
7	530	515	43	43
8	610	600	46	48
9	690	685	49	54
10	770	770	51	58
11	840	855	53	62
12	900	940	55	65
13	950	1 025	57	68
14	1 000	1 110	60	71
15	1 060	1 195	64	74
16	1 130	1 270	68	77
17	1 200	1 355	72	80
18	1 270	1 440	75	83

注:表中中型蛋鸡 8 周龄以后的饲料消耗为限饲耗料量。

(4)断喙

鸡产生啄癖的原因有多种,如日粮不平衡(缺少蛋白质、食盐、钙或钙、磷比例不适等)、饲养密度过大、温度过高、通风不良、光线强、缺乏饮水或缺料等,都会引起啄癖。生产上要想查明其准确原因,相当困难,因此,目前防止啄癖的主要措施是断喙。

断喙可防止啄癖(啄肛、啄趾、啄羽),节约饲料,促进雏鸡的生

长发育。生产上一般断喙 2 次。第一次断喙在 6～9 日龄,将上喙断去 1/2～2/3,下喙断去 1/3。断时待断喙器的刀片烧至褐红色,用食指抠住喉咙,上下喙同时断,断烙的时间为 1～2 s。第二次断喙在 110 日龄左右,此次主要断去第一次的再生部分。断时将食指放在上下喙间,上下喙分别断。断喙时应注意:阴雨或过热天不断,免疫期不断,断前除每千克饲料中加入 2 mg 维生素 K 以防大量出血外,其他维生素的含量也要增加 2～3 倍。断后水料要充足,避免碰到坚硬的料、水槽。断喙过程中不进行免疫。若发现有的个别鸡断后出血,应再行烧烙。

(5)观察鸡群

饲养员每天要对雏鸡进行耐心细致的观察,观察时着重 3 个方面。其一是观察精神。健康鸡反应灵敏,饲养员进入后,紧跟不舍;病鸡反应迟钝或独居一处。其二是采食和饮水情况。健康鸡食欲旺盛,采食急切,饮水量适中;一般病鸡食欲下降或废绝,饮水量增加。其三是粪便。正常雏鸡粪便为灰白色,上有一层白色尿酸盐(盲肠粪便为褐色),稠稀适中;患有某种疾病时,往往拉稀或颜色异常。患白痢时为白色稀粪,患球虫病时为红色,患鸡瘟、霍乱以及一些呼吸道病时往往排白绿色稀粪,而患传染性法氏囊则为水样粪便。发现病鸡及时拿出,送化验室进行检查。

(6)建立严格卫生的防预制度

雏鸡体小,抗病力差,饲养密度大,患病后易于传播,因此,平时要特别注意消毒和疾病预防。育雏期每周带鸡喷雾消毒 1 次,常用的消毒液有百毒杀[1:(3 000～5 000)]、新洁尔灭(1:1 000)、菌毒敌(1:300)、抗毒威(1:400)等。喷雾的高度以超出鸡背 20～30 cm 为适。鸡舍门口要有消毒池,常用的消毒液是 1%～2% 的火碱水。尽量谢绝参观。各种预防性投药和注射按严格程序进行,不要因为这样或那样的原因随意改动。

（7）创造安静而稳定的环境条件

雏鸡胆小易惊，对外界条件的变化非常敏感，常会因为噪声或陌生人进入而惊群，表现为惊叫不止，乱撞乱碰，挤压成堆，有的鸡会撞死或压死。另外，平时饲养管理程序的改变也会影响其正常的采食、饮水，最后影响到生长发育。这种情况在轻型白壳蛋鸡较为多见。因此，育雏期要绝对保持鸡舍安静，每项操作管理要定时、定点、定人，要求工作人员的服装一致。

（8）做好记录

为了便于计算成本，检查育雏效果，要做好准确记录。记录内容可根据具体情况而定，但必须包括下列内容：入舍雏数、死亡数、存活数、各期体重、耗料、不同阶段的温湿度、光照等。表 5-3、表5-4 为一鸡场的育雏记录表，可供参考。

表 5-3　雏鸡只数变动表　　　　品种：

日龄	雏鸡数	死亡	出售	淘汰	体重	现存数	成活率	转群率	备注
1									
2									
3									
4									
5									
6									
7									
...									
41									
42									

8. 育雏效果的检查

检查育雏效果的好坏主要通过成活率、体重和均匀度等指标的高低表示。

$$雏鸡成活率=\frac{育雏期末存活的雏鸡数}{入舍雏鸡数}\times100\%$$

$$平均体重=\frac{鸡总重}{鸡只数}$$

良好的饲养管理下,雏鸡 0～20 周龄的成活率在 90% 以上,优秀鸡群可达 95%～97%。体重符合标准时,说明生长发育正常,管理完善,将来产蛋量高;体重过大时,说明营养过剩,将来产蛋少,蛋重小,死亡率高;体重太轻说明营养不良,或管理不善,将来鸡的产蛋持久性差;鸡群发育整齐,体重均匀,开产一致,产蛋峰值高。如果鸡群中 80% 的个体在平均体重×(1±10%)范围内,则认为均匀度好。

表 5-4　育雏记录表　　品种:　　数量:

日期	育雏温度/℃				室内温度/℃				饲料用量/g					投药	备注
	6	12	18	24	6	12	18	24	一	二	三	四	五		
1															
2															
3															
4															
…															
40															
41															
42															

○ 育成期的饲养管理

1. 生长发育特点

43～140 日龄的雏鸡叫育成鸡。育成鸡体温调节能力和消化机能基本健全,对外界环境有较强的适应能力,生长仍很迅速,发育旺盛,是肌肉和骨骼绝对增长速度最快的时期,育成的中、后期

（母鸡11周，公鸡12周）生殖系统发育速度加快直至性成熟。因此，这一时期的饲养管理要点是饲料营养水平降低，但应营养平衡，以锻炼其消化机能；让其充分运动，以促进骨骼和肌肉的生长；严格控制光照和体重，适当限饲，使其适时开产。

2. 饲养方式

育成鸡的饲养管理方式分为舍饲、半舍饲和放牧饲养。

（1）舍饲

舍饲是将鸡群在饲养全过程中始终圈在舍内，舍饲根据地面结构的不同分为厚垫料、栅养、笼养等多种形式。

厚垫料饲养法是在地面铺垫约 20 cm 厚的柔软垫料，到鸡群转群时将垫料清除出去。这种方法成本较低，冬季较温暖，可为鸡群提供充足的维生素 B_{12}，啄癖现象少见。但饲养密度较小，卫生条件差，劳动强度高，适合于 500 只以下的小鸡场。

栅养或网养是将板条或铁丝网架高 60～70 cm，通常板条宽 1.25～5.1 cm，空隙 2.54 cm，板条走向与鸡舍长轴平行；铁丝网孔直径为 2.54 cm×5.1 cm，网下有支柱支撑。这种饲养方式较卫生，鸡群的发病率较低，密度大于垫料饲养，但易惊群，成本稍高。中、小型鸡场可采用此法。

育成鸡笼养可增加饲养密度，提高育成鸡成活率，便于饲养管理。目前市售的四层阶梯式育成笼较为畅销，其大概尺寸 1 900 mm×2 060 mm×1 580 mm（可养 160 只育成鸡），详见图 5-2。另外还有可养育成鸡 144 只、可养 168 只鸡的四层育成鸡笼以及两层育成鸡笼。

（2）半舍饲

半舍饲是利用鸡舍和运动场相结合饲养育成鸡的一种方法。舍内有沙子或其他垫料，并设有栖架，舍外为一运动场，其面积为鸡舍面积的 2 倍。鸡舍为夜间休息或阴雨天活动的场所，运动场是白天活动、采食、饮水的空间。这种饲养方式鸡舍的空气较好，

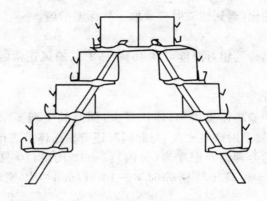

图 5-2　四层育成鸡笼图

投资小,鸡可直接接触阳光的照射,并可从地面获得一些微量元素,因此,鸡群较健壮。但饲养密度小,每平方米养 5～8 只,占地面积大,劳动生产率低,1 人只能负责 500～1 000 只,可用于饲养优良种鸡及地方品种,商品蛋鸡场较少采用。

（3）放牧饲养

放牧饲养是一种较粗放的饲养管理方式,一般将鸡散放于地域较宽阔而不适于耕种的场地（多为荒地或半山坡）,并配备可活动的鸡舍以备夜间和阴雨天使用。这种方式投资少,成本低,鸡可获得一些野生植物、草籽及收获作物洒落的种子,并因活动量较大及阳光充足,鸡群非常健壮,是适合于山区、半山区及果园养鸡的一种方法。目前很多地方鸡种采用此法。但应防止兽害,放牧前要训练调教好。

3.环境控制

（1）温度

育成期雏鸡对温度的变化适应力较强,一般不设专门的取暖设备,而是借助通风调节温度。但对刚刚离温的育成鸡,应注意天气的剧烈变化,遇到寒流时应采取一些保温措施。

(2)湿度

育成鸡舍的相对湿度可在 $40\%\sim72\%$,通风正常时不会超出这一标准。

(3)密度

育成期雏鸡体重增加,体积增大,同时其生理要求活动空间大。因此,要及时调整密度,与此同时还要根据体重进行分群。地面平养时的合理饲养密度为(舍内):$7\sim12$ 周龄,10 只$/m^2$;$13\sim20$ 周龄,$8\sim9$ 只$/m^2$;栅养时 $8\sim10$ 只$/m^2$;立体笼养时 $25\sim30$ 只$/m^2$。

(4)光照

光照对育成鸡的性成熟、采食、饮水及活动都有明显影响,尤其是对性成熟影响较大。试验表明,育成后期给予每天超过 10 h 的光照或光照时间逐渐延长,将使母鸡提前开产。一般情况下,早熟鸡群易早衰,并且蛋重小,产蛋高峰值低,产蛋持久性差,易脱肛,鸡的体重小,产蛋期死亡率高。育成期光照时间太短或光线太弱,鸡的开产日龄延长,使产蛋期缩短,产蛋量降低。对于任何一个品种都有其固定的适宜开产日龄,适时开产时产蛋量最高。因此,给予合理的光照是控制母鸡适时开产的最有效措施之一。

育成期蛋鸡应遵循的光照原则是光照时间要短或渐减,切不能延长,光照时间最好控制在 $8\sim9$ h/天,光照强度不能增加,以 5 lx(能看见采食)为宜。光照应相对稳定,不可忽长忽短,忽明忽暗。具体光照方案(制度)因鸡舍类型、育雏季节的不同而有差异。对密闭式鸡舍(全部采用人工光照),$1\sim3$ 日龄光照 $23\sim24$ h/天,$2\sim18$ 周龄 $8\sim9$ h/天。而对开放式鸡舍(自然和人工光照相结合),若是 4 月 15 日至 9 月 1 日孵出的雏鸡,因生长后期基本处在光照时间逐渐缩短的时期,育成期可全部用自然光照;其他时间孵出的雏鸡,光照实施的方法是先查出该群鸡到达 20 周龄时的日照时间,再加 5,作为该批鸡第 1 周的光照时间(前 3～5 天除外),以后每周减少 15 min,到 20 周龄正好减 5 h。这样给鸡一个渐减的光照程序,可控制母鸡适时开产。光照强度为 5 lx 或以鸡能看到吃食为宜。

(5)空气

育成鸡舍空气要新鲜,具体指标参见表 5-5。

表 5-5　育成鸡 7～20 周龄通风量　　m³/(min·只)

周　龄	轻型蛋鸡	中型蛋鸡
8	0.045	0.062
10	0.058	0.076
12	0.069	0.088
14	0.080	0.100
16	0.088	0.1 16
18	0.092	0.1 22
20	0.101	0.131

注:摘自王雨生主编的《蛋鸡生产新技术》,1991。

4.营养需要与饲料搭配

(1)营养需要

进入育成期,日粮中的蛋白质水平应逐渐降低,由原来的 18% 逐渐减到 14%～15%,钙、磷的含量降低,钙由原来的 0.9%～1.0% 降低到 0.6%～0.8%,有效磷由 0.4%～0.45% 降低到 0.3%～0.35%,锻炼其机体保存钙、磷的能力。粗纤维含量增加,麸皮、糠类、草粉等占的比重加大,以促进其消化器官的进一步发育,为将来产蛋奠定基础。育成期鸡对各种营养的需求量见“鸡的营养与饲料”部分。

(2)饲料配方

根据育成鸡的营养需要特点,合理搭配饲料。表 5-6 为一组育成鸡的饲料配方,可供参考。

表 5-6　8～20 周龄育成鸡饲料配方举例　　　　　　　%

饲料种类	配方 1	配方 2	饲料种类	配方 1	配方 2
黄玉米	58.1	57.1	骨粉	2	2
大豆粕	15	12	贝壳粉	0.5	0.5
花生仁饼		2	食盐	0.4	0.4
进口鱼粉	1	1	微量元素添加剂	0.2	0.2
麸皮	22	23	多维素	0.02	0.02
槐叶粉	1	2	蛋氨酸	0.03	0.02

育成期为锻炼其消化机能,提高饲料消化率,要经常喂沙子,可拌入料中,每周每百只鸡给不溶性沙子 500 g;也可单独撒于饲槽内,每周 1 次,沙子的大小以可通过 3 mm 筛孔直径为宜。

5. 饲养管理要点

(1)转群

雏鸡在育雏舍生活到 6 周龄就应转入育成舍。若为二段式饲养则 60 日龄转群。转群前后 2～3 天要在饲料中加倍剂量加入各种维生素,同时还可饮速补、多维或电解质溶液。正式转群前 6 h 要停止给料。转入的当天要给予 24 h 的光照,以便熟悉环境,充分采食和饮水。结合转群,进行 1 次鸡只的盘点和选留淘汰,将体重过小、有明显残疾的个体拣出淘汰。另外,转群期间不要防疫和断喙。转群的时间应选在天气不冷不热时进行。抓鸡的动作要轻,1 次抓的鸡数不能太多,不可用力太大,以防造成伤残。

(2)称重

如果说育雏期称重很重要,那么育成期的称重就更重要了。因为此阶段体重与开产的早晚密切相关。当体重增加过快时,易早熟,使全期产蛋量降低;而增重过慢时,开产晚,总产蛋量也低。因此,可通过控制体重的方法控制性成熟。生产上一般每 1～2 周称重 1 次。万只鸡场按 1‰抽样,小鸡场按 5％抽样,但每次不能少于 50 只。将称得的结果与表 5-2 中所列标准比较,如果相差太大,应及时查找原因,采取措施。对称重的鸡不可人为挑选,应随机抽样,逐只称重,将每只鸡的体重与标准比较,当鸡群中有 80% 的鸡体重在"平均体重×(1±10%"以内时,表明鸡群发育较均匀;当大部分鸡超出这一范围,说明营养过剩,应限制饲养(方法见后);相反,当大部分鸡低于这一水平时,说明饲养管理水平较低,应尽快改善。

(3)第二次断喙

育成鸡到 110 日龄时应进行第二次断喙。

(4)搞好防暑降温工作

春天引进的雏鸡到育成后期正值天气最热的季节,应做好防暑降温工作。机械通风的鸡舍将全部通风设备开动,备好发电机,避免停电时鸡舍温度太高,影响鸡的正常生长;自然通风的鸡舍应将门窗全部打开,注意应有纱窗和纱门,防止蚊蝇和其他兽害侵入;供给常备不断的清洁饮水,水中也可加入 0.5%~1% 的碳酸氢钠或适量的维生素 C;严重高温时可在进风口处搭一水帘或屋顶喷水,降温效果较好。

6.控制性成熟

任何一个品种的蛋鸡都有它自己固定的性成熟期。生产实践证明,适时开产的鸡群,产蛋高峰值高,持久性强,蛋重大,总产蛋量高,产蛋鸡的成活率高。而当过早开产时,产蛋高峰值低,持久性差,平均蛋重小,总产蛋量低;产蛋鸡易脱肛,死亡率高。过晚开产,产蛋期短,总产蛋量也低。因此,我们应当尽力控制鸡在适宜的时间开产。在所有的饲养管理条件中,光照和饲料对性成熟的影响作用最大,控制性成熟实际就是控制光照和饲料。

光照的控制:育成后期每天的光照时间过长,或逐渐增加,会促进母鸡性器官的发育,引起早熟。因此,在生长期特别是生长后期,光照时间要短,一般每天不超过 10 h,或用渐减法光照,具体做法前已叙述。对那种体重已达到标准,且已开产,但日龄不足的,可顺其自然;体重未达到标准,已有开产迹象,但日龄不足的鸡群应限制光照;体重未达到标准,日龄已到尚未开产的鸡群,应补充光照,增加营养;已到该品种的性成熟期,白壳蛋鸡体重已达到 1.25 kg,褐壳蛋鸡体重已达到 1.5 kg 的鸡群,若还未开产,应补充人工光照,并进行补饲,使其尽早开产。

饲料的控制:生长期营养较为充足,体重增加快时,往往易早产。因此,饲料的营养水平和每天的饲喂量对性成熟有一定的影响作用。对育成期体重增加过快、严重超标的鸡群,要进行限饲。限饲的方法有限量和限质法。限量法就是限制饲料的饲喂量,具体做法有每天减少饲喂量、隔日饲喂、限制每天喂料时间等。不同类型、不同体重状况的鸡群限饲程度不同。白壳蛋鸡其限饲的程度轻或不限制饲养,褐壳蛋鸡限饲重;体重超出多时多限量,超重少时少限量。

限量法的具体做法有多种。一是定量限饲,喂给鸡群自由采食时的 70%～80%,依鸡的类型、体重而定。二是停喂结合,即 1 周内停喂 1 天,或 3 天内停 1 天,或 2 天停喂 1 天等。三是限制采食时间,每天在一定的时间可自由采食,其他时间停喂。生产上多用停喂结合法。

限质限饲法就是每天供给充足的喂量,但饲料的能量、蛋白质水平降低,粗纤维含量增加。使鸡群每天从饲料中获取的营养总量减少,从而达到控制体重的目的。

目前生产上常用的限饲方法是限量法。因为此法只需减少喂量即可,不需改变配方;而限质限饲法还需专门制定限饲的配方。

限饲的时间从 6～8 周龄开始,到 18 周龄结束。限饲应与控制光照相结合,切不可一边限饲,一边延长光照。

对体重达不到要求而光照时间正常的鸡群,要加强营养,增加每天的饲喂量,改善饲料的营养水平,使鸡适时开产,避免体重过小而早产。

○ **成年产蛋鸡的饲养管理**

1. 生产特点

现代高产蛋鸡,135～150 日龄开产,180～190 日龄到达产蛋高峰,产蛋率维持在 90% 以上,一般可持续 10 周左右,有的可以维持 25～26 周。若按每日产蛋重量计,高峰在 250 日龄左右,可持续 5～6 周,而到 450～470 日龄产蛋迅速下降。这一时期的饲养管理要点是满足营养需要,创造良好的环境,延长产蛋高峰期,减缓下降速率,避免应激,使鸡维持一个较长时间的产蛋高峰期,尽量使高峰过后的下降速率减慢。

2. 饲养方式

目前,蛋鸡的饲养方式主要是舍内笼养,其他饲养方式占的比重很小,可参考育成鸡部分。笼养时笼子的结构有三层全阶梯式鸡笼(图 5-3)、两层全阶梯式鸡笼、叠层式鸡笼等。三层全阶梯式鸡笼是目前普遍采用的一种笼具,具有操作简便、光照均匀、通风良好、鸡蛋破损率低、拆装方便等优点。根据所养鸡的大小,可任选浅型或深型,轻型蛋鸡选浅型,其外形尺寸约为 1 900 mm×2 120 mm×1 500 mm,每组可养 96 只。浅型鸡笼每个单排鸡笼隔成 4 个小笼,每小笼 4 只鸡,笼深 325 mm,前高 400 mm,笼长

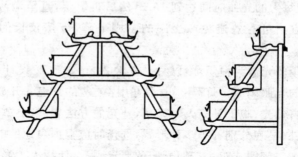

图 5-3　三层全阶梯式蛋鸡笼

475 mm,底网坡度 8°～9°；中型蛋鸡选深型,其外形尺寸约为 1 900 mm×1 700 mm×1 550 mm,每组可养 90 只。

3.环境控制

进入产蛋期的蛋鸡对环境的要求较为严格,有时环境条件的稍微变化,都会引起产蛋量的突然下降,造成终生难以弥补的损失。对其影响较大的环境条件主要有光照、温度、通风、湿度、噪声等。

(1)光照

光照对处于产蛋期的蛋鸡尤为重要。实践证明,产蛋期光照时间太短,光线太弱,鸡得不到足够的光刺激,产蛋量低。若产蛋期光照时间缩短,或光照强度减弱,会出现停产换羽现象;相反,如果光照时间过长,超过 17 h/天,鸡因受过长的光照刺激,而使产蛋增加太快,产蛋高峰提前,同时因体内营养消耗太快而使高峰期维持时间短。另外,光照时间太长,鸡脱肛现象严重,啄癖发生率高,这也是造成死亡率高的重要原因。因此,产蛋期应遵循的光照原则为光照时间要长,但最长不能超过 17 h/天,不可缩短,光照强度不能减弱。一般从 18 周龄开始延长光照,到达产蛋高峰期(28～29 周龄)使光照时间增加到 14～15 h/天,光照强度为 10 lx,然后保持恒定;当发现产蛋率由高峰开始下降时,再逐渐延长光照,使每天的光照时间达到 16 h,然后再恒定,直至淘汰。如此的光照方法可有效避免产蛋率的急剧下降,维持较长的产蛋高峰期。

常用的光源为白炽灯,以每平方米 2.5～3.5 W 设计,就能达到足够的光照刺激。灯高 2 m,最好用 40 W 的灯泡。开放式鸡舍白天用自然光,晚上补充人工光照,补充的方法有:晚上单独补、早上单独补、早晚分别补等多种形式,选择时应根据当地的电力供应情况而定。密闭式鸡舍按照光照的要求,完全使用人工光照。

控制光照时应注意,每天的光照时间要固定,如要延长时应逐

渐增加；开闭灯时应渐亮或渐暗，若突然变黑，易引起惊群；安装的
灯泡要有灯伞，灯泡要勤擦，坏灯泡应勤换；每天开关灯的时间要
固定，不可轻易改动。

（2）温度

温度对产蛋、蛋重、蛋壳品质、种蛋受精率和饲料转化率都有
明显影响。对于成年的产蛋鸡，适宜的温度范围为 5～28℃，产蛋
适温为 13～20℃，13～16℃ 产蛋率最高，15.5～20℃ 产蛋鸡的饲
料利用率最高，因此，产蛋和饲料报酬最高的温度为 15.5～16℃。

家禽体表无汗腺，当温度高时，就要大量饮水，通过加大呼吸
量蒸发散热，在这种情况下，鸡的采食量减少，加上因呼吸消耗过
多的营养，而使产蛋量下降，蛋的品质降低，软壳蛋增加，种蛋的受
精率降低。当严重高温时（40℃ 以上），因体热不能及时散失而使
鸡的体温升高，如不及时降温，就要引起死亡，这种现象若伴随着
高湿危险性就更大。因此，夏季为了降温排湿，要加大通风量，有
条件的鸡场还可减小密度，严重高温时可在进风口搭水帘、屋顶浇
水或直接在鸡体喷水。另外，平时要注意在鸡舍周围植树，以减少
热辐射。还可通过改变饲料（如加碳酸氢钠、蛋氨酸、维生素 C）的
方法，提高鸡群的抗热能力。

鸡的耐寒能力较耐热能力强。因体表丰厚的羽毛和皮下丰富
的脂肪，形成一个良好的隔热保温层。在我国绝大部分地区冬季
只要适当增加密度，减小通风量，鸡便能通过自身调节维持正常体
温和产蛋。

（3）通风

鸡舍通风的目的是排除有害气体，降低温度，调节湿度。在冬
季舍内气流速度以 0.1～0.2 m/s 为好，夏季以 0.5 m/s 为适，开
放式鸡舍夏季以 1.0～1.5 m/s 为好。

因鸡的饲养密度大，代谢旺盛，每天排出大量的粪尿，这些粪

尿与洒落的饲料一起发酵产生大量的有害气体,主要有氨气、硫化氢、二氧化碳等,如不及时排除将会对鸡产生严重的不良影响。一般要求鸡舍氨气的浓度不超过 20 mg/kg,二氧化碳不超过 0.15%,硫化氢不超过 10 mg/kg,或人进入鸡舍无氨及硫化氢的刺激气味为适。

(4)湿度

鸡舍水汽的来源主要有 3 个途径,一是呼吸蒸发和排出的粪尿;二是水槽蒸发的水分;三是空气中的水分进入鸡舍。在良好的通风条件下,舍内空气湿度不会太高,但通风不良或外界湿度太大时,往往引起湿度超标。一般产蛋鸡舍的相对湿度保持在 60% 左右较为合适。鸡舍湿度过小的情况在笼养鸡舍并不多见。

鸡舍湿度高时,若超过 75%,鸡的羽毛潮湿污秽,关节炎病症出现较多,如果伴随低温,情况更为严重,因温度低,水蒸气在鸡体表凝聚成水滴,鸡体受冷,散热量增加,耗料多,且易感冒。高湿伴随高温,鸡体通过蒸发散热受到阻碍,引起体温升高,从而影响生产和生活。同时高湿高温有利于微生物的繁殖,导致疾病的发生。

(5)噪声

鸡生活的环境或鸡场周围噪声强度过大,会引起鸡啄癖、惊恐、飞腾,严重时引起产蛋量下降、软壳蛋增加甚至死亡。要求鸡生活的环境噪声以不超过 85 dB 为宜。

影响蛋鸡生产的诸因素之间有着密切的联系,而不是孤立作用的,如当加大通风量时,鸡舍的温度就要降低,这在夏季是有利的,但在冬季就要影响室内的保温。因此要综合考虑。

4.产蛋规律及生产力计算

(1)产蛋规律

正常情况下,产蛋有一定的规律性,不同阶段的产蛋数量见表 5-7。

表 5-7　不同壳色蛋鸡各阶段产蛋性能表

产蛋 周次	白壳母 鸡日产 蛋率/%	褐壳母 鸡日产 蛋率/%	白壳入 舍鸡产 蛋率/%	褐壳入 舍鸡产 蛋率/%	白壳入 舍鸡产 蛋数/个	褐壳入 舍鸡产 蛋数/个
1	5	5	5	5	0.4	0.4
3	34	34	33	33	4	4
5	71	71	70	70	13	13
7	92	92	91	91	25	25
9	91	89	89	88	38	37
11	90	89	88	87	50	50
13	89	88	86	85	64	62
15	88	86	85	84	74	73
17	87	85	84	82	86	85
19	85	83	82	80	97	96
21	84	82	80	78	108	107
23	82	80	78	76	120	118
25	81	79	76	74	130	128
27	79	77	74	72	141	138
29	78	76	73	71	151	148
31	76	74	71	69	161	158
33	75	73	69	67	171	168
35	72	70	67	65	180	181
37	71	70	65	64	189	186
39	70	68	63	62	198	194
41	69	67	62	60	207	203
43	67	65	60	58	215	211
45	66	64	59	57	224	217
47	64	62	57	55	232	225
49	63	61	55	54	240	233
51	61	59	53	52	248	240
52	61	58	53	51	251	243
平均	73.4	72.4	68.8	66.5	251	243

注:摘自邱祥聘的《家禽学》,1993。

　　由表 5-7 中不难看出,鸡群从开始产蛋到产蛋率达到 50% 约需 3 周,由产蛋率 50% 到达产蛋高峰(产蛋率达 90% 以上)又需 3 周,恒定一段时间之后,产蛋率开始下降,从 90%~60% 每周递降 0.7%~0.8%,产蛋期约持续 52 周的时间。图 5-4 为一产蛋曲线,供参考。

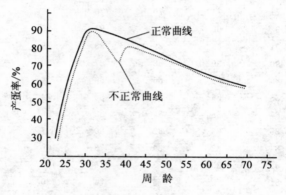

图 5-4　产蛋曲线图

　　产蛋过程中,若遇饲养管理不善或其他的应激因素,产蛋曲线会急剧下降。若是在上升阶段,即使取消应激因素,改善了饲养管理条件,也难使产蛋曲线达到应有的高峰;到产蛋开始下降时,其下降的起点较低,下降速度快,导致全期产蛋量低。若在正常产蛋曲线开始下降时,改善饲养管理条件,如延长光照,加强营养,创造良好的环境条件等,产蛋率下降的速度减慢,全期产蛋量增加。因此,生产上应采取各种措施,减少应激因素,促使产蛋具有较高的高峰值,并维持较长的时间,减缓下降速度。其做法是针对影响产蛋的因素采取相应措施。

　　影响产蛋量的因素主要有开产日龄、产蛋率、产蛋持久性、蛋重、产蛋期存活率等。对于不同品种,开产早的品种产蛋量高;对于同一品种,只有适时开产时产蛋量最高,过早或过晚产蛋量均较低。鸡群产蛋率高时,说明每天产蛋鸡占鸡群总数的比重大,产蛋量高;产蛋持久性强,说明鸡从开产到停产的时间维持的长,这样的鸡群产蛋量高;鸡群死亡率低时,整个鸡群的产蛋量高。因此,提高鸡群产蛋量的有效措施是选择早产品种,合理搭配饲料,提高鸡群的产蛋率和蛋重,延长产蛋期,保证鸡群健康。

(2)生产力的计算

蛋鸡的生产性能通过开产日龄、产蛋量、产蛋率、蛋重、总产蛋重、产蛋期体重、产蛋期料蛋比、产蛋期存活率等指标表示。

开产日龄:对个体为产第一个蛋的时间;对群体为产蛋率达50％的日龄。

产蛋量:产蛋量有 2 种表示方法,即入舍母鸡产蛋量和母鸡饲养只日产蛋量。

$$入舍母鸡产蛋量=\frac{统计期内总产蛋数}{入舍母鸡数}$$

$$母鸡饲养只日产蛋量=\frac{统计期内总产蛋数}{统计期内累加饲养只数×统计期日数}$$

入舍母鸡产蛋量不仅表示鸡群产蛋量的高低,还反应鸡群死亡淘汰率的大小,是目前普遍采用的一种表示方法。母鸡饲养只日产蛋量将中途死亡、淘汰的鸡除掉,按实际存栏的鸡数计算,反应的是鸡群的实际产蛋量,但用此法表示的越来越少。

产蛋率:产蛋率是指母鸡统计期内产蛋百分比,用入舍母鸡产蛋率和饲养只日产蛋率表示。

$$入舍母鸡产蛋率=\frac{统计期内总产蛋数}{入舍母鸡数×统计期日数}×100\%$$

$$饲养只日产蛋率=\frac{统计期内总产蛋数}{统计期内累加饲养只日数}×100\%$$

蛋重:蛋重指蛋的大小,用克表示。个体记录从 42 周龄开始连续称 3 个蛋求其平均数;群体记录从 42 周龄开始连续称 3 天的蛋求其平均数;大型鸡场可抽 5%,求平均数。

总产蛋重:总产蛋重是指一定时期内产蛋的总重量,用 kg 表示。

$$总产蛋重 = \frac{蛋重 \times 产蛋量}{1\ 000}$$

产蛋期体重:产蛋期体重用开产体重和产蛋期末体重表示。称重时的数量不能少于 100 只,求平均数,用克或千克表示。

产蛋期料蛋比:产蛋期料蛋比是产蛋期耗料量与总产蛋量之比。

$$料蛋比 = \frac{产蛋期耗料量}{总产蛋量}$$

产蛋期存活率:产蛋期存活率是指 72 周龄存活鸡数占入舍产蛋鸡数的百分比。

$$产蛋期存活率 = \frac{入舍母鸡数 - (死亡数 + 淘汰数)}{入舍母鸡数} \times 100\%$$

5.饲养管理要点

为了便于管理,把进入产蛋阶段的蛋鸡根据产蛋量的高低及产蛋率的变化规律,分为始产期(自开产至 40 周龄)、主产期(40～60 周龄)和终产期(60 周龄以后)3 个阶段。

(1)始产期的饲养管理

刚开产的蛋鸡产蛋没有规律性,蛋重大小不一,双黄蛋多,产蛋和不产蛋的时间间隔不一样;经一段时间后便进入正常阶段,产蛋的规律性较强,并有一定的模式。蛋鸡从开产到产蛋具有一定的模式这一时期为始产期,需经历 1～2 周。

始产期的母鸡是由生长期向产蛋期过渡的重要阶段,因此,饲养管理上要采取一些措施,以利母鸡很好适应这一转变,并为以后的高产做好准备。

其一,生理特点。育成母鸡到 130 日龄左右卵巢发育很快,输卵管迅速增长。开产前 3～4 周,体内蛋白质合成量与其按日产蛋重的高峰期相同。这些蛋白质一方面用于体重和器官的增长,另一方面用于体内储备。如果此期营养不足,生殖器官不能很好发育,体内储备不多或没有,将来产蛋率增加慢,产蛋高峰低,且维持时间短,产蛋下降快,蛋重小。因此,有些专家认为在育成母鸡开产前 2～3 周给予产蛋高峰期料(钙除外,仅为 2%),既有利于营养物质的储备,又能在产蛋的早期有充分的营养供给。

其二,营养需要及饲料搭配。为了在体内多储备些营养,这一时期提倡用产蛋高峰期料。主要营养物质的需要量:代谢能 11.50 MJ/kg,粗蛋白质 16.5%～17.5%,蛋白能量比为 14 g/MJ,钙 3.5%(18 周龄时给予 2% 的钙,20 周龄后增加到 3.5% 左右),有效磷 0.33%,食盐 0.37%。其他营养成分的需求量见鸡的营养与饲料部分。

为了保证母鸡适时到达产蛋高峰,并能维持相当长的时期,配方的原料品质要好,适口性强,配方中的各种营养成分的量能够满足该时期生长及生产的需求。饲料配方可参考主产期饲料配方。

蛋鸡在开产的头 4 天里,采食量迅速增加,以后增加速度减慢,直至 4 周以后。因此期体重和产蛋均增加,饲喂采用自由采食的方法,不限制饲养。高峰过后 2 周,体重增加缓慢,应适当限饲,否则鸡易肥胖,影响产蛋。

其三,饲养管理要点。

转群:育成鸡在育成舍大约生长到 18 周龄(最迟不能超过 20 周龄)就要转入成年产蛋鸡舍。转群前 6 h 停止喂料,前 2～3 天和转后 3 天,饲料中的维生素增加 2～3 倍,并饮电解质溶液。转群工作最好在早上和晚上进行,抓鸡时要轻拿轻放,抓两脚,不能抓颈和尾。装鸡箱每平方米容纳 8～10 只。转群的同时不能进行断喙、换料、预防接种等工作,以免增加应激强度。转群后的当天采用 24 h 的光照,使鸡充分认识采食和饮水的位置。转群的同时要进行 1 次选择和淘汰,将体重过小、有病、有残疾的淘汰,同时记录转入的鸡数。对刚转群的鸡要密切观察,发现有啄斗现象的应将其分开。

增加光照:遵循产蛋期的光照原则,即光照只能延长不能缩短。母鸡到达 18~20 周龄后就要逐渐延长光照,但应根据体重的情况确定延长的时间及速度。当体重达到标准时,从 18~20 周龄开始逐渐延长,到 28~30 周龄使光照时间达到 14~15 h/天。如果体重过小,推迟延长光照的时间,以防因鸡体重过小而开产,使蛋重过小,产蛋量低,鸡的死亡率高。

保持环境的安静与稳定:尽量减少应激因素。刚开产的蛋鸡对环境的变化非常敏感,尤其是轻型蛋鸡。环境条件及操作管理的稍微变化,如抓鸡、防疫、断喙、换料、停水、饲养员服装颜色的改变、饲喂、光照时间的变更等,都可能对其产蛋产生明显的影响。受到应激反应的鸡主要表现食欲不振,产蛋量突然下降,软壳蛋的比率增加;严重应激时,由于鸡的高度精神紧张而乱撞导致内部脏器的损伤或死亡;一时的应激所引起的不良反应往往数日后才能恢复正常,甚至有的很难恢复正常,难以达到正常的产蛋高峰。因此,为了减少应激,应制定严格的科学管理程序,饲喂、光照、集蛋、清扫卫生、供水、通风要定时、定点、定人,避免噪声,尽量谢绝参观,饲料变更要有一个过渡时期,防止突然变化。

观察鸡群:观察鸡群是一项细致的工作,饲养员每天早晨开灯后,观察鸡群的精神状态和粪便是否正常,若发现病鸡和异常鸡应及时隔离检查;喂料时观察鸡的采食和饮水情况,检查水槽是否漏水,乳头式饮水器是否出水;夜间听听鸡舍内有无呼吸道发出的异常声音;中午应仔细观察有无啄癖的鸡,若发现应立即拿出。

保持舍内清洁:注意保持鸡舍内和环境的清洁卫生,每天洗刷水槽(乳头或饮水器每天 1 次或饮营养补品后立即消毒)、饲槽及其他饲喂用具要定期洗刷消毒。鸡舍和周围环境每 2 天消毒 1

次,有疫情时增加消毒次数。饲养员每次进入鸡舍时都要消毒。

做好生产记录:准确而完整的生产记录可反应鸡群的生产动态和日常饲养管理水平,它是考核经营管理效果的重要依据。应当记录的最主要内容有产蛋量、产蛋率、蛋重、耗料、体重、鸡死亡淘汰数、舍温、防疫等。将记录结果与标准进行比较,若差异太大应及时改善饲养管理条件。

(2)主产期的饲养管理

蛋鸡由始产期末到产蛋开始迅速下降这一阶段为主产期。此期鸡的产蛋规律性很强,蛋重稳定、均匀;需经历 44~45 周。

其一,生产特点。现代培育的高产蛋鸡品种按产蛋率计算多在 28~29 周龄到达高峰,产蛋率达 90%以上的时间约可持续 10 周。若按每天产蛋重量计,高峰在 35~36 周龄,可持续 5~6 周,之后产蛋率逐渐下降。这一时期的饲养管理要点是满足营养需要,创造良好环境,延长产蛋高峰期,减缓下降速率,避免应激,使鸡维持一个较长时间的产蛋期。

其二,环境控制。进入产蛋高峰期的蛋鸡对环境的要求较为严格;有时环境条件的稍微变化,都会引起产蛋量的突然下降,造成终生难以弥补的损失。对其影响较大的条件主要有光照、温度、通风、湿度、噪声等。

光照对处于产蛋高峰期的蛋鸡尤为重要,一般要求到达产蛋率高峰期的光照时间为 14~15 h/天,光照强度为 10 lx,然后保持恒定;当发现产蛋由高峰开始下降时,再逐渐延长光照,使每天的光照时间达到 16 h,然后再恒定,直至淘汰。如此的光照方法可有效避免产蛋率的急剧下降,维持较长的产蛋高峰期。

高峰期蛋鸡对温度、湿度、空气等环境条件的要求基本同始产期蛋鸡。

其三,营养需要与日粮配合。产蛋高峰期的前 2 周,为了满足产蛋和增重的需要,维持较长的产蛋高峰期,需要提供高水平、高质量的营养,让其自由采食。而当体重达到成年,产蛋开始有所下降时,应适当限制给料量,防止过肥。

蛋鸡饲料的代谢能水平应在 12 MJ/kg,每天每只蛋鸡采食的代谢能不少于 1.25 MJ。在环境温度过高或过低时,都应提高日粮的能量水平,必要时可加入一定量的脂肪。

产蛋高峰期的蛋鸡日粮蛋白质水平在 16.5% 以上,并保证每天每只鸡能从饲料中获取 17~19 g 的蛋白质,其中蛋氨酸占 400 mg 左右,赖氨酸占 800 mg 左右。

此阶段的蛋鸡对缺乏维生素非常敏感,尤其是维生素 A、维生素 D、维生素 E、维生素 K、维生素 B_2、尼克酸、泛酸、维生素 B_{12}。要注意维生素供给充足,同时还应注意妥善保存,确保它们的有效性。

产蛋高峰期蛋鸡对钙、磷的缺乏最为敏感,其需要量钙为生长鸡的 3~4 倍,日粮中钙的含量为 3.5%。如果缺乏时,易出现骨质疏松症,软壳蛋增加,蛋的破损率提高。但钙过高,会影响磷、铁、铜、钴、镁、锌等矿物质的吸收。饲料中钙含量还应随产蛋量、环境温度、采食量的变化而变化,产蛋量高、环境温度高、采食量低时,钙含量应增加(其他营养成分的需求量见前营养与饲料部分)。

201~450 日龄期蛋鸡的饲料配方参见表 5-8。

当鸡的产蛋率变化是按标准进行时,可按上述配方搭配饲料,但是偏离标准曲线太远,应以产蛋率的高低为依据,选择配方。

其四,饲养管理要点。

控制好环境条件:根据此阶段蛋鸡对光照时间和光照强度的要求,合理安排每天补充人工光照的时间和方法,建立较为稳定的光照方案,千万不能随意改动。遇到停电要立即发电,在没有发电机的小型鸡场,若晚上停电较多,可安排在早晨补充。灯泡要勤擦,对坏的要及时更换。

表 5-8　不同产蛋率下蛋鸡饲料配方举例　　　　　　　%

饮料名称	配方 1 （高峰期）	配方 2 （高峰期）	配方 3 （75%~85%）	配方 4 （75%~85%）	配方 5 （65%~75%）
黄玉米	56.61	56.24	58.33	59.5	62.00
麸皮	3.19		3.76	2.9	5.14
熟豆饼	24.72	32.4	23.31	23.6	18.91
进口鱼粉	5.00		4.00	4.49	3.00
石粉	7.33	7.52	7.90	6.0	8.50
骨粉	2.14	3.13	2.21	3.00	1.96
蛋氨酸	0.154	0.195	0.154	0.15	0.134
食盐	0.35	0.35	0.36	0.36	0.36

注：1. 配方中的维生素、微量元素按说明加入；

　　2. 配方 1 至配方 5 摘自于杨宁主编的《现代养鸡生产》，2002。

在最适温度下，蛋鸡耗料最少，而产蛋最多。因此，应在进行经济核算的前提下，使鸡舍温度尽量接近最适温度。为了避免夏季温度过高，可采取加大通风量、安装湿帘、屋顶喷水等方法降温。严重高温时，可在鸡体直接喷水。

采用自然通风时，冬季在中午前后将门窗打开，夜间或早晚少开或不开，视舍内温度而定。采用机械通风时，夏季将风扇全部打开，冬季只开 1/3~1/2，保证舍内的风速均匀，不要有贼风和死角。在风口处设挡风板，避免进风直接吹向鸡体。

为了避免舍内湿度过高，鸡粪经常清扫，适当加大通风量，避免漏水。

避免应激因素： 产蛋高峰值的高低和持续时间长短，不仅对当时产蛋的多少有影响，而且与全期产蛋的多少有直接关系。若产蛋高峰值高，持续时间长，以后产蛋曲线在高水平上降落，全期产蛋量高；如果产蛋高峰值上不去，持续时间短，则全期产蛋量低；当产蛋高峰期受到较强的应激，如疾病、换料、抓鸡、噪声、突然改变环境条件等影响，产蛋率很快下降，这种下降往往是难以恢复的，从而使产蛋量受到大幅度的削减。因此,该阶段应尽量减少或避免应激。使鸡少得病或不得病,不进行免疫、驱虫、转群等活动,饲料保持相对稳定,操作管理定时、定点、定人。

限制饲畏:产蛋高峰过后的 2 周以后,鸡的体重接近成年体重,此时鸡群达 40 周龄,产蛋开始缓慢下降,对营养的需求量有所下降。为了保证鸡有一个较好的产蛋体况,避免因过肥而减产,对某些品种或品系,尤其是褐壳蛋系应进行适当限饲。限饲的方法一是降低日粮的营养水平,任其自由采食;二是在原来饲料的基础上限制给量,一般限料量为自由采食量的 90%。限饲时,其他营养按需要供给,产蛋后期提高钙的水平到 4.5%,以保证蛋壳质量。

减少破蛋:蛋的破损给生产带来严重损失,据统计,全世界蛋的破损率占总产蛋量的 6%~8%。因此,减少破蛋可有效提高经济效益。造成破蛋的原因有很多,主要有品种、营养水平、环境温度、笼底结构、鸡的年龄、疾病等。一般褐壳蛋的破损率低于白壳蛋,粉壳蛋居中;日粮中钙、磷、锰、维生素 D_3 缺乏时蛋的破损率高;环境温度过高时破损率高;笼底结构不合理、铁丝过于坚硬、缺乏弹性、倾斜角度不合适时,破损率高;产蛋的后期破损率高;患有疾病时,如鸡新城疫、传染性支气管炎等,由于对钙的吸收不良,而使蛋壳变薄,蛋的破损率高。

针对以上原因采取措施,可有效地减少蛋的破损。在引种时应选择蛋壳品质好的品种或品系;饲养上保证钙、磷、锰、维生素 D_3 的供给;严格控制鸡舍温度;购买高质量的鸡笼;在产蛋后期增加日粮的钙含量;尽量减少疾病;增加捡蛋次数;运输蛋时用专门的蛋箱、途中防止剧烈颠簸。

做好记录:将每天的产蛋、耗料、鸡死亡淘汰数准确记录下来,并及时向技术员反映;遇到不正常时,及时查明原因,采取措施。

注意观察: 在捡蛋和喂料的同时,观察鸡的精神状态,采食饮水情况和粪便的变化;检查有无漏水或乳头式饮水器不出水的现象,察看温湿度是否适宜,空气是否新鲜。

(3)终产期的饲养管理

其一,生产特点。450 日龄以后,鸡的产蛋量急剧下降,由原来的 70% 迅速下降到 60%,蛋壳质量明显降低,蛋的破损率增加,但蛋重较大。这一阶段的蛋鸡便进入终产期,持续 6～7 周。

对环境条件的要求见始产期。

其二,营养需要及饲料搭配。此阶段蛋鸡的产蛋量较低,体重增加缓慢,产蛋对营养的需求量较高峰期低,但由于体重较大,用于维持身体正常活动需要的饲料量增加,故此阶段的营养水平可低些,而量较大。具体的要求是代谢能 11.50 MJ/kg,粗蛋白质 14%～15%,钙的含量可增加到 4%。此阶段的饲料配方见表 5-9。

表 5-9　450 日龄以后蛋鸡的饲料配方举例　　　　　%

饲料名称	配方 1	配方 2	配方 3	配方 4
黄玉米	59.9	61.86	61.69	60.6
麸皮	9.5	4.38	2.77	6
熟豆饼	17.8	20.63	24.07	19
进口鱼粉	1.0	2.00		4
石粉	7.3	8.43	8.28	
骨粉	2.4	2.20	2.67	2.0
蛋氨酸		0.144	0.163	0.06
食盐	0.3	0.36	0.36	0.34
油	1.0			
贝壳粉				8.0

注:维生素、微量元素按说明加入。

其三,饲养管理要点。该阶段的主要饲养管理要点是使产蛋率尽量缓慢或平稳下降,保证蛋的品质。具体做法是:继续保持环境的稳定,提供适宜的环境条件,在淘汰的前 2 周增加光照到每天 17~18 h,使鸡发挥最后的冲刺作用。当鸡没有饲养价值时,可选择时机予以淘汰。

其四,搞好人工强制换羽。用人工强制的方法,给鸡以突然刺激,造成机体代谢紊乱,营养供应不足,使毛囊与毛根脱离,达到同期换羽、同期开产的目的。

自然状态下,鸡产蛋 1 年左右便停产换羽。从羽毛脱换到新羽毛长出需要 14~16 周的时间,且鸡群停产和开产的时间极不整齐,蛋的大小和蛋壳的质量也不一致。若采用人工强制换羽只需 7~9 周的时间,鸡体羽毛全换,全群产蛋率恢复到 50%,鸡群产蛋整齐一致。另外,经强制换羽后的鸡群畸形蛋率降低,蛋壳变厚,蛋重增加 10%~15%。对于一些育雏条件较差或没有育雏能力的鸡场最好是待鸡产蛋一年后做一次强制换羽,再利用 8~10 个月后淘汰。在国外,强制换羽技术作为鸡场饲养管理技术中的一项重要措施,被普遍利用。但是,强制换羽后的第二个产蛋年产蛋率平均降低 15%~20%,利用期缩短 2~4 个月。是否使用强制换羽,鸡场应根据具体情况而定。

强制换羽的方法有饥饿法和药物法。生产上用的较多的是饥饿法。

饥饿法是停料 7~10 天,待体重减少 30% 时,开始喂玉米渣或碎米,前 3 天喂需要量的 30%(以防撑死),以后自由采食,经 2~3 周后,喂产蛋鸡饲料,自由采食。从停食的第一天开始减少光照到 8~9 h/天,至开始喂蛋鸡料时每周延长 1~2 h 光照,直至增加到每天 14~16 h 的光照。若不是在炎热的夏天,可在饥饿的前 1~3 天停水,换羽速度加快。

药物法是在蛋鸡的饲料中加入 2.5% 的氧化锌或 3% 的硫酸锌饲喂 5~7 天,6~8 天后喂含锌 0.005% 的常规饲料,可达到换羽的目的。

人工强制换羽时应注意的问题：为减少损失，方案实施前将弱、小、病的鸡淘汰；开料后每只鸡应有同样的采食机会；寒冷季节换羽时应注意保温；换羽前应进行新城疫的预防注射；种公鸡不强制换羽；用于强制换羽的鸡群应是产蛋 1 年左右；停料期喂一些蛎粉或骨粉；应定期称重。

6. 产蛋鸡的四季管理

在我国北方春夏秋冬四季分明，而蛋鸡产蛋需要一个相对稳定的温度环境，为了达到这一目的，应在不同季节，采取不同的管理措施，尽量保证温度的稳定。

(1)春季

气温开始回升，日照时间逐渐延长，是产蛋较为适宜的时期，但各种微生物也开始大量繁殖，所以，春季要提高日粮的营养水平，满足产蛋的需要。增加捡蛋的次数，减少破蛋。逐渐增加通风量，鸡舍内外进行彻底消毒，以减少微生物的繁殖。搞好卫生防疫和疫苗注射，减少疾病的发生。同时搞好鸡舍周围的植树工作。

(2)夏季

气温较高，湿度大，日照时间长，微生物活动频繁。应当做好防暑降温工作。鸡舍周围多植树。加大通风量到最大。当舍温到达 37.8℃ 以上时，在进风口处搭水帘，或在屋顶浇水，还可在鸡舍喷水，尽量将舍温控制在 30℃ 以下。让鸡饮常备不断的清洁水。严重高温时可在水中加入维生素 C、蛋氨酸、碳酸氢钠等。适当增加日粮的蛋白质含量(提高 1%～2%)，提高蛋白质品质，最好在早晨较凉爽时补充光照，同时加料，以增加鸡的采食量。注意卫生消毒，搞好鸡瘟疫苗接种。

(3)秋季

天气渐凉，日照渐短，但早秋较闷热，雨水较大，鸡易患呼吸道病(如传染性支气管炎、支原体病等)和鸡痘。春季育雏的鸡此时正是产蛋高峰期,这一阶段的饲养管理要点是:根据要求补充人工光照;白天加大通风量,以解除闷热和排除多余的湿气;注意收看天气预报,减小天气剧变对鸡的影响;在饲料或饮水中加入预防性投药(如环丙沙星、恩诺沙星等);防止蚊蝇叮咬,减少疾病发生的机会;尽量减少或避免应激因素,防止产蛋量的急剧下降。对于去年春天育雏的蛋鸡或种鸡,若饲养2个产蛋期,此时正是脱毛换羽的时期,应根据换羽的早晚和快慢,合理选留和淘汰,将换羽早、换羽慢的鸡淘汰,留下换羽晚、换羽快的鸡,并将瘦弱、有病的鸡淘汰掉。对留下的鸡进行鸡新城疫疫苗注射。若不采用自然换羽,可用人工强制换羽法。

(4)冬季

冬季气温低,光照时间短,其管理要点是防寒保温,使温度保持在8℃以上。补充光照,使光照时间达到14~16 h/天,尽量保证较高的产蛋量。具体做法是关紧门窗,外加一层塑料布或草栅,门口设棉门帘。在保证空气较新鲜的前提下减小通风量,适当增加日粮能量水平,自然光照不足的部分用人工光照补充足。

冬季尤其要防止呼吸道疾病的发生。因为在冬季为了保证鸡舍温度,往往通风量减少,致使鸡舍空气污浊,有害气体浓度过高,长期刺激呼吸道黏膜,增加了对呼吸道疾病的易感性,如支原体病、支气管炎、喉气管炎的发病率明显增加,严重影响鸡群健康和生产。因此,此时在保证温度的前提下,注意通风换气,有条件的可设置热风炉向鸡舍吹热风。

产蛋鸡舍的日常工作程序(供参考):

5:00　　开灯,通风。换工作服、工作鞋,踏过消毒池进鸡舍,刷水槽。

6:00　　喂料,并将死鸡、病鸡捡出。

8:00　　匀料,清扫,观察鸡群,记录鸡舍温度、湿度,检查通风设备是否正常运转,维修鸡笼、水槽、饲槽、蛋托等,抓回跑出笼的鸡。

9:30　鸡舍消毒,消毒时应保证足够的剂量和时间。

10:00　喂料,捡蛋,之后将蛋过数、记录,病鸡的治疗。

11:00　把鸡蛋送入蛋库,再次检查鸡舍。

14:00　喂鸡,清扫,检查鸡群有无啄肛、斗架、卡住等现象。

15:00　检查笼门,调整鸡群,观察温度、湿度及通风情况。个别治疗。

16:00　匀料,捡蛋,过数,将蛋送入蛋库。

17:00　记录全天的产蛋量、耗料量、死亡淘汰数、鸡群状况等。

18:00　开灯,喂料。

20:00　匀料。

22:00　熄灯。

○ 种鸡的饲养管理

饲养种鸡的目的是让其多产合格率高、受精率高、孵化率高、雏鸡健壮的种蛋。影响这些性状的因素很多,如种鸡品种、饲养管理水平、营养、环境条件、疾病等。只有充分了解这些因素,才能有针对性地采取措施,保证种鸡正常繁殖。

1.生产指标

采取现代化育种措施培育出的种鸡,繁殖率较高。一般白壳与褐壳父母代种鸡的性能指标见表 5-10。

2.饲养方式

目前父母代种鸡以笼养为主。分公鸡笼和母鸡笼。公鸡笼多为两层,每组 24 个小笼,每小笼 1 只公鸡,共养 24 只;母鸡笼多采用两层或三层全阶梯式蛋鸡笼(结构见前),每组养 72～96 只,采用人工授精(彩图 11、彩图 12)。此法的饲养密度较大,公鸡的饲养量小,种蛋受精率高,可进行准确记录,大部分父母代鸡场都采用此法。还有一些蛋种鸡采用舍内地面饲养或放牧饲养(彩图 13),采用自然交配。此法省人力,受精率也较高,但饲养密度小,种公鸡饲养量大,成本较高,目前使用此法的较少。

表 5-10　蛋用父母代种鸡性能指标

项　目	白壳蛋鸡	褐壳蛋鸡
开产日龄/天	145～155	155～165
20 周龄体重/kg	1.3～1.4	1.6～1.7
70 周龄体重/kg	1.6～1.7	2.1～2.3
入舍母鸡产蛋数/个	260～280	250～270
入舍母鸡产合格种蛋数/个	210～230	200～220
入孵蛋孵化率/%	85～87	82～85
入舍母鸡产母雏数/只	90～100	85～90
产蛋期存活率/%	90～94	90～93
每只鸡每天耗料/g	114	123

3. 饲养管理技术

种鸡的一般饲养管理技术与蛋鸡基本相同,除此之外,还应当根据种鸡的繁殖特点做好相关工作。

(1)合理搭配饲料,供给充足的营养

种鸡对主要营养物质的需求量与商品蛋鸡基本相同,为了保证提供较多的合格种蛋和健康的雏鸡,饲料中的营养成分必须齐全,且量足,尤其是维生素、微量元素。这些微量成分虽然需要的量较少,但作用很大,一旦缺乏,虽然产蛋正常,却对种蛋的受精率、孵化率、雏鸡的健康产生明显的影响。因此,生产上应予以足够的重视。产蛋期种鸡对维生素、微量元素的需求量可参考饲养标准。

有些种鸡场在饲喂商品蛋鸡料的基础上,增加维生素的量,也收到了良好的效果。

(2)严格选择种鸡

在进行配种以前,应对种鸡进行严格的选择,其选择的方法见前人工授精部分。

（3）种鸡的净化

白痢是一种可通过种蛋垂直传播的疾病。种鸡达到 16～18 周龄时，应将其中的白痢带菌者淘汰掉，避免传播给雏鸡。采用全血平板凝集试验法判断，即选购凝集抗原（为染色抗原），采一滴鸡血滴于抗原物质上，若出现凝集反应则为阳性，应被淘汰；若不发生凝集反应则为阴性。但应注意，被检鸡群检验前 3 周不得用任何药物，采血环应用酒精棉球擦干净，平板凝集试验最好在 20℃以上环境下进行。

另外有条件的鸡场还应对支原体、淋巴细胞白血病进行净化。

（4）适时公、母混群

采用自然交配时，公鸡应在母鸡达到 18 周龄以后投放，种蛋的受精率较高。混群时应注意：最好在晚上进行，公、母年龄和体重悬殊不能太大，混群后应密切注意动向，发现啄斗现象严重时，应及时调开。一般到 25～27 周龄，蛋重达到 50 g 以上可收集种蛋，约产蛋 10 个月后的种蛋受精率降低。

（5）提高种蛋合格率

影响种蛋合格率的因素有蛋形、蛋重、蛋壳质量、蛋表面清洁度、蛋壳的完整性等。

合格种蛋的蛋形呈卵圆，蛋的长径与短径之比在 1.32～1.39，超出这一范围，鸡蛋细长或太圆，孵化率低。蛋形由输卵管的子宫部形状决定，子宫形状受遗传、疾病和产蛋期等因素制约。患有输卵管炎时或产蛋初期、末期，畸形蛋增加。因此，应搞好疾病的防治，产蛋初期或末期的种蛋不进行孵化。

蛋重和蛋壳质量除受遗传因素影响之外，还受饲养管理水平的制约。如当日粮中能量、蛋白质不足时，蛋重减轻；钙、磷缺乏时，蛋壳变薄；环境温度高，空气污浊时，蛋壳变薄；患有疾病时，蛋重减轻，蛋壳变薄；受到惊吓时，蛋壳变薄。因此，对种鸡应进行严格而科学的饲养管理。

防止蛋面污染的方法,一是增加捡蛋次数,每天捡蛋4～6次;二是搞好鸡舍卫生,并避免鸡食蛋;三是经常洗刷盛蛋用具,保证较高的种蛋合格率。

(6)提高种蛋受精率

影响种蛋受精率的因素有种鸡本身、营养、环境、管理、繁殖技术、疾病等。

种公鸡有残疾、年龄过大、身体过肥或过瘦,精液品质均较差,因此,这样的种鸡应予以淘汰。

保证种鸡繁殖需要的一切营养,特别是维生素和微量元素;将鸡舍温度控制在15～25℃,并保证空气新鲜;合理控制饲养密度,保证常备不断的清洁饮水,按要求给料,严格按操作程序操作;熟练掌握人工授精技术,合理搭配公、母,及时淘汰残弱种鸡;搞好疾病预防,尽量少投或不投毒性较大的药物。

❷ 肉鸡饲养管理

○ 肉用仔鸡的饲养管理

肉用仔鸡指肉用配套品系杂交所产生的雏鸡,不论公、母,饲养到6～9周龄一律屠宰,专门作为肉用的仔鸡。这一类鸡的生长发育特点与蛋鸡不同,对环境及饲料条件的要求也不同,需要采取不同的饲养管理方式。

1. 生产特点

肉用仔鸡增重速度快,耗料少,饲料转化率高。一只刚出壳的肉用仔鸡体重只有40 g左右,大约饲养6周,体重达到2.5～3.0 kg,耗料4～5 kg,耗料增重比为2:1,有的仅为1.6:1。这一饲料转化率是其他畜禽所不能比拟的。生命力强,适合于大群饲养。数千乃至数万只肉用仔鸡为一群饲养,挤满整个舍内,几乎看不到地面,鸡只仍然能够健康生长,在当今我国土地较为紧张的情况下,尤其适合饲养肉用仔鸡。设备需要简单,投资少,见效快,很适合农家饲养。饲养肉用仔鸡要求的房舍、设备极为简单,农家利用闲散房屋稍加改造便可进行生产,所耗资金较少,且经 50 天左右就可回收部分资金。肉用仔鸡容易发生胸囊肿、腿病和腹水症,要求采取与蛋鸡不同的饲养管理方式。

2. 饲养管理方式

肉用仔鸡饲养管理方式多种多样,可将其归纳为四大类,即地面厚垫料平养、网床上平养、笼养、笼养与地面或网上平养结合式饲养。

(1)地面厚垫料平养

地面厚垫料平养时,先在地面铺垫 10～15 cm 厚的柔软垫料(如稻草、滑秸、锯末、麦糠等),将雏鸡安置其上,当垫料板结时用权翻挑以保持松软。这种饲养方式较适合肉鸡的生长发育特点,管理较为方便,不需要更多的设备,投资较少,胸囊肿的发病率低,产品合格率高,肉鸡可从垫料中获取大量的 B 族维生素,同时由于垫料和粪便及饲料一起发酵而产生一定的热量,有利于提高舍温。缺点是因鸡直接与粪便接触,容易得球虫病,需要的药量大,药费较高。目前这种饲养方法在国内应用较少。

(2)网床饲养

网床上平养时,用直径为 1～1.5 cm 的竹竿或木条钉在木条上,竹竿或木条间距为 1.5～2 cm,类似床板,上铺一层弹性塑料网,用支架或砖跺架高 60～80 cm,床的四角有支棍,四周用尼龙网或铁丝网围住,网高 50 cm 左右。还可用铁丝平行拉网,上铺弹性塑料网(彩图 14、彩图 15)。采用这种饲养方式,因粪便通过网孔漏到地面,肉鸡可不与粪便直接接触,减少了球虫病的感染机会,同时,消化道疾病明显减少。另外采用网床平养,可节约垫料,便于管理,因垫有弹性塑料网,胸囊肿的发生率较低,饲养密度加大。这种饲养方式是目前肉用仔鸡生产中采取的主要方式。

（3）笼养

笼养肉鸡时,采用我国生产的肉用仔鸡专用笼,从出壳到上市肉鸡一直在笼内生活,不需要转笼,采用这种饲养方式,大大提高了饲养密度,减少了球虫病的发病率,便于饲养管理,提高了劳动生产率。但胸囊肿的发生率较高,产品合格率低,难以被养鸡户接受。目前有些养鸡设备生产厂为了避免上述弊病,在原来笼的基础上,镀上一层弹性塑料,在一定程度上减少了残次品的发生率,但效果不显著,所以,此法目前应用较少。

（4）笼养与地面或网床结合饲养法

笼养与地面或网床结合饲养法是将肉雏鸡在笼内（可用蛋用鸡育雏笼或肉用仔鸡笼）饲养到 3 周龄,然后转移到地面或网床上,采用地面厚垫料饲养或网床饲养。这种饲养方式的优点是节省能源,因为雏鸡前期所需温度高,采用笼育时,使雏鸡集中在较小的范围内,节省燃料,且前期雏鸡的胸囊肿发生率较低,短期在笼内饲养对今后产品的合格率无明显影响。目前有部分鸡场采用此法。

3.饲养管理技术

（1）饲养管理制度

肉用仔鸡常采取"全进全出制"、"公、母分开饲养制"。

"全进全出制"指同一日龄雏鸡在同一场、区、舍,或者说同一范围内所饲养的为同一日龄的雏鸡,且同一天出场。出场后将鸡舍彻底清扫消毒,切断病菌循环感染的途径,消毒后经一周的封闭,可再养下一批雏鸡。这种饲养方式下的肉鸡发病率较低,便于饲养管理,如喂同一种饲料,同一天防疫,控制相同的环境等。目前鸡场基本采取这种方法。

　　"公、母分开饲养制"是在雏鸡刚出壳时,将公、母分开饲养,公、母鸡分别喂不同营养水平的日粮,施以不同的育雏温度,不同时间出场。因公、母鸡的性别不同,其生理基础也有差异。表现在公鸡生长快,母鸡生长慢;母鸡沉积脂肪的能力强,日粮中需要较高的能量;公鸡肌肉中蛋白质含量高,日粮中需要较多的蛋白质;公鸡羽毛生长速度慢,母鸡则快,在同一日龄公鸡所需要的育雏温度较高。因此,当公、母分开饲养时,可提高鸡群的整齐度和产品的规格化水平,便于饲养管理,节约饲料。

　　(2)环境控制

　　由于肉用仔鸡的生长发育和生产特点,决定了它对环境条件的要求不同于其他类型的鸡。

　　温度:育雏前期温度略低于同期蛋鸡,后期要维持一个较高的温度。第一周育雏温度为 $32\sim35℃$,以后每周下降 $2\sim3℃$,4 周龄以后使环境温度达 $20℃$,以后一直到出场时维持这一温度。育雏期如果温度过高,雏鸡采食量少,生长发育速度缓慢,同时雏鸡因过于软弱而使机体的抗病力降低,易患感冒及呼吸道疾病;相反,当育雏温度低时,雏鸡为了维持正常体温使耗料增加,加大饲养成本,严重低温时雏鸡常因挤压造成死亡。检查育雏温度是否适合主要通过测量和观察雏鸡表现来完成,其观察方法和表现同蛋用雏鸡。

　　光照:肉用仔鸡对光照的要求完全不同于蛋用雏鸡,常采用的光照方法有 2 种。一种为连续光照法,另一种为间歇光照法。采用连续光照时,第一天给予 24 h,从第二天起每天采用 23 h 的光照,1 h 的黑暗,直至出场。光照所要求的强度随年龄的增加而逐渐降低,前 2 周为 10 lx(每平方米按 $3\sim4$ W 设计),2 周后逐渐降低,到 1 月龄左右使光照强度降到 5 lx(以看见采食为准),以后维持这一水平。间歇光照法是光照 $1\sim2$ h,黑暗 $2\sim4$ h,如此这样交替进行,不仅可省电,还可促进肉鸡采食、运动和休息,仔鸡生长较快,腿病发生率低,是值得推广的一种方法。

密度:饲养肉用仔鸡的密度较大,但不同的饲养方式间也有差异。刚入舍时,每平方米 30 只,随着日龄和体重的增加,密度逐渐减小,到出栏时以每平方米地面或网面容纳 10~15 只体重为 2 kg 的肉鸡为宜,也可按每平方米地面容纳 30 kg 活重计算。

空气:肉用仔鸡的代谢率较高,饲养密度大,对空气要求也高。一般肉用仔鸡舍的通风量应保持在每千克体重每小时 4 m³,风速为 0.2 m/s,使舍内的二氧化碳不超过 0.15%,氨气浓度小于 20 mg/kg,硫化氢气体浓度低于 10 mg/kg,以人进入鸡舍后感觉较为舒适为宜。通风方式可用自然通风或机械通风。通风时必须考虑鸡舍温度和湿度的变化,当温度和湿度均较低时,应适当减小通风量,尽量找出适宜的温度、湿度和通风量的平衡点。

(3)进雏前的准备

进雏前应准备的有房屋、垫料(或笼、网床)、饲槽及饮水器、加热取暖设备、饲料、药品等。

房舍:房舍经彻底清扫消毒后,密闭 1 周左右才能使用,消毒地面可用 1%~2% 的火碱水浸泡 1~2 h,之后用清水冲洗干净;也可用 10% 的石灰水喷洒地面。墙壁用石灰水粉刷。环境用过氧乙酸、百毒杀等喷雾消毒;还可用高锰酸钾-福尔马林熏蒸法消毒,具体方法见前种蛋消毒部分。

垫料:垫料应清洁、柔软、充足,在地面铺垫 10~15 cm 厚,各处厚度尽量均匀。网床饲养时,床面要平整,间隙和网孔大小适中,即不能太大,又不能太小,太大时雏鸡腿容易漏下,造成骨折;太小粪便难以漏下。网床下的支架要稳,数量充足,防止床面颤动,引起惊群。

饲槽及饮水器:饲槽和饮水器在使用前用 0.1% 的高锰酸钾水洗刷,用水冲净晾干后再用。饲槽要充足,保证每只鸡都能充分采食。若为链式或长条型饲槽,每只鸡所应占的长度约 5 cm;若采用料桶饲喂,每个直径 38 cm 的料桶可喂 35 只鸡,饲槽或料桶的高度与鸡背高度相同时为适。雏鸡在前 3～5 天应在塑料布或料盘上饲喂(每 60 只鸡需边长 4.2 cm 料盘 1 个),之后才能改用饲槽或料桶,因此,应准备好塑料布或料盘。水槽长度为饲槽的1/2。采用钟形饮水器时,每个可供 100～150 只鸡使用。

取暖设备:取暖设备主要取决于育雏方式,常用的有电热育雏伞、热风炉、热水管、电炉、煤炉、火炕等。不论采用哪种取暖方式,都应保证雏鸡所活动的区域(离活动地面 5 cm 处)的温度第一周达到 32～35℃。注意使用育雏伞时应经常调节高度,用煤炉时应防止煤气中毒,火炕育雏时应防止漏烟,用电力供热时应备有发电机。雏鸡进舍前 2～3 天,就要将育雏室温度升高到第一周雏鸡所需要的温度。

准备饲料:饲料在雏鸡进入以前就应准备充足。一般前 5～7天喂干粉料或破碎料,撒在塑料布或料盘上,7 日龄以后用饲槽或料桶饲喂,半个月后可喂颗粒饲料。在雏鸡接入前 3～4 h,将饮水烧开放在育雏室内让其自然降温,待雏鸡接入时水温已接近室温。

常用药物:雏鸡常用的药品有青霉素、链霉素、土霉素、庆大霉素、氟哌酸、环丙沙星、磺胺嘧啶、磺胺二甲基嘧啶、百毒杀、过氧乙酸、高锰酸钾、甲醛等,其他常用的疫苗若有保存条件的可自己储存,否则,随使随买。

(4)雏鸡的选择、运输与安置

雏鸡必须来源于健康无病、饲养管理完善、喂全价配合饲料的种鸡群。刚出壳的雏鸡体重应在 40 g 左右,羽毛光泽,反应灵敏,用手敲击雏鸡盒时,雏鸡有跑跳动作,叫声洪亮,眼睛明亮而有神,两脚站立稳健,腹部大小适中,脐带愈合良好,喙及脚趾色浓。选择这样的雏鸡将来成活率高。当雏鸡羽毛干枯、两眼紧闭、反应迟钝、腿软不能站立、腹部过大、脐带出血或有血痂与卵黄、脚趾干瘪时则为弱雏,这种雏鸡的成活率较低,有条件的鸡场不应选择这种鸡。至于有明显残疾的雏鸡应绝对淘汰。

将选择好的健康雏鸡过数,以100只为一单位装盒运输。运输的车辆最好是面包车,途中打开一定数量的窗口,防止闷死。车辆运行要平稳,防止剧烈颠簸,每次上下坡后应检查一下雏鸡是否挤压成堆。使用其他运输工具时,应注意冬季防寒,夏季防暑,同时应防止阳光直射和雨淋。冬季最好在天暖时运行,夏季在早晚运行。途中运输的时间以不超过6 h为宜。

将运来的雏鸡按照强弱分群,较弱小的安置在靠近热源或放在笼的上层,强壮的稍远离热源,按每平方米30只的密度安置。之后随日龄的增加,密度逐渐减小。每群的数量不能太大,以500只为宜,这样不仅使雏鸡发育均匀,而且还便于防疫和出场时抓鸡。

(5)饲养管理

适时饮水及开食。雏鸡进入育雏舍后不要急于喂料,应先饮水,水中可放5%～10%的白糖或0.01%的高锰酸钾、青霉素3 000～5 000 IU/只,还可加入一些电解质、多维、速补等。水温要接近舍温,饮水器均匀分布于热源周围,光线要强,便于寻找。雏鸡刚进育雏室对环境不适应,不会饮水,此时,可先手握几只雏鸡使其喙进入饮水器,这样反复2～3次便可学会饮水,几只雏鸡学会后,其他的雏鸡很快都去模仿。这种方法雏鸡饮水早,可防止脱水。待大批雏鸡饮水后2～3 h,开始喂料。

雏鸡第一次喂食称为开食。开食的适宜时间为出壳后12～24 h,开食过早,雏鸡体内有大量的卵黄供给营养,消化道内有胎粪,而拒绝采食;过晚时,雏鸡因过于饥饿而采食异物,如粪便、垫料等,易引起消化道疾病;严重饥饿时,就会使雏鸡失去饥饿感,从而使食欲废绝,遇到这种情况,应掰开鸡喙,强行塞入少量食物以刺激食欲,待其恢复食欲后任其采食。第一天每2 h加料1次,一天后每天喂料6次。5天后喂干粉料或破碎料自由采食,保证任何时间料槽内均有料。肉鸡的饲料配方可参考表 5-11。

表 5-11　肉用仔鸡饲料配方　　　　　%

饲料名称	0～4 周龄 配方 1	0～4 周龄 配方 2	5～8 周龄 配方 1	5～8 周龄 配方 2
玉米	35.2	60	66.7	51.2
小麦	26			16
麸皮	8	9		1
豆粕	15	18	16.5	18
棉籽饼	5		4	3
菜籽饼	2			2
鱼粉	7	11	10	6
骨粉	1		1	
石粉	0.5	0.8	0.5	0.5
磷酸氢钙				1
食盐	0.3	0.2	0.3	0.3
预混料	1	1	1	1

注：预混料中含维生素、微量元素、氨基酸、酶类等添加剂。

定期称重，随时检查耗料增重情况。在整个饲养管理过程中，一般每周称重 1 次，将称重结果与标准进行比较。若与标准相差太远，应看问题出在哪里，当发现问题后应立即采取措施。肉用仔鸡不同阶段的体重及耗料可参考表 5-12。

表 5-12　肉用仔鸡体重及耗料标准　　　（公母混养）

周龄	体重/g	累计耗料/g	耗料增重比
1	175	149	1.10
2	440	471	1.22
3	795	986	1.45
4	1 250	1 750	1.68
5	1 770	2 761	1.94
6	2 355	4 074	2.24
7	2 940	5 586	2.58

注：摘自杨宁《家禽生产学》，2002。

采取合理的光照方案。肉用仔鸡常用的光照方法有连续光照法和间歇光照法。若采用连续光照法，每天光照 23 h，黑暗 1 h，光照强度（或亮度）在 1～2 周龄较大，每平方米 3～4 W，灯高 2 m；2 周以后使亮度降低，以每平方米 1.3～1.5 W 为适，此时若光线过强，鸡的活动量较大，耗料多；当光线较弱时，鸡的活动量减少，鸡群较安静，有利于肌肉和脂肪的生长，消耗较少的饲料而生产较多的肉。若采用间歇光照时，光照 1～2 h 随后黑暗 2～4 h，一昼夜光照 8 h 黑暗 16 h，光照强度同连续光照。

光照所用灯泡应保持清洁，经常擦，灯上安装灯伞，且固定不动，防止因灯泡晃动而引起惊群。开闭灯时最好安装一个自动光控仪，以保证时间的准确性。

减少残次品。如果对肉用仔鸡的饲养管理不当，会导致残次品的增加，使产品合格率降低，等级下降。导致肉鸡伤残的原因主要有胸囊肿、骨折、腿病和挫伤。

其一，胸囊肿。胸囊肿是因肉用仔鸡生长到后期，体重较大，运动量明显减少，一天当中的 65%～70% 的时间处于伏卧状态，且体重的 60% 左右由身体的胸部支撑，因龙骨外皮层受到长时间的摩擦和压迫等刺激，造成皮质硬化，形成囊状组织，里面渗出黏稠的组织液，起初为透明状，面积较小，随着时间的延长，面积不断扩大，渗出液颜色不断加深，从外部看为一水疱状囊肿，影响屠体品质。当地面垫料较坚硬，伏卧时间过长，饲料中缺乏维生素 E 或矿物质硒时，胸囊肿的发病率更高。减少胸囊肿发生的有效措施是加强垫料管理，经常保持垫料的干燥和松软，将已板结或潮湿的垫料用杈翻挑或晒干，垫料厚度应保持在 15 cm 左右，防止鸡与地面接触；到生长后期尽量不采用金属笼饲养，若一定要采取笼养或金属网养时，应铺垫上一层弹性塑料网，对预防胸囊肿的发生具有一定的效果；促使鸡运动，减少伏卧时间，具体做法是增加喂料次数，即可促进采食，又可促进运动，饲养员经常在鸡舍内走动，在观察鸡群的同时迫使鸡起来活动；合理搭配饲料，防止营养缺乏。

　　其二,骨折。骨折也是导致出场肉鸡合格率降低的一个重要原因。由于肉鸡生长发育非常快,骨骼的坚实程度降低,表现为骨质疏松而易发生骨折。发生骨折后,先是出血、肿胀,继而变紫,严重时会出现化脓、溃烂等现象。当日粮中钙、磷供给不足或两者比例不适时,饲养员急速轰赶或粗暴装卸,骨折现象尤为普遍。因此,为了预防骨折的发生,应保证日粮中钙、磷、维生素 D 的供给,鸡舍严禁放有棱角的物体,避免惊吓,防止挤压,在轰赶鸡群时让其缓慢运动,进行疫苗接种、转群、肉鸡出场的抓鸡过程中,动作应轻,一次抓鸡数不能太多,抓鸡过程中采用弱光照射。

　　其三,腿病。腿病被认为是肉鸡生长中存在的严重问题之一。肉鸡腿病主要由于鸡的腿部肌肉与骨骼之间发育不平衡引起的。由于育种工作的进展及饲养管理水平的提高,肉用仔鸡早期的生长速度迅速提高,从而打破了各组织之间原有的平衡,加之后期肉鸡的体重较大,当鸡站立时全部由腿支撑,时间长时,出现腿变形、脱腱、化脓性关节炎、病毒性腱鞘炎等。引起腿部疾病的原因很多。例如,肉鸡营养不良,缺少维生素 B_1、维生素 E、维生素 D、矿物质钙、磷、锰、硒等,可引起腿变形、脱腱等;受某些细菌或病毒感染后,易患化脓性关节炎、病毒性关节炎等;另外还有一些遗传因素导致的疾病,如胫骨软骨发育异常、脊椎滑脱症等;肉鸡缺乏运动,站立时间过长,可引起腿骨变形、滑腱症等。总之引起腿部疾病的原因很多,生产上应从多方面采取预防措施。例如,保证饲料营养的全面与平衡,防止矿物质和维生素的不足,但也不可过量;钙、磷比例要合适,特别注意日粮中钙、锰及维生素 D_{13}、维生素 B_2 等的缺乏,最好用磷酸氢钙补充钙和磷,饲料中锰的含量在 $70\sim90$ mg/kg 为适,$0\sim3$ 周龄每千克日粮中维生素 A、维生素 D 的含量保证在 8 000 IU 和 1 000 IU;搞好鸡舍的卫生与消毒,最好每周带鸡消毒 2 次,疫期增加消毒次数;对已经患腿病的肉鸡应及早隔离,精心管理,适时出售,以减少经济损失;适当加强肉鸡运动,采用少喂勤添的饲养方式延长采食和活动的时间,增加腿部肌肉和骨骼的力量;减少应激,在转群或接种疫苗时尽量降低应激程度,平时鸡舍保持安静,防止惊群,尽量避免捕捉鸡只。

其四,挫伤。挫伤在肉用仔鸡生产中较为多见。由于肉用仔鸡生长期短,皮肤较细嫩,当遇到碰撞、挤压时,常会引起皮肤的挫伤。受伤的皮肤使屠体的等级降低;当卫生条件差时,可引起皮肤感染、化脓,使肌肉的食用价值消失。因此,为了预防挫伤的发生,鸡舍内最好不留死角(直角处摸圆);用圆形料筒和饮水器,料桶吊高;禁止急速轰赶鸡群,防止惊吓,避免扎堆;抓鸡时用暗光或蓝光照明,保持鸡群的安静;运输途中保持平稳;屠宰时严格按程序操作。

适时出场,保证良好的经济效益。确定肉鸡出场的主要依据是市场需求、增重速度、耗料量和体重。当市场对烧鸡的需求量大时,肉用仔鸡可在 2 kg 以内出场屠宰;当对分割鸡需求量大时,应以生产 2.5 kg 左右的大体重鸡为主。肉用仔鸡在 1～2 周龄的相对增重很快,特别是第一周,体重比出壳时增加 3 倍多;按每天增重的绝对量计算,6～7 周龄时每天的增重量最多,以后随日龄的不断增加,增重速度减慢;按饲料转化率计算,随着日龄的增加,饲料转化率逐渐降低,8 周龄以后饲料转化率明显降低。考虑到鸡的体重及增重速度和饲料转化率,建议肉用仔鸡饲养到 6～7 周龄左右出场上市为适。如果饲养时间过长,一方面使增重速度减慢,耗料增加;另一方面残次品比例加大,因此,适时出场直接关系到鸡场的经济效益高低。

出场前应禁食 4～6 h,但应保证水的正常供应。抓鸡最好在晚上进行,用暗光照射,也可用蓝色灯泡,以保持鸡群安静。抓鸡前将舍内所有设备升高或移走,防止捕捉过程中损伤鸡体。抓鸡时尽量保持安静,避免鸡群挤压。每次抓的鸡数不能太多,抓小腿以下部位。往笼内装鸡时应轻放,防止向内扔鸡,以免碰撞致伤。运输最好选在晚上,运输途中要平稳,注意通风,各笼间有一定空隙,途中尽量不停留或少停留,以减少死亡。

减少药物残留,生产无公害肉鸡,详见优质鸡肉生长部分。

搞好卫生防疫,减少疾病发生。肉用仔鸡饲养期短,周转快,密度大,一旦发病,很快传播,难以控制,同时短期发病,即使痊愈,也会造成终生难以弥补的损失,因此,饲养管理过程中的卫生消毒和疾病预防显得格外重要。

当每批鸡出场后,应将垫料及粪便全部清扫出去,然后进行彻底冲洗,清洗过程中将粘连地面或墙壁上的粪痂铲掉,冲洗过后再消毒。消毒地面可用1%～2%的火碱水浸泡1～2 h,然后再用清水冲净,用具可用 0.1%的高锰酸钾洗刷后冲净,最后用高锰酸钾-福尔马林熏蒸消毒。经消毒后的鸡舍封闭,待用。对正在饲养鸡的鸡舍,饲槽和饮水器应定期用 0.1%的高锰酸钾消毒,饲槽每周消毒 1 次,饮水器每天消毒 1 次,鸡舍每周带鸡喷雾消毒 2 次,常用的消毒药物为过氧乙酸、百毒杀、抗毒威、农福等。

肉鸡饲养期短,疫苗接种的种类和次数较蛋鸡和种鸡少,但应保证疫苗确实有效。对肉用仔鸡主要接种的疫苗有预防新城疫的Ⅱ系苗或Ⅳ系苗、传染性法氏囊苗、传染性支气管炎苗等。这些疫苗的接种方式多为饮水或滴鼻、点眼。饮水前先将饮水器具清洗干净,停水 2～3 h(冬季可适当延长,夏季应缩短),水中加入0.3%的脱脂奶粉后搅匀,再加入疫苗,加水量以保证鸡在 2 h 之内饮完为适。所使用的疫苗应保证确实有效,接种的时间一定准确,有条件的鸡场接种后应进行血清检测,以检查免疫的确实效果。

除进行正常的免疫接种外,还应在某些疾病的高发期进行预防性投药。例如,从出壳到 15 日龄应投喂预防鸡白痢的药物,以后在环境炎热潮湿的情况下,投喂预防球虫的药物,但所选用的药物应是允许使用的药物;同时注意宰前停喂时间。

(6)肉用仔鸡生产性能的测定

肉用仔鸡生产性能的高低主要通过成活率、活重、增重耗料比、屠宰率等指标反映出来。成活率指出场前鸡数占入舍鸡数的百分比。活重指仔鸡宰前禁食 4～6 h 所称得的体重。增重耗料比指每增重一个单位所消耗的饲料量。屠宰率指屠体重(指半净腔屠体重和全净膛屠体重)占活重的百分比(其中半净膛屠体重指屠宰后放血、拔羽、去掉气管、食管、嗉囊、肠道、胰脏、脾脏、生殖器官后的重量；全净膛重指在半净膛基础上去掉心、肝、腺胃、肌胃、腹脂和头、颈、脚后的重量)。正常情况下，肉用仔鸡的成活率应在95％以上；7～8周龄活重应达到2.0～2.6 kg；出场时的增重耗料比为1：2。

○ 肉用种鸡的饲养管理

1.生产特点

肉用种鸡生长速度快，体重大，活动量小，如果饲养管理不当，容易引起过肥，使繁殖性能降低。因此，对肉用种鸡要适当限饲，防止过肥，结合适当的光照，使其适时开产，并维持较高的产蛋率，保证多产受精的合格种蛋，为生产提供较多的肉用仔鸡。

经现代育种方法培育出的肉鸡品种，平均6～6.5月龄开产，年产蛋180个左右，产蛋期存活率90％以上，高峰期产蛋率及入孵蛋孵化率均在85％左右，每只种母鸡年可提供肉用仔鸡约140只。肉用种鸡生长性能见表5-13。

表 5-13　肉用种鸡生产成绩表

周龄	产蛋周龄	存栏母鸡产蛋率/%	累积入舍母鸡产蛋数/个	合格种蛋率/%	种蛋累积数/个	孵化率/%	入舍母鸡累积雏鸡数/只
25	1	5	0.35	0	0	0	0
26	2	211	1.8	40	0.6	73	0.4
27	3	42	4.7	60	0.23	78	1.8
28	4	58	8.8	73	5.3	82	4.2
29	5	74	13.9	84	9.6	84	7.8
30	6	70	19.5	89	14.6	86	12.1
31	7	83	25.2	94	19.9	88	16.8
32	8	85	31.1	95	25.5	90	21.8
33	9	84	36.8	96	31.0	90	26.8
34	10	83	42.5	97	36.5	90	31.8
35	11	82	48.1	98	42.0	90	36.7

续表 5-13

周龄	产蛋周龄	存栏母鸡产蛋率/%	累积入舍母鸡产蛋数/个	合格种蛋率/%	种蛋累积数/个	孵化率/%	入舍母鸡累积雏鸡数/只
36	12	82	53.7	98	47.5	90	41.6
37	13	81	59.2	98	52.9	90	46.5
38	14	80	64.6	98	58.2	90	51.3
39	15	79	69.9	98	63.4	89	55.9
40	16	78	75.2	98	68.6	89	60.5
41	17	77	80.4	98	73.7	89	64.5
42	18	76	85.5	98	78.7	88	69.4
43	19	75	90.5	98	83.6	88	73.7
44	20	74	95.5	98	88.4	88	78.0
45	21	73	100.3	98	93.2	87	82.1
46	22	72	105.1	98	97.8	87	86.2
47	23	72	109.8	97	102.5	87	90.2
48	24	71	114.5	97	107	86	94.1
49	25	70	119.1	97	111.5	86	98.0
50	26	69	123.6	97	115.9	86	101.8
51	27	68	128.1	97	120.2	85	105.4
52	28	67	132.5	97	124.4	85	109.0
53	29	66	136.8	97	128.6	85	112.6
54	30	65	141.0	97	132.7	84	116.0
55	31	68	145.2	97	136.8	84	119.5
56	32	64	149.3	97	140.8	83	122.8
57	33	63	153.4	97	144.7	83	126.1
58	34	62	157.4	97	148.6	82	129.2
59	35	61	161.3	96	152.6	82	132.3
60	36	60	165.1	96	156.0	81	135.3
61	37	59	168.9	96	157.6	81	138.2
62	38	58	172.6	96	163.2	80	141.0
63	39	57	176.2	96	166.6	80	143.8
64	40	57	179.8	96	170.1	79	146.5
65	41	56	183.8	96	173.5	78	149.2
66	42	55	186.8	96	176.8	78	151.8
67	43	54	190.1	96	180.1	77	154.3

注:摘自李东的《高效肉鸡生产技术》,1995。

　　肉用种鸡的生产特点决定了它对饲养管理条件的特殊要求。例如,选择科学、因地制宜的饲养管理方式,适当减少活动范围,加大饲养密度;经常监测体重,科学搭配饲料,有计划地限制饲养,结合合理的光照,控制性成熟;严格控制环境条件,采用适宜的繁殖方法,保证鸡群生产更多的合格种蛋。

　　2. 饲养管理方式

　　(1)育雏期的饲养管理方式

　　育雏期肉种鸡的饲养管理方式可采用笼育、网育、垫料平育。

　　笼育雏鸡是目前采用较多的育雏方式,为四层叠层式笼,每架笼养 100 只雏鸡,饲养密度为 35.7 只/m²。每架笼的外形尺寸为 100 cm × 70 cm × 172 cm,每层高为 33.5 cm,层与层间有 5.8 cm 的缝隙放接粪板,腿高 20 cm。每层可育雏鸡 25 只。这种育雏方式的饲养密度大,占地面积小,便于管理,有利于保温;雏鸡因不与粪便接触感染疾病的机会较少,成活率较高,目前很多大型肉用种鸡场采用这种方式。其缺点是一次性投资较高。建议到育成期最好转入地面或网床上饲养。

　　网床及厚垫料育雏与饲养肉用仔鸡相同。

　　(2)育成期的饲养管理方式

　　育成期种鸡的饲养管理也分地面厚垫料饲养、网床饲养和笼养等几种形式。

　　垫料及网床饲养与肉用仔鸡基本相同。笼养时的鸡笼多为三层全阶梯式,每架笼由 6 个单笼组成,每个单笼的外形尺寸为 186 cm×44.5 cm×32.5 cm,中间有侧网将其分为 2 个单元,每个单元养 7 只育成鸡,整组笼可容纳 84 只。育成期采用笼养,尤其注意防止种鸡过肥,搞好限制饲养,结合适宜的光照,控制种鸡适时开产。

　　(3)产蛋期的饲养管理方式

　　肉用种鸡产蛋期的饲养管理方式主要有板条-垫料混养、全地面垫料饲养和笼养。

板条-垫料混养的管理方式较为普遍,它是沿鸡舍长轴靠墙的两侧 2/3 的地面设漏缝板条(竹板或木板),1/3 地面铺垫料。板条宽 2.5～5 cm,间隙为 2.5 cm,距地面高 50～60 cm,种鸡在板条上栖息、采食和饮水,粪便掉落到板条下,一个产蛋周期过后再清理粪便。1/3 垫料地面供种鸡配种时使用。产蛋箱一端架在板条地板的外缘,一端悬吊在垫料地面的上方(彩图 16)。这种饲养方式有利于种鸡的运动和交配,种鸡较健壮,种蛋受精率较高;因大部分鸡粪掉在板条下,鸡不与粪便直接接触,疾病感染的机会较少;饲养密度较大,平均为 4.3 只/m^2,但略低于地面平养;种蛋受精率稍高于地面平养;若平时经常在地面撒些谷粒,任鸡采食,可促进鸡的运动,保证良好的种用体况。

全地面垫料饲养方式是在地面铺垫 10～15 cm 厚的柔软垫料,鸡采食、饮水、运动、产蛋、交配均在地面上。这种饲养方式的饲养密度较大(比混合地面),鸡出现的意外损伤较少,在冬季鸡舍较温暖,但对垫料的管理要求要严格,防止潮湿和板结,及时翻挑、加厚或更换,否则种鸡因长期在坚硬、潮湿、布满粪便的地面活动易患疾病,胸囊肿的发病率较高。因此,这种饲养方式在大型种鸡场较少采用。

肉用种鸡笼养是今后肉种鸡饲养的发展方向。它是将种鸡饲养在特制的笼内,笼有单层和多层。这种饲养方式饲养密度大,便于管理,有利于种鸡的人工授精和准确记录,因鸡不直接与粪便接触,感染疾病的机会较少。试验结果表明,肉种鸡采用笼养后,产蛋量和种蛋受精率明显提高,其中 300 日龄笼养比混合地面饲养平均产蛋提高 28%,种蛋受精率由平养的 80% 提高到 90% 以上,因种鸡的活动范围受到限制而使饲料利用率明显提高。目前一些规模化种鸡场多采取这种方式。但笼养肉种鸡的一次性投资较高,且因活动量较小,若饲料营养水平过高或限饲不当易引起过肥,从而使繁殖性能降低,因此,限制饲养和控制体重是肉用种鸡饲养管理中的中心问题。

目前用的肉种母鸡笼主要为两层全阶梯式,由 4 个单笼组成,每个单笼的大概尺寸为 185 cm×37 cm×31.5 cm,有侧网将单笼分成 5 个单元,每个单元饲养 2 只母鸡,全组笼共容纳 40 只。也有用三层阶梯笼养的。肉种公鸡笼也为两层全阶梯式。单笼外形尺寸为 186 cm×43.5 cm×50 cm,侧网将单笼分隔为 6 个单元,每个单元养 1 只种公鸡,整组笼可容纳 24 只。

3. 饲养管理

肉用种鸡的饲养管理按生理特点分为 3 个阶段,即育雏期、育成期和成年产蛋期。育雏期指 0～4 周龄的雏鸡;育成期指 5～24 周龄的雏鸡,25 周龄以后为成年产蛋鸡。

育雏期的饲养管理。肉用种雏鸡与蛋用雏鸡比较,增重速度更快,但羽毛生长较慢,此时对营养的要求更高,同时前期(3 周龄前)的育雏温度较蛋用雏鸡高 1℃,肉用种鸡育雏前的准备、对其他环境条件的要求及具体饲养管理要点与蛋用雏鸡基本相同,本处只将不同点进行介绍。

(1)加强垫料管理

若为地面垫料平养,应保持垫料柔软、干燥、不露地面。为达到这一目的,应选择柔软、吸湿能力强的垫料,如滑秸、稻草、锯末、麦糠等;防止水槽或饮水器漏水,加大通风量;对已板结、潮湿的垫料应及时挑出,更换为新的垫料。

(2)按照营养需要合理搭配饲料

肉用种鸡育雏期的营养需要见鸡的营养与饲料部分。这一阶段的饲料配方可参考如下:黄玉米 40%,小麦 23%,麸皮 8%,豆饼 17.2%,鱼粉 10%,骨粉 1%,贝壳粉 0.5%,食盐 0.3%,另加维生素、微量元素、氨基酸等添加剂。

经常监测体重和耗料量,随时发现问题解决问题。生产上一般每周称重 1 次,每次称得的鸡数不能少于 5%～10%。肉用种鸡育雏期的体重及耗料量参考表 5-14,但每一品种都有自己特定的标准体重,此表仅为参考。

表 5-14 白羽肉用种鸡体重及耗料标准

周龄	体重		每周增重		日喂料量/(g/只)		累计耗料/(g/只)	
	公鸡	母鸡	公鸡	母鸡	公鸡	母鸡	公鸡	母鸡
1	91	90			25	21.0	175	147
2	227	185	136	95	38.3	30	443	357
3	454	340	227	155	56.9	35	841	602
4	726	430	272	90	66.1	38	1 304	868
5	861	520	135	90	68.1	41	1 781	1 155
6	996	610	135	90	68.7	44	2 262	1 463
7	1 131	700	135	90	69.8	47	2 751	1 792
8	1 266	795	135	95	70.8	49.8	3 246	2 141
9	1 401	890	135	95	72.8	52.6	3 755	2 509
10	1 563	985	135	95	74.8	55.9	4 279	2 900
11	1 671	1 080	135	95	76.8	59.1	4 817	33 13
12	1 806	1 180	135	100	79.3	62.6	5 372	3 753
13	1 946	1 280	140	100	82.3	65.8	5 948	4 212
14	2 086	1 380	140	100	85.3	70.5	6 545	4 706
15	2 226	1 480	140	100	88.7	74.5	7 168	5 228
16	2 366	1 595	140	115	91.7	79.0	7 804	5 780
17	2 526	1 735	160	140	96.7	83.7	8 483	6 366
18	2 680	1 890	155	155	104.4	89.1	9 214	6 990
19	2 861	2 020	180	130	111.5	93.8	9 995	7 647
20	3 046	2 150	185	130	118.7	100.6	10 826	8 351
21	3 245	2 326	200	176	125.2	109.3	11 702	9 116
22	3 404	2 486	159	160	132.1	115.4	12 627	9 924
23	3 559	2 640	155	155	137.9	121.0	13 592	10 771

续表 5-14

周龄	体重		每周增重		日喂料量/（g/只）		累计耗料/（g/只）	
	公鸡	母鸡	公鸡	母鸡	公鸡	母鸡	公鸡	母鸡
24	3 714	2 806	155	165	140.6	124.3	14 576	11 641
25	3 818	2 971	104	165	141.1	127.0	15 564	12 530
26	3 907	3 070	90	99	142.0	139.0	16 558	13 503
27	3 998	3 160	90	90	142.8	151.5	17 557	14 563
28	4 088	3 250	91	90	143.4	160.0	18 561	15 684
29	4 179	3 326	91	75	143.9	160.7	19 569	16 809
30	4 250	3 386	71	60	144.3	161.5	20 579	17 939
31	4 272	3 430	22	45	144.5	162.2	21 590	19 074
32	4 296	3 450	23	19	144.8	163.3	22 604	20 217
33	4 318	3 470	22	20	144.9	162.4	23 618	21 354
34	4 341	3 484	23	15	145.1	161.4	24 634	22 484
35	4 364	3 499	23	15	145.3	160.3	25 651	23 606
45	4 546	3 617	18	12	148.5	155.6	35 934	34 688
55	4 730	3 711	18	9	153.2	150.3	46 493	44 311
65	4 925	3 791	18	8	158.2	145.1	57 392	55 700

注：引自杨宁主编《家禽生产学》，2002。

　　(3)进行种鸡的选留与淘汰

　　6周龄体重与成年体重及其后代的增重速度有较强的正相关,即6周龄体重大时,将来成鸡的体重很可能也较大,其后代的增重速度较快。因此,6周龄时应淘汰体重过小、有病和残疾的个体。

　　(4)进行公、母分群饲养

　　因公、母的生长速度不同,采食量和速度不同,对环境条件的要求不同,为了便于区别对待和管理,育雏期应将公、母分开饲养。若今后采用自然交配,到18~19周龄时再混群;若为人工授精就没有混群的必要。

4.育成期的饲养管理

育成期肉用种鸡的饲养管理尤其重要,这一时期身体的绝对增重较快,沉积脂肪的能力增强,性器官的发育处于旺盛时期,因此,饲养管理的关键是限制饲喂和光照,使其具备良好的种用体况,达到适时开产。若不注意控制体重、限制饲喂和光照,往往引起早产,早产则早衰,蛋重小,产蛋率低,鸡的死亡淘汰率高。因此,限制饲喂,控制光照,可有效地控制母鸡性成熟,减少死亡淘汰数,提高种鸡的生活力、产蛋率和种蛋受精率,延长使用时间,节约饲料。

(1)限制饲喂

育成期种鸡的限饲主要根据体重的变化确定限饲的程度。超重越多,限饲的量越大;若体重与标准体重相吻合,则不限饲;若体重低于标准体重,不但不能限饲,反而要加强饲养管理。育成期每周的体重及耗料见表 5-14。

表 5-14 中每天耗料量不是自由采食量,是经生产实践总结出的一个限饲喂量,其限饲的方法较多,如每天限饲,即每天饲喂,但喂量较少,按表中的量供给;隔天限饲,即一天不喂,一天自由采食;5-2 计划,即 1 周喂 5 天,自由采食,2 天不喂食(一般星期三、星期日不喂);5-2 限饲与每天限饲结合法,即星期三、星期日不喂,其他时间限饲等,但采用较多的是 5-2 限饲法及其与每日限饲的结合法。

限饲时应注意几个问题:

①在限饲前将鸡进行强弱分群。将体重较小、瘦弱的个体隔离出来单独饲养不作为限饲的对象。

②限饲过程中经常称重,当发现体重仍然超标,应加大限饲的力度,相反,若体重低于标准体重,应适当加大饲喂量。

③限饲过程中鸡易啄癖,为避免鸡只伤残,应减小光照强度,在 6~9 日龄时断喙。

④限饲过程中若发现鸡群发病,应立即停止限饲,改为自由采食。

⑤要保证每只鸡都有足够的采食和饮水位置,每只鸡的饲槽位置 10 cm,水槽位置为饲槽的 1/2;若为圆形料盘和饮水器,每 100 只鸡用 7 个料盘,用直径为 30~35 cm 的饮水器 2 个,以保证每只鸡都有同等的采食和饮水机会,有效地防止体重大小不一和发育不整齐。

⑥若为垫料饲养时,应保持垫料的清洁和干燥,防止鸡因过度饥饿而采食异物,引起消化道疾病。为保证良好的限饲效果,最好从 4 周龄时就开始限饲。

(2)进行种鸡的选留与淘汰

育成鸡饲养到 18~19 周龄,由育成舍转入成年产蛋鸡舍,结合转群,进行种鸡的选留与淘汰。种母鸡应体质健康、无病,体重大小适中,外貌符合品种特征,无残疾和缺陷;种公鸡除具有种母鸡的特性外,还应雄性强,鸡冠和肉垂发达,红润,尤其强调不能有眼疾。

5.成年产蛋期的饲养管理

产蛋期肉用种鸡饲养管理技术关键是防止身体过肥,保持良好的种用体况,创造适宜的环境条件,保证种鸡多产合格种蛋。

适时转群:种鸡饲养到 18~19 周龄就应将其转入成年鸡舍,转群的时间最晚不能超过 20 周龄。转群前后的注意事项同前述。逐渐用产蛋期料代替育成期料,但饲料中的钙含量不能太高,以 1%~1.5% 为适;当产蛋率增加到 5% 时(约 25 周龄),再喂含钙 3%~3.5% 的饲料。逐渐延长光照时间,到 32~34 周龄时,使光照时间达到每天 16 h。保证正常的体重及采食量(表 5-14)。

下面列出某一种鸡场的日常操作管理程序,供参考:

4:00　开灯。

6:00　喂料。

7:00　开饭。

8：00　打扫卫生,清理粪便,观察鸡群,检查通风、光照系统,维修鸡笼,投药预防疾病。

9：30　加料,打扫卫生。

10：00　捡蛋、装箱、过秤(数)、登记。

11：00　匀料、清扫鸡舍、工作间、洗刷用具,准备交接班。

12：00　午饭。

12：30　午休。

14：00　喂料、清扫、观察鸡群、个别治疗。

15：30　匀料。

16：30　捡蛋、装箱、过数、登记。

17：30　喂料。

18：00　晚饭。

19：00～21：00　匀料、检查鸡群、记录、关灯。

❸ 优质鸡蛋、鸡肉生产

○ 优质鸡蛋的生产

优质鸡蛋主要包括多功能营养保健蛋、地方鸡种生产的柴鸡蛋(笨鸡蛋)、绿壳鸡蛋、无公害鸡蛋、绿色鸡蛋等。

1.多功能营养保健蛋的生产

据有关资料显示,全世界有 10 亿人口生活在缺碘地区,其中,我国有 4 亿人口,同时,我国有 1 亿人口的膳食结构中缺乏硒,并导致许多疾病,其中,癌症的发生与缺硒有着密切的关系。此外,我国目前还有 60% 以上的儿童有不同程度的缺锌综合征。50%～70%的婴幼儿、青少年和一些孕妇、产妇缺铁。另外,随着人们生活水平的提高,心脑血管疾病的发生率不断提高。由于上述微量元素的缺乏和心脑血管疾病的发生,人们急需通过各种途径予以补充,减少疾病的发生。

鸡蛋作为一种食用简便的高营养食品,多年来深受消费者喜爱,鸡蛋中的营养成分含量可随日粮成分含量的变化而变化,若在蛋鸡饲料中高剂量添加(在鸡能承受的范围内)人类所需要的某种成分,将会提高蛋品中的含量。因此,人们可通过改善饲料来改善蛋的品质。

随着养鸡业的发展,人均占有鸡蛋量在不断增加,养鸡生产者获利越来越小,而生产多功能保健蛋,其价格可提高 3~5 倍。这样既可补充人们食物中某种营养的不足,又可增加养鸡者的经济收益。

目前,生产的保健蛋主要有高碘、锌、硒、铁、维生素、亚麻酸蛋及低胆固醇、中草药蛋等。

(1)高碘蛋的生产

蛋鸡饲料中添加 4%~6% 的海藻粉,饲喂 20 天后,碘的含量增加 15~30 倍(一般每个普通鸡蛋含碘 4~10 μg,而添加海带后最高可达到 500~1 200 μg),并可降低蛋中胆固醇含量,增加蛋黄颜色和维生素的含量。高碘蛋对甲状腺肿大症、甲状腺机能亢进、侏儒症、心血管疾病、痴呆症、糖尿病、脂肪肝、骨质疏松等症有一定的辅助治疗作用。

(2)高锌蛋的生产

饲料中添加 1%~2% 的锌盐,如硫酸锌、碳酸锌等,饲喂 20 天后,可获得高锌蛋,每个鸡蛋平均含锌 1 500~2 000 μg(普通鸡蛋含锌 0.4~0.8 mg/个),为普通鸡蛋的 2~7 倍,儿童每天吃 1~2 个可预防缺锌症。长吃高锌蛋,可促进伤口愈合,提高性功能。

(3)高硒蛋的生产

饲料中添加 1% 的硒盐,如硒酸钠、亚硒酸钠等,可使鸡蛋含

硒量增加到 $30\sim50$ μg(普通鸡蛋含硒 $4\sim10$ μg/个),日食 $1\sim2$ 个,可预防心脑血管疾病、癌症、风湿性关节炎、大骨节病等。

(4)高铁蛋的生产

饲料中添加适量的硫酸亚铁,饲喂 20 天后,可获得高铁蛋,每个鸡蛋平均含铁 $1\,500\sim2\,000$ μg,为普通鸡蛋 1 倍,长期食用,可预防缺铁症。

(5)高维生素蛋的生产

主要生产富含维生素 A、维生素 E、维生素 B_1、维生素 B_2、维生素 D 蛋等。日粮中维生素 A 的供给量为常规料的 4 倍,蛋黄中维生素 A 的含量提高 2 倍;为 5 倍时,蛋黄维生素 A 提高 3 倍,但不能无限增加。增加日粮维生素 E 的含量,可使蛋内维生素 E 提高到 $10.8\sim14.4$ mg/个,为普通蛋的 20 倍。日喂 $25\sim60$ mg 硫胺素,$10\sim14$ 天可使每个蛋中维生素 B_1 含量 $6.39\sim15$ μg/个,比常规提高 $1.8\sim2.6$ 倍。日粮中添加 3 μg/kg 的核黄素,可使蛋黄中维生素 B_2 的含量增加 0.9 倍,蛋清中增加 1.1 倍。增加日粮维生素 D 的含量,可使蛋中维生素 D_3 的含量增加 7 倍。

(6)高亚麻酸蛋(DHA 蛋)的生产

目前人类的心脑血管疾病不断增加,这些疾病的共同特点是血浆甘油三酯、胆固醇和低密度脂蛋白含量高,高密度脂蛋白含量低,由此导致动脉粥样硬化。分析人类食物成分,发现世界上绝大部分人的食物中 ω-3 的含量极低,且 ω-3 与 ω-6 之间的比例极不合适(1:30),生活在南极的爱斯基莫人和日本人因食用了富含 ω-3 的深海鱼,其食物中 ω-3 与 ω-6 之间的比例较合适[1:($10\sim15$)],心脑血管疾病的发生率极低。因此许多专家认为,人类摄入 ω-3 的量及 ω-3 与 ω-6 之间的比例直接影响着血浆中甘油三酯、胆固醇、低密度脂蛋白、高密度脂蛋白含量,对心脑血管疾病的发生有着重要的影响作用。1993 年 Jiang 和 Sim 研究了人食入富含

ω-3 的鸡蛋后对血浆甘油三酯、胆固醇、低密度脂蛋白、高密度脂蛋白水平的影响,结果表明,食入普通的鸡蛋的人血浆总胆固醇和低密度脂蛋白水平升高,高密度脂蛋白含量不变,而食入富含多不饱和脂肪酸 ω-3 的鸡蛋后,血浆高密度脂蛋白含量明显增加,甘油三酯水平显著降低。因此,生产富含多不饱和脂肪酸 ω-3 的鸡蛋,即可维护消费者的健康,同时还可为鸡蛋的销路打开新的市场。

大量的试验结果表明,鸡采食的饲料中多不饱和脂肪酸的类型和含量可迅速改变鸡蛋黄和鸡肉中脂肪酸的组成和含量。在蛋鸡饲料中富含 ω-3 特别是二十碳五烯酸(20:5)和二十二碳六烯酸(22:6)时,可降低鸡肝脏中 ω-6 的含量,并使鸡蛋黄、鸡肉、法氏囊、胸腺中的 ω-6 含量降低。还有人证明,腹脂肪与全身脂肪的脂肪酸含量及组成与摄入的多不饱和脂肪酸的含量有关,提高日粮中多不饱和脂肪酸水平,可用亚油酸取代油酸成为腹脂肪的主要脂肪酸。蛋黄、腹脂肪中多不饱和脂肪酸与饱和脂肪酸的比(P/S)与日粮中亚油酸的含量呈高度正相关。

作为富含 ω-3 的饲料添加剂,目前选用较多的是深海鱼油、亚麻油或亚麻子、红花子油或红花子,也有混合使用的。深海鱼油的添加量为 3%～5%,成本较高;亚麻油或亚麻子、红花子油或红花子添加 10%～20%,可显著增加鸡蛋黄中 ω-3 的含量,使 ω-3 与 ω-6 的比例得到改善,同时可明显降低成本,具有推广价值。但在添加时应特别注意的是防止不饱和脂肪酸的氧化,应增加维生素 E 的添加量,同时饲料中应加入适量的抗氧化剂。生产出的鸡蛋应密封包装,减少与空气的接触,保存时间尽量缩短。

日粮中添加富含 ω-3 系列如二十碳五烯酸(EPA)和二十二碳六烯酸(DHA)脂肪酸,可使鸡蛋黄中相应的成分含量提高,但当日粮中 EPA 超过 3%,DHA 超过 2% 时,鸡蛋黄中的 EPA 和 DHA 不再增加(岸井 1996)。

（7）低胆固醇蛋的生产

蛋鸡饲料中加入 1％～3％的大蒜素，可降低胆固醇 4～4.5 倍（普通鸡蛋黄中胆固醇含量为 200 mg/个）。美国食物经济协会中心（1986）介绍，只要每日食入胆固醇不超过 300 mg，就不会对人类有害，而且蛋黄中的卵磷脂作为强化剂有利于胆固醇透过血管壁为组织所用而使血浆胆固醇大为减少。

（8）中草药蛋

将常山、姜黄、郁金等草药制成粉，以 2％的比例加入鸡饲料中，生产的中草药蛋，具有补中益气、补肾强身、防止心脑血管疾病的作用。

2.优质柴鸡蛋生产（土鸡蛋、笨鸡蛋）

分布在我国不同地区的地方品种，多为兼用型鸡种，具有适应性强、耐粗饲、抗病力强、蛋品质好、营养价值高、肉质鲜嫩、味道鲜美等优点，深受广大消费者喜爱。但多年来，由于受引入品种的冲击，加之地方品种生产性能差异较大，使这一优良种质资源一直没有引起人们的足够重视，使土鸡的饲养量逐年减少，市场蛋、肉产品几乎处于空白，即使有售，价格也很高。据调查，2009—2010 年底河北柴鸡蛋的销售价格每千克最高达到 18～20 元，活柴鸡每千克 20 元，且供不应求。2010 年，河北顺平县一农户养一只柴鸡可获利 35 元。湖北省武汉市新洲区汪集街用土鸡生产的"汪集汤"，1999 年销售１５０万罐，产值 5 000 万元。近些年来，随着养鸡业的发展及人们生活水平的提高，人均占有鸡蛋、肉量在不断增加，联合国粮农组织统计资料表明，我国目前人均占有鸡蛋量达到 18 kg 以上，远远超过世界平均水平，快大型鸡肉的人均占有量也得到了迅速的增长。人们在达到量的满足后，开始追求蛋、肉的品质。而在目前的食用鸡蛋中以引入品种为主，蛋的品质较差，如：蛋内干物质含量低，蛋黄色泽差，蛋中氨基酸、不饱和脂肪酸、矿物质等的含量低,口感较差等。快大型鸡肉也是如此。长此以往,将难以满足消费者的需求,而土鸡蛋、肉恰恰适应人们这种需求,因此,土鸡产品非常紧俏,土鸡市场前景广阔。人们在饲养土鸡的同时,即增加了经济收益,又改善了消费者的口味。

发展柴鸡生产,采用圈养或放牧饲养的方式,充分利用当地资源,生产优质鸡蛋和鸡肉。采用公司加农户的经营方式,发挥品牌效应,将优质产品推向社会,是今后养鸡增加经济效益的重要途径。

柴鸡的饲养管理方法与蛋鸡基本相同,但也有一些特殊的要求。

(1)柴鸡营养

柴鸡与高产蛋鸡相比,生长速度慢,体型较小,产蛋量低,蛋重小,蛋品质优良。因此,在与高产蛋鸡相同的阶段,蛋白质、能量、矿物质等营养的需求量较低,一般育雏期蛋白质含量17%,产蛋高峰阶段为16.5%左右,一些营养的确切需要量有待进一步研究。有的柴鸡场直接饲喂高产蛋鸡饲料,使鸡体重过大,鸡体过肥,对产蛋不利。为了保证柴鸡蛋的品质,在饲料中加入1%～2%的人工养殖的蝇蛆、蚯蚓等,还可用诱虫的方法引诱野生昆虫。

(2)柴鸡的饲养管理的特殊要求

采用放牧饲养或半舍饲的饲养方式(彩图13)。柴鸡是地方品种,具有耐粗饲、觅食力强、抗逆性好等优点,在山区、半山区及荒漠地区可采取放牧饲养的方式,建立简易鸡舍,供鸡群晚上和雨雪天栖息,内设栖架和产蛋箱。如此,既可节约饲料,充分利用昆虫、草籽和作物散落的种子等,又可保证鸡蛋的品质,目前很多地区采用这种方式,如易县的西山北乡、顺平的盘古庄园、内邱柴鸡场、赞皇的天然农产品开发公司等。平原地区采用半舍饲方式,建立平养鸡舍,户外设2倍于鸡舍面积的运动场,让鸡充分运动和接受阳光的照射,饲料中加入适量的青绿菜和昆虫,可保证蛋品品质。

进行调教:对于将来放牧饲养的鸡群,为了将来统一指挥,在出壳后就应进行调教和训练,使其建立较稳固的条件反射,以便饲养管理。方法是每次饲喂前,饲养员吹哨子,随后饲喂,这种程序坚持下去,以后再遇到哨声,鸡群就知道接下来的是什么活动,放牧后,这种条件反射就不容易改变,当吹哨时,鸡群很快回巢。有的鸡场缺乏这一环节或训练时间短,次数少,使鸡群放养后失去控制,难以收回,到处丢鸡或伤死鸡现象严重,给鸡场造成较大的经济损失。另外注意,开始放牧时,范围应小一些,以后再逐渐扩大,若一次性大范围放牧,有的鸡走得太远,因不认识回巢的路而走失。

训练上栖架:放牧饲养和半舍饲鸡群,30 日龄后夜间需要上栖架,开始有部分鸡不能攀上,且每只鸡的位置不固定,应当适当增加夜间光照,待鸡群全部上架后关灯,如此坚持 3～5 天,鸡群可自动上架。一般每只鸡的栖架位置为 17～20 cm。

训练产蛋:平养鸡群不同于笼养鸡群,产蛋需要在产蛋箱内,部分刚开产的鸡随地产蛋,久而久之形成恶癖,难以改正,因此,开产前,在产蛋箱内放完整的空蛋壳,待 80% 的鸡开产后,可撤掉空蛋壳。对于个别到处下蛋的鸡,每次产蛋前强行关入产蛋箱,产完蛋后再放出,坚持 5～7 天可改变恶习。为了保证产蛋,一般要求每 5～6 只母鸡准备一个产蛋箱。

补饲:放牧饲养的鸡群,根据每天采食野生饲料的多少,予以补饲。一般每天补饲 2 次,第一次在每天上午的 10:00～11:00,鸡群早晨天亮开始放牧,10:00 后逐渐回巢,视嗉囊的充实程度给予补饲。第二次在傍晚归巢时,这一次一定要补充饱,冬天可适当加些粒料,如玉米、小麦、高粱等。

防止抱窝：地方鸡种往往保留着就巢性（抱窝），鸡就巢时就要停产。因为现在可以进行人工孵化，这种性能对人类已经没有意义了，应当防止和避免。防止的方法是逐渐淘汰就巢性强的鸡，减少母鸡在产蛋箱内停留的时间，避免鸡在产蛋箱内过夜，当发现有的鸡有就巢行为时，如立毛、咕咕叫、久居产蛋箱等，应隔离出来，放入凉爽的房间，用强光照射或用公鸡追逐，待醒巢后放回。有的严重的鸡可注射丙酸睾丸素。

适时放鸡和归巢：冬季早晚气温较低，应晚放早归，但应保证放牧前和归巢后的饲喂；夏季早放晚归，注意中间的饮水和遮荫。注意收听天气预报，雷雨到来之前让鸡回巢，一旦不能回巢，暴雨会将鸡淋死或被雨水淹死，这部分损失在放牧饲养鸡群比例很大。

补充光照：为了保证产蛋，应当保证产蛋季节每天的光照时间达到 16 h，所以鸡舍应安装照明设备，补充照明的同时，应补充饲料和饮水。

断喙：半舍饲鸡群需要断喙，方法见蛋鸡饲养管理部分，种公鸡不断。放牧饲养鸡群决不能断喙，否则，难以觅食。

防止兽害：放牧饲养鸡群的天敌是黄鼠狼、老鹰等，应当有防范措施，如经常有人巡视鸡群，发现兽害迅速制造声音将其吓跑、设稻草人、养狗、养鹅等。

关于柴鸡育雏期的培育及其他饲养管理方法和措施见蛋鸡部分。

3. 无公害鸡蛋

(1)无公害鸡蛋的初加工

我国目前多数蛋鸡场生产的商品蛋，从鸡舍捡出后，将破蛋、严重畸形蛋剔除，便装箱上市。但若作为无公害鸡蛋供应市场，需要经过一系列的初加工过程。目前国外大型养鸡场选择的初加工过程主要有:集蛋→洗蛋→吹干→照检→分级→涂油→包装→储存→运输→上市等。同时,每个环节均有具体的要求,并注明生产日期和保质期,避免不合格鸡蛋上市。

(2)无公害鸡蛋理化指标及微生物指标

2001 年我国规定的无公害鸡蛋理化指标及微生物指标见表5-15 和表 5-16。

表 5-15　无公害鸡蛋理化指标　　　　　mg/kg

项　目	指　标	项　目	指　标
汞(Hg)	≤0.03	四环素	≤0.20
铅(Pb)	≤0.20	金霉素	≤0.20
砷(As)	≤0.50	土霉素	≤0.20
镉(Cd)	≤0.05	磺胺类(以磺胺类总量计)	≤0.10
铬(Cr)	≤1.00	恩诺沙星	不得检出

注:兽药、农药最高残留限量和其他有毒有害物质限量应符合国家有关规定。

表 5-16　无公害鸡蛋微生物指标

项　目	指　标
菌落总数/(cfu/g)	$\leq 5 \times 10^4$
大肠菌群/(MPN/100 g)	≤100
沙门氏菌	不得检出

注:本标准适用于鲜鸡蛋及冷藏鸡蛋的质量评定。

○　优质肉鸡生产

优质肉鸡与快大型肉鸡相比具有肉味鲜美、肉质细嫩滑软、肌间脂肪分布均匀、肌纤维细等优点,虽然其生长速度较慢,但其产品的价格比快大型肉鸡高 1 倍,且供不应求。预计,随着人们生活水平的提高,这种供求矛盾会更加尖锐,需要大量的优质鸡肉供应市场,因此,发展优质肉鸡前景美好。

目前饲养的优质肉鸡品种主要有:惠阳三黄胡须鸡、清远麻鸡、石歧杂鸡、广东黄鸡、浦东鸡、北京油鸡、北京黄鸡等。其平均15周龄体重达到1 400～1 600 g,耗料比为(3.5～3.7)∶1,耐粗饲,适应性强。因为优质肉鸡在生长速度、肌肉品质、消化代谢方面不同与快大型肉鸡和蛋鸡,所以,在饲养管理上有一些特殊的要求。

1.营养需要

优质肉鸡生长速度较快大型肉鸡稍慢,要求日粮中的营养成分含量稍低,如蛋白质含量较肉仔鸡低5%～8%,能量水平低2%～3%,在降低蛋白质和能量的同时,其他营养成分的含量也相应降低。使用肉用仔鸡饲料饲喂优质肉鸡,既是一种浪费,又会给鸡带来一些营养性疾病。优质肉鸡营养需要见前营养与饲料部分。

2.饲养管理方式

优质肉鸡生产可采用地面平养、网养、笼养、放牧饲养等多种形式,对肌肉品质和产品合格率无明显影响,各地根据自己的实际情况而定,这一点是不同于快大型肉鸡的。

3.预防免疫

优质肉鸡的免疫在肉用仔鸡的基础上增加马立克氏病疫苗的接种。其他饲养管理部分可参考肉用仔鸡。

4.无公害鸡肉生产

在肉鸡产品中,药物残留越来越被人们所重视,它不仅影响着产品的出口,而且也对我国消费者的身体健康有直接的危害作用。在我国乃至世界,因肉鸡有些采用地面平养,加之鸡群的密度大,增重速度快,疾病的发生率较高,为了预防和治疗疾病,常投喂些药物,致使一些肉鸡体内药物残留量超标,既使其产品无法出口,又危害人们的身体健康。因此,降低肉鸡体内药物残留,生产无公害肉鸡关系到肉鸡的发展前途。

2005年,我国规定了无公害食品　禽肉及禽副产品的理化指标和微生物指标以及肉鸡饲养中允许使用的药物、饲料添加剂,详见表5-17至5-20。

表 5-17　无公害食品　禽肉及禽副产品理化指标

项目	产品指标	
	禽肉	禽副产品
解冻失水率,%	≤8	—
挥发性盐基氮,mg/100 g	≤15	≤15
汞(Hg),mg/kg	≤0.05	≤0.05
铅(Pb),mg/kg	≤0.1	≤0.1
砷(As),mg/kg	≤0.5	≤0.5
环丙沙星,mg/kg	≤0.1	皮、脂≤0.1 肝≤0.2 肾≤0.3
恩诺沙星(恩诺沙星+环丙沙星),mg/kg	≤0.1	皮、脂≤0.1 肝≤0.2 肾≤0.3
金霉素,mg/kg	≤0.1	肝≤0.30 肾≤0.60
土霉素,mg/kg	≤0.1	肝≤0.30 肾≤0.60
磺胺类(以磺胺类总量计),mg/kg	≤0.1	≤0.1
氯羟吡啶(克球酚),mg/kg	≤0.01	≤0.01

注:兽药、农药最高残留量及其他有毒有害物质限量符合国家相关规定

表 5-18　无公害食品　禽肉及禽副产品微生物指标

项目	产品指标		
	鲜禽肉	冻禽肉	禽副产品
菌落总数,cfu/g	≤5×10^5	≤5×10^5	≤5×10^5
大肠菌群,MPN/100 g	<1×10^4	≤1×10^3	≤1×10^3
沙门氏菌	不得检出		

表 5-19　无公害食品　肉鸡饲养中允许使用的药物饲料添加剂

类别	药品名称	用量（以有效成分计）	休药期/天
抗菌药	阿美拉霉素 avilamycin	5～10 mg/kg	0
	杆菌肽锌 bacitracin Zinc	以杆菌肽计 4～40 mg/kg,16 周龄以下使用	0
	杆菌肽锌＋硫酸黏杆菌素 bacitracin zinc and colistin sulfate	2～20 mg/kg＋0.4～4 mg/kg	7
	盐酸金霉素 chlortetracycline hydrochloride	20～50 mg/kg	7
	硫酸黏杆菌素 colistin sulfate	2～50 mg/kg	7
	恩拉霉素 enramycin	1～5 mg/kg	7
	黄霉素 flavomycin	5 mg/kg	0
	吉他霉素 kitasamycin	促生长,5～10 mg/kg	7
	那西肽 nosiheptide	2.5 mg/kg	3
	牛至油 oregano oil	促生长,1.25～12.5 mg/kg 预防,11.25 mg/kg	0
	土霉素钙 oxytetracline calcium	混饲,10～50 mg/kg,10 周龄以下使用	7
	维吉尼亚霉素 virginiamycin	5～20 mg/kg	1
抗球虫药	盐酸氨丙啉＋乙氧酰胺苯甲酯 amprolium hy-drochloride and ethopabate	125 mg/kg＋8 mg/kg	3
	盐酸氨丙啉＋乙氧酰胺苯甲酯＋磺胺喹噁啉 amprolium hydrochloride and ethopabate and sulfapuinoxaline	100 mg/kg＋5 mg/kg＋60 mg/kg	7
	氯羟吡啶 clopidol	125 mg/kg	5
	复方氯羟吡啶粉（氯羟吡啶＋苄氧喹甲酯）	102 mg/kg＋8.4 mg/kg	7
	地克珠利 diclazuril	1 mg/kg	
	二硝托胺 dinitolmide	125 mg/kg	3

续表 5-19

类别	药品名称	用量(以有效成分计)	休药期/天
	氢溴酸常山酮 halofuginone hydrobromide	3 mg/kg	5
	拉沙洛西钠 lasalocid sodium	75~125 mg/kg	3
	马杜霉素铵 maduramicin ammonium	5 mg/kg	5
	莫能菌素 monensin	90~110 mg/kg	5
	甲基盐霉素 narasin	60~80 mg/kg	5
	甲基盐霉素＋尼卡巴嗪 narasin and nicarbazin	30~50 mg/kg＋30~50 mg/kg	5
	尼卡巴嗪 nicarbazin	20~25 mg/kg	4
	尼卡巴嗪＋乙氧酰胺苯甲酯 nicarbazin＋ethopabate	125 mg/kg＋8 mg/kg	9
	盐酸氯苯胍 robenidine hydrochloride	30~60 mg/kg	5
	盐霉素钠 salinomycin sodium	60 mg/kg	5
	赛杜霉素钠 semduramicin sodium	25 mg/kg	5

表 5-20 无公害食品 肉鸡饲养中允许使用的治疗药物

类别	药品名称	剂型	用法与用量（以有效成分计）	休药期/天
抗菌药	硫酸安普霉素 apramycin sulfate	可溶性粉	混饮,0.25~0.5 g/L,连饮 5 天	7
	亚甲基水杨酸杆菌肽 bacitracin methylene	可溶性粉	混饮,预防 25 mg/L;治疗,50~100 mg/L,连用 5~7 天	1
	硫酸黏杆菌素 colistin sulfate	可溶性粉	混饮,20~60 mg/L	7
	甲磺酸达氟沙星 danof-loxacin mesylate	溶液	20~50 mg/L 1 次/天,连用 3 天	

续表 5-20

类别	药品名称	剂型	用法与用量（以有效成分计）	休药期/天
	盐酸二氟沙星 difloxacin	粉剂、溶液	内服、混饮，每千克体重 5～10 mg，2 次/天，连用 3～5 天	1
	恩诺沙星 enrofloxacin	溶液	混饮，25～75 mg/L，2 次/天，连用 3～5 天	2
	氟苯尼考 florfenicol	粉剂	内服，每千克体重 20～30 mg，2 次/天，连用 3～5 天	30 暂定
	氟甲喹 flumequine	可溶性粉	内服，每千克体重 3～6 mg，2 次/天，连用 3～4 天，首次量加倍	
	吉他霉素 kitasamycin	预混剂	100～300 mg/kg 连用 5～7 天，不得超过 7 天	7
	酒石酸吉他霉素 kitasamycin tartrate	可溶性粉	混饮，250～500 mg/L，连用 3～5 天	7
	牛至油 oregano oil	预混剂	2.5 mg/kg，连用 7 天	
	金荞麦散 pulvis fago-pyri cymosi	粉剂	治疗：混饲 2 g/kg 预防：混饲 1 g/kg	0
	盐酸沙拉沙星 saraflox-acin hydrochloride	溶液	20～50 mg/L 连用 3～5 天	
	复方磺胺氯达嗪钠（磺胺氯达嗪钠＋甲氧苄啶）compound sulfa-chlor pyridazine sodium	粉剂	内服，每天每千克体重 20 mg＋每天每千克体重 4 mg，连用 3～6 天	1
	延胡索酸泰妙菌素 tiamulin fumarate	可溶性粉	混饮，125～250 mg/L 连用 3 天	
	磷酸泰乐菌素 tylosin	预混料	混饲，26～53 g/kg	5
	酒石酸泰乐菌素 tylosin tartrate	可溶性粉	混饮，500 mg/L，连用 3～5 天	1

续表 5-20

类别	药品名称	剂　型	用法与用量 （以有效成分计）	休药期/天
抗寄生虫药	盐酸氨丙啉 amprolium	可溶性粉	混饮，48 mg/L，连用 5～7 天	7
	地克珠利 diclazuril	溶液	混饮，0.5～1 mg/L	
	磺胺氯吡嗪钠 sulfaclozine sodium	可溶性粉	混饮，300 mg/L 混饲，600 mg/kg，连用 3 天	1
	越霉素 A destomycina	预混剂	混饲，10～20 mg/kg	3
	芬苯达唑 fenbendazole	粉剂	内服，每千克体重 10～50 mg	
	氟苯咪唑 folbendazole	预混剂	混饲，30 mg/kg，连用 4～7 天	14
	潮霉素 B hygromycin b	预混剂	混饲，8～12 mg/kg，连用 8 周	3
	妥曲珠利 toltrazuil	溶液	混饮，25 mg/L，连用 2 天	

第 6 章　鸡粪的加工与利用

❶ 鸡粪的特点 ·················· 196
❷ 鸡粪的加工处理方法 ·················· 197

随着我国笼养鸡的发展,一大批大中型养鸡场纷纷建起.这些鸡场大都分布在城镇的近郊区,由此而产生的大量鸡粪集中在有限的土地上,难以消纳,本是宝贵的资源正在成为环境的巨大污染源,因此,合理处理和利用鸡粪已成为当前养鸡业中不容忽视的问题。

鸡粪处理与加工的目的是防止城市污染,改善鸡场的生态环境,减少疾病的传播源,提高鸡粪的再利用率,变废为宝,提高鸡场的经济效益。

❶ 鸡粪的特点

笼养蛋鸡每天产鲜粪约 130 g、干物质 36 g;肉用仔鸡每天产鲜粪约 115 g、干物质 30 多克。鸡粪主要包括鸡排泄出的粪尿、洒落的饲料、脱落羽毛、破蛋等,其主要化学成分见表 6-1。

由表 6-1 可见,鸡粪的营养价值较高,经加工处理后,可作优质的肥料和饲料,但因水分含量高,为鲜粪的 70%～75%,为鸡粪的加工处理带来一定困难。

表 6-1　鸡粪风干样品中营养成分的含量　　　　　%

营养种类	垫料平养	笼养蛋鸡
水分	15.5	11.4
粗蛋白质	25.3	28.7
尿酸	8.5	6.3
纯蛋白质	16.6	10.5
总氨基酸		8.6
粗脂肪	2.3	1.76
可溶性无氮物	27.1	33.61
有效态碳水化合物		6.7
粗灰分	14.4	26.5
钙	2.5	7.8
磷	1.6	2.2
钠	0.42	0.42
钾	1.77	1.37
铜	2.3	6.1
粗纤维	18.65	13.04

❷ 鸡粪的加工处理方法

○ 鸡粪作为肥料

鸡粪中含有丰富的氮、磷、钾等主要植物养分,经测定,在无水鸡粪中,约含氮 4%,磷 4.5%,钾 2.8%。1 t 鸡粪垫料混合物大约相当于 160 kg 硫酸铵、150 kg 过磷酸盐和 50 kg 硫酸钾,是非常适合于植物生长的优质有机肥,具有促进土壤微生物活动,改善土壤结构,减少水土流失的功能,是鸡粪的主要利用途径。其主要加工方法有厌氧发酵、好氧发酵和颗粒制肥等。

1. 厌氧发酵

将鸡粪定期清理后,在通风好、地势高的地方按一定比例与秸秆等物混合堆积成堆,外用泥浆封闭,夏天约经 10 天、冬季约 2 个月的熟化,便可作为肥料使用。

2. 好氧发酵

将清理的鸡粪自然风干,待其水分达 40% 左右时堆起,中间插入玉米秸把或扫帚苗等以充氧,促进好氧菌分解有机物,助其腐熟,当发酵温度达 70℃ 左右时经 2 周便可施用。此法操作简单,不产生氨等有害气体及臭味,能杀死有害微生物,是目前国内外广泛采用的一种堆肥方法。

3. 制成颗粒肥料

将鸡粪风干,再烘至含水 12% 左右,然后加工成直径 3 mm 左右的颗粒,作为长效肥料。这种肥料含水 8%～9%、氮 5%、磷 3.6%、钾 2%、钙 7.7%、镁 0.6%、钠 0.3%、锰 0.04%、锌 0.027%、铜 0.002%。在土壤中其肥效慢慢释放,不受土壤高温的影响,也不会烧坏作物的根部。

○ 鸡粪作为饲料

鸡粪具有较高的营养价值,经分析,风干蛋鸡纯粪中粗蛋白质含量占 30% 左右,但非蛋白氮约占 2/3,真蛋白只占 1/3,若作反刍动物饲料其蛋白质营养能被充分利用。鸡粪中的钙、磷、铜、锰、锌等矿物质含量丰富,尤其是产蛋鸡粪钙的含量极高,在添加时应注意。鸡粪作为饲料时可直接添加,但更多的是经加工处理后再用。一般鸡粪占鸡、鸭、牛、羊、猪、兔基础日粮的 20%～30%。鸡粪作为饲料的处理方法有干燥法、发酵法等。

1. 干燥法

干燥法包括自然干燥和机械干燥。

(1) 自然干燥法

利用太阳光自然干燥,晒干后的鸡粪经除杂、粉碎、过筛后可放干燥处储存、待用。此法的优点是操作简单,成本低,但鸡粪得不到消毒杀菌,同时晾晒时若晒场离鸡场太近,会污染周围的环境,影响人们的身体健康。自然干燥时最好设有顶棚,以防雨淋、鸡粪流失,避免发霉。

(2)机械干燥法

用专门的干燥机械,通过加温使鸡粪在较短的时间内干燥。此类方法具有速度快、数量大、能消毒灭菌、除臭、鸡粪营养损失少的优点,但加工机械成本较高。机械干燥法主要有低温干燥、高温干燥、热喷干燥、高频电流干燥等。

低温干燥:鸡粪在 80℃ 的环境温度下烘干后,经粉碎,然后过筛、装袋。

高温干燥:鸡粪经过 500～550℃ 的高温环境,需要 12 s 使鸡粪的水分由原来的 70%～75% 迅速降到 13%,即达到了干燥、杀菌的目的,又使营养损失不超过 6%,是一种理想的干燥方法。

热喷干燥法:先将鸡粪预干使其含水 25%～40%,再将鸡粪装入特制的压力容器中,密封后由锅炉向压力容器内输送高压水蒸气,在 120～140℃ 下保持压力 10 min 左右,然后突然将压力减至常压,鸡粪便喷放出,即热喷饲料。经此法处理的鸡粪经过了较好的杀虫、灭菌、除臭过程,且可提高鸡粪消化率 15% 左右。

高频电流自动干燥法:是将鲜湿鸡粪经堆晒后,初步粉碎,然后送入特制的高频装置(波段为 915 MHz、功率为 30 kW 的波源较好),由于超高频电磁波的作用,使粪内水分发生共振而剧烈运动,粪内水分从内向外迅速蒸发,并因高频电流的作用达到消毒灭菌的目的。又因此法为低温干燥,使鸡粪中营养物质的损失极少。

2. 发酵法

发酵法与机械干燥法比较具有省燃料,成本低,易推广等优点,同时还可提高蛋白质含量,达到除臭灭菌的目的。鸡粪作为饲料的发酵与作为肥料基本相同,只是加入的一些辅料不同而已。

（1）地面自然堆贮发酵

将含水 70％左右的鲜鸡粪堆积踏实后，用塑料薄膜或泥土封严，经过 4～8 天便可食用。经此法处理的鸡粪含水 50％左右、灰分约 15％、粗蛋白约 15％、钙约 5％、磷约 0.04％。

（2）发酵池堆贮发酵

发酵池的三面砌墙，一面敞开，地面和墙内面用水泥抹平。可用纯鸡粪发酵，也可用 10％的玉米、麸皮或混合料与鸡粪混合后再发酵。水分以含 50％左右为宜。压紧踏实后密封，经 4～8 天便可成熟。经此法处理的鸡粪具有酒香气味，可提高适口性和鸡粪的消化率。

（3）窖贮发酵法

取鲜鸡粪 70％，草粉或秸秆粉 20％，糠麸 10％混合，使水分含量达 50％左右，装入窖内，踏实压紧密封，4～8 天后温度可达 25～50℃，4～6 周后成熟，可饲喂。

（4）快速发酵法

用特制的鸡粪发酵机使鸡粪达到快速发酵的目的。方法是将干燥鸡粪和麸皮按照 1∶1 的比例加入，再放入好气性发酵菌，搅拌混合均匀后喷入 20％的水，关闭搅拌机，使发酵温度控制在 40～55℃内，经 12 h 发酵成功。再在 100℃下干燥 10～15 min，冷却后可用。

○ 鸡粪的综合利用

把鸡粪输入沼气池，经发酵产生的沼气可用来取暖、照明、烧饭等，也可用废液养鱼和浮萍等水生植物，这些植物又可作为鸡、猪的饲料。这样的良性循环过程是今后鸡粪处理的发展方向。

第7章　养鸡场的建筑、设备及用具

❶ 场址的选择 ················· 201
❷ 鸡场建筑 ··················· 202
❸ 设备及用具 ················· 204

❶ 场址的选择

鸡场选择的原则是有利于鸡的生长、产蛋和疫病防治,便于生产经营;交通便利,电力充足,建场成本低。

鸡场应建在地势较高,易于排水,通风向阳的地带;鸡场的水源要充足,水质好,与人饮同等质量的水;土壤以沙壤土为宜,最好选用不适合耕作的土地;在建场前应对当地气候条件进行了解,作为建鸡舍选择保温材料和朝向的依据,若在寒冷地带,以防寒保温为主,在较热的地区以防暑降温为主。鸡场的电力要充足,最好用双路线供电,或配备发电机,保证任何时候都有电;交通既要比较方便,有利于运输,又要远离主要干线,最好离城市 15 km 以上,离主要干线 400 m 以上,防止互相干扰,同时离屠宰厂、兽医院及其他畜禽场和重工业、化工工厂等至少 3 km。

鸡场的面积目前并无统一要求,采用蛋鸡笼养时,若为 4 万只蛋用种鸡场(包括孵化、育雏、种鸡、配料、生活区等),面积大概为 5.33~6.67 hm²;20 万只商品蛋鸡场占地 26.67 hm²。若饲养肉鸡占地面积大于蛋鸡。

❷ 鸡场建筑

鸡场的建筑主要包括生产用房、生活用房和办公用房。在此只介绍生产用房。

鸡舍是鸡的生活场所。建造鸡舍的依据是既要满足鸡的生长和生产的需要,有利于提高生产力,经久耐用,便于操作管理,使劳动效率高,又要因地制宜,尽量减少投资。鸡场主要的生产用房有育雏舍、育成舍、成年产蛋鸡舍,三者的面积比为 1∶2∶3。舍间距一般为鸡舍高度的 4～5 倍。鸡的不同阶段的生理特点不同,对房舍、设备及用具的要求不同。

○ 育雏舍

育雏舍是养育 0～6 周龄雏鸡专用的房舍。对育雏舍的要求是有利于保温防寒,地面干燥,通风向阳,便于操作管理,房舍严密,防止鼠害。因此,育雏舍要低,房顶应铺保温材料,墙壁要厚,屋顶装设天花板。一般育雏舍坐北朝南,高度为 2.3～2.5 m,跨度为 6～9 m。南北均设窗,南窗面积比北窗大,南窗台高 1.5 m,宽 1.6 m 左右;北窗台高 1.5 m,宽 1 m 左右,水泥地面。

若为笼育,其舍内的立体育雏笼多为分列摆放,列与列间有 70～100 cm 的走道,若跨度为 6 m 左右,则为两列三走道。若为 9 m 左右,则为三列四走道;若为地面平育,直接在水泥地面铺垫柔软垫料即可。

○ 育成舍

育成舍是养育 7～20 周龄雏鸡专用的房舍。其建筑要求是有足够的活动面积,以保证正常的生长发育,通风良好,坚固耐用,便于操作管理。目前育成鸡舍的形式有有窗式和无窗式,饲养方式多采用多层笼养。在有窗式鸡舍，鸡舍前后有窗，屋顶设天窗，靠自然通风，房高 3～3.5 m，宽 6～9 m，长度不超过 60 m。无窗式的育成舍长度和跨度分别可达 9～12 m 和 60～100 m，侧墙有排风扇(若采用纵向通风，风扇安装在山墙上)。

若为有窗式笼养，其舍内笼的摆布有两列三走道或两列两走道、三列四走道或三列三走道；若为无窗式，可多安置几列笼。若为平养可直接在地面铺垫料。

有些小农户，养鸡不多时，可不设育成舍，让雏鸡在育雏舍生活到 2 月龄左右，直接进入成年产蛋鸡舍，但规模化的鸡场都有专门的育成舍。

○ 成年产蛋鸡舍

成年产蛋鸡舍是饲养 20 周龄到淘汰产蛋鸡的房舍。鸡在此舍生活的时间较长。要求鸡舍应坚固耐用，操作方便，环境条件好，成本低。

产蛋鸡舍分为有窗式和无窗式(密闭式)2 种。有窗式鸡舍有门窗、天窗等(尺寸参考青年鸡舍)，采用自然通风，自然光照结合人工光照，鸡舍条件基本与外界相同。这种方式成本低，但一些条件不能满足产蛋的需要，如光照、空气等，也有的鸡舍除有门窗、天窗外，还安有排风扇和照明设施等，采用自然光照和人工光照、自然通风和机械通风相结合的方法实行光照和通风，鸡舍条件得到了改善，成本也较低，目前多采用此法。密闭式鸡舍没有窗(应急窗除外)，光照、温度、空气等条件完全人为控制，是鸡产蛋的理想场所，但成本较高。

采用笼养方式时，舍内的鸡笼布局有两列三走道、三列四走道或两列两走道、三列三走道。密闭式鸡舍可放到四列。采用网养与地面平养结合饲养时，网沿鸡舍长轴安置，可在中间，也可在两边，其面积比为 6：4。

在建造以上各类鸡舍时,其朝向最好是坐北朝南或东南,可保证冬暖夏凉。鸡舍间距为鸡舍高度的 4～5 倍。

❸ 设备及用具

鸡舍的设备及用具包括鸡笼和饲喂、饮水、清粪、取暖、照明、通风设备和用具等。

○ 鸡笼

鸡笼包括育雏笼、育成笼和成年鸡笼,其结构见育雏、育成和成年产蛋鸡的饲养管理部分。

鸡笼是在不断摸索、不断改进的过程中发展起来的。就鸡笼的形式而言,笼子结构五花八门,有单层笼、两层笼、三层笼和多层笼,有叠层笼、全阶梯式鸡笼和半阶梯式鸡笼,还有公、母混养供自然交配的种鸡笼和公、母分开的种鸡笼等等。使用结果表明,单层鸡笼和自然交配种鸡笼占地面积大,饲养密度小;叠层式鸡笼和半阶梯式鸡笼虽然饲养密度大,但若不改善清粪方式,难以推广;全阶梯式鸡笼既可加大饲养密度,又使清粪较方便,因此,现在绝大部分养鸡场采用三层全阶梯式鸡笼,但随着目前土地资源的紧缺,清粪方式的不断改善,多层叠层式(6～8 层)鸡笼的使用有增加的趋势。各种不同笼具见鸡的饲养管理部分。

○ 饲喂设备

饲喂设备包括贮料塔、输料机、喂料机和饲槽 4 部分。饲料由料车装入料塔,经输料机送往鸡舍,与鸡舍内喂料机和饲槽配套使用。

1. 料塔和输料机

料塔多为圆形,国内生产的 9TZ-4 型料塔高 5.784 m,直径

1.8 m,容积 8.63 m³,容量 4.75 t,能满足 1.5 万只蛋鸡 2 天的用料。输料机有链板式、塞管式、搅龙式和螺旋弹簧式等多种,国内使用的多为螺旋弹簧式。9SHZ-2 型横向弹簧输料机每小时输送 1 500~2 000 kg,弹簧外径 60 mm,输送管道内径 71.8 mm,长 15.38 m,适用于各种鸡场的输料作业。

2.喂料机

笼养鸡舍常用的喂料机主要有链式、跨骑式给料车和人工饲喂式饲槽等多种形式。

(1)链式喂料机

链式喂料机主要由食槽、料箱、驱动器、链片、转角器、清洁器、升降装置等部分组成,利用链环输送饲料。这种喂料机结构简单,造价低,送料较快,适合于笼养和平养,但噪声较大,维修较难。最大线长度 300 m,链环输料速度每分钟 7~18 m。

(2)跨骑式给料车

跨骑式给料车又称抱笼式给料车(彩图 17),是在鸡笼的顶部装有角钢或工字钢制的轨道,轨上装有四轮小车,小车由钢索牵引,电器控制箱也安装在给料车上,饲养员可乘车同行,观察鸡群。车一般每分钟行走 8~10 m,车两侧挂有盛料斗,斗的底部逐渐倾斜和缩小,形成下斜口,并伸入料槽内,与槽底保持 30 mm 左右的距离。一般料槽用镀锌铁皮制成,外侧高 200 mm,内侧高 120 mm,上口宽 180 mm。这种给料装置的主要优点是喂料均匀,每只鸡能吃到同样质量的新鲜饲料,可保证鸡生长均匀,产蛋率较高。给料车坚固耐用,维修费低。适合于三层阶梯式笼养和叠层式笼养鸡舍。

(3)饲槽

在笼养蛋鸡采用人工给料时,常用的饲槽如图 7-1 所示,同时配备一料车和簸箕。

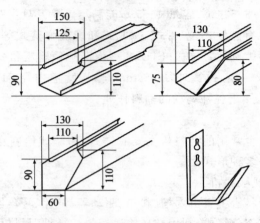

图 7-1　蛋鸡料槽及托架（单位：mm）

○ 饮水设备

笼养蛋鸡常用的饮水设备有真空式饮水器、"V"形或"U"形水槽、乳头式饮水器等。

1. 真空式饮水器

由水罐和饮水盘两部分组成，饮水盘上开一个出水槽（图7-2）。使用时，将水罐装满水，然后把饮水盘扣其口处，扣紧后一起翻转180°放置笼内，水从小孔处流出，直到将小孔淹没为止。当雏鸡从水盘饮走一部分水使水面下降到出水孔时，外界空气进入水罐，水又流出，直至将孔淹没。这样，使水盘内总是保持一定的水位。此种饮水器价格较便宜，便于洗刷和更换，但容水量有限，需要经常添水，适合于笼养雏鸡和平育雏鸡。

2. "V"形或"U"形水槽

由镀锌板或塑料制成，其外形结构如图7-2所示。大概尺寸为长3～5 m，宽40～64 mm，高40～48 mm。在水槽的一端是一

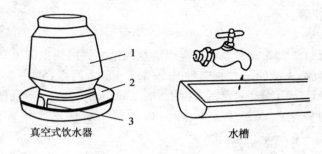

真空式饮水器　　　　　　　　水槽

图 7-2　饮水器及水槽图

1.水罐　2.饮水器　3.出水孔

常流水的水龙头,另一端为出水管。该类水槽结构简单,成本低,使用可靠,但需每天刷洗,易传染疾病。

3.乳头式饮水器

近几年来乳头式饮水器较为普遍地使用于蛋鸡舍。它具有供水新鲜、清洁,杜绝外界污染,防止疫病的传播等优点,同时可节约用水,不用清洁,可保持舍内干燥,是较为理想的饮水装置。乳头式饮水器主要由阀、阀体、阀杆和阀球等几部分组成,其结构见图 7-3。

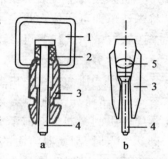

图 7-3　乳头式饮水器

a.单封闭式　b.双封闭式

1.供水管　2.阀　3.阀体
4.阀杆　5.球

○ **栖架和产蛋箱**

1.产蛋箱

地面平养鸡群需要设产蛋箱,产蛋箱的尺寸为宽×高×深＝30 cm×35 cm×35 cm,可建 3～4 层,每 5～6 只鸡一个产蛋箱。所用材料可为砖、石、木、竹等。产蛋箱的位置设在鸡舍内较黑暗的避光地域。产蛋季节,产蛋箱内应垫有柔软垫料,如:滑秸、稻草、刨花等。

2. 栖架

栖架是散养或平养鸡群夜间栖息的地方。栖架主要由支架和栖木组成,支架的形式有三角形、平板形;栖木为直径 4～6 cm 的圆木或竹竿由铁丝固定到支架上,栖木间距为 30～40 cm,每只成年鸡的栖架位置为 17～20 cm,最低的一层栖木距地面 60～80 cm。

○ 清粪设备

高床式鸡舍一般一年清粪 1 次,待鸡淘汰后,只要将车开进,将粪清出即可。地沟式或半高床式鸡舍需要经常清粪,常用的清粪装置有牵引式清粪机、螺旋弹簧横向清粪机等。

1. 牵引式清粪机

牵引式清粪机主要由电动机、刮粪器(由滑板和刮粪板组成)、绞盘、钢丝绳、电器控制等部分组成。工作时,电动机驱动绞盘,钢丝绳牵引刮粪器。向前牵引时刮粪板呈垂直状态,紧贴地面刮粪到达终点时,刮粪器前面的撞块碰到行程开关,使电动机反转,刮粪板返回。此时刮粪器受到背后钢丝绳牵引将刮粪板抬起,越过鸡粪,因而后退不刮粪。到达起点后进入下一个循环。

牵引式清粪机的结构简单,安装、调试和日常维修方便,工作可靠,机器噪声小,消耗功率小,清粪效果好,但要求地面平滑。该机适合于笼养蛋鸡舍的纵向清粪工作,为目前鸡场普遍采用。

2. 螺旋弹簧横向清粪机

螺旋弹簧横向清粪机适合于鸡舍的横向清粪及鸡粪的输送,主要由电动机、变速箱、支板、螺旋头座焊合件、清粪螺旋、接管焊合件、螺旋尾座焊合件、尾轴承座组成。工作时,由电动机经变速箱把动力传给主动轴,经螺旋头座焊合件带动清粪螺旋转动,将鸡粪螺旋推进,排出鸡舍。此种清粪方法清粪效率高,机器结构简单,故障少,安装维修方便,但噪声大。

○ **取暖设备**

笼养鸡除 6 周龄以前的雏鸡需要取暖设备外,其他阶段一般不需要特殊的取暖装置。育雏期的主要取暖设备有热风炉、暖气管道、保温伞(可购买成品)、煤火炉、电炉等。

暖气供暖分为气暖和水暖 2 种。气暖供热快,便于维修,但热量维持时间短,热效率较低;水暖供热慢不便维修,但热量维持时间长,热效率较高。这 2 种供暖方式鸡场均有采纳。暖气供暖适合于规模较大的鸡场。

保温伞是用电作热源的一种伞形育雏方式。保温伞由电源管接通电源后散热。通常伞由铁皮制成,直径 1.2～1.5 m,高 60～70 cm,向上倾 45°,内有自动调温装置。一个保温伞一次可育雏 500 只左右,适合于平育和单层笼育雏鸡。

煤火炉供热是最经济的一种供暖设备,温度上升快,热损失少,可根据鸡舍温度调节火势的大小,但卫生条件差,遇火炉倒烟时易引起一氧化碳中毒。这种供暖方式大小鸡场均可使用。

电炉加热常与电热育雏器配合使用,安装在加热笼组内,并有自动调温系统,可根据雏鸡的日龄及对温度的要求自动调节,要求 24 h 不停电,一次性投资稍大。适合各种类型的鸡场育雏使用。

○ **照明设备**

照明设备主要包括光源、导线、光控仪等。光源有白炽灯、日光灯、高压钠灯等。白炽灯是目前鸡场普遍使用的一种光源,它具有成本低,便于更换,光色适合于鸡产蛋等优点,但发光率低,易于损坏。日光灯发光率较高,使用寿命较长,但要求电压稳,否则易闪动,鸡舍一般不用它。高压钠灯近几年在鸡舍开始使用,它具有发光率高,使用寿命长,发光均匀等优点,但成本较高。导线一般在鸡舍的走道上边安装。光控仪为控制鸡舍光照时间和强度的一种电脑控制仪器,具有自动控制光照时间、光照强度的功能,同时开关灯时可渐亮渐暗,以防止惊群,还可自动测定室内的光照强度,当鸡舍光线不足时,在光控仪的操作下,打开灯,当光线达到要求时便关闭。

○ 通风设备

鸡舍普遍使用的通风装置由通风机和风扇控制组组成。通风机的类型有轴流式、离心式和螺旋桨式。一般多采用螺旋桨式。通风机的换气量依扇叶直径和转速而定,其技术性能见表 7-1。

表 7-1　螺旋桨式通风机的技术性能

风扇叶片直径/cm	转速数/(r/min)	换气量/(m³/min)
30	900	19.082
30	1 400	29.72
38	900	35.40
38	1 400	56.64
46	900	60.98
46	1 400	96.29
54	460	82.13
54	520	93.46
54	700	124.61
54	900	162.84

注:摘自于邱祥聘主编的《家禽学》,1993。

设计通风装置时,应参考鸡的换气量和容纳鸡只数算出鸡舍需要的换气量,然后根据所选用通风机的性能算出必需的台数。

鸡舍通风量采用下列计算公式:

$$L(\text{m}^3/\text{h}) = K_1 \times j \times N$$

式中：K_1 为通风系数（1.2～1.5）；j 为每只鸡夏季最大通风量（m³/h）；N 为鸡的总数（只）。

通常各种鸡要求的最大通风量见表 7-2。

表 7-2　各种鸡最大通风量　　　　　m³/(h·kg)

鸡的类型	体重/kg	外界最高温度		
		中温区 27℃	高温区＞27℃	低温区 15℃
雏鸡		5.6	7.5	3.75
后备鸡	1.15～1.18	5.6	7.5	3.75
蛋鸡	1.35～2.25	7.5	9.35	5.60
肉鸡	1.35～1.80	3.75	5.60	3.75
肉种鸡	2.35～4.45	7.5	9.35	5.60
蛋种鸡	1.35～2.25	7.5	9.35	5.60

注：引自杨宁主编《家禽生产学》，2002。

风扇控制器是带热敏元件的电源控制器，可按温度变化自动控制电风扇，改变转速或自动开关调节通风量。

通风机的安装有多种形式，如有屋顶排气式通风、安在山墙上向外排风、屋顶送风等。

○ **湿垫风机降温系统**

该系统主要由纸质（或陶瓷）波纹多孔湿垫、湿垫冷风机、水循环系统及自动控制装置组成。在炎热的夏季，当进入鸡舍的空气通过湿垫后，可使空气的温度降低 5～8℃，对于防暑降温效果显著（彩图 18、彩图 19）。

第8章 养鸡场的经营管理

❶ 经营与管理的概念 ………………………………… 212
❷ 经营管理者应具备的条件 ………………………… 213
❸ 养鸡场的计划管理 ………………………………… 213
❹ 养鸡场对人的管理 ………………………………… 215
❺ 养鸡场的经济管理 ………………………………… 219

❶ 经营与管理的概念

鸡场的经营是指在国家法律、条例所允许的范围内,面对市场需要,根据鸡场所在的地理环境和自然条件,合理确定自己的生产方向和经营目标(生产蛋或肉,养种鸡还是养商品鸡等),合理组织养鸡场的产、供、销活动,以求最小的投入,获得最大的经济效益。

鸡场的管理指根据养鸡场、专业户经营总目标进行生产总过程的经济活动,如计划、组织、指挥、培训、调节、评定、控制、监督、奖励、处罚和汇报工作等。由此可见,经营与管理是2个不同的概念。

对养鸡场进行经营管理的主要目的是赚钱赢利,一切生产经营活动都应围绕这一目标而进行。鸡场要想生存、发展、赚钱,就应努力提高产品质量,不断开发新产品,引进新技术,逐渐降低生产成本,有一支懂技术、会经营、具有开拓精神的科技队伍。

❷ 经营管理者应具备的条件

　　鸡场的经营管理者应掌握国家的方针政策,具有市场预测和应变能力,在关键时刻能确定生产的方向和生产规模,精通各层次的社会关系,资金筹备能力较强,善于调节人际关系,能够采取有效的方法调动工人的积极性,具有一定的专业技术知识和吃苦耐劳、勤劳敬业的精神,具有制定近期、中期、长期目标和实施措施的能力,具有发现问题,并予以解决的能力。

❸ 养鸡场的计划管理

　　鸡场的计划管理,是由编制计划、执行计划、检查计划和计划分析与调整工作构成的。执行计划主要通过责任制和目标管理来实现;检查计划一般按周、月、季、年进行;计划在执行过程中通过计划的检查,发现问题,经过分析找出原因和解决办法,并调整和修订以后各期计划,向后延续一个执行期。

○ 企业计划的种类

　　企业计划有多种,按期限长短划分为长期计划、年度计划和阶段计划,阶段计划又包括季度计划、月计划和周作业计划。这 3 个计划的时间长短、内容和作用虽不同,但彼此联系,互相补充,形成一个完整的计划体系。

　　1. 长期计划

　　长期计划又称远景规划,是三五年或更长一些时间的长期计划,是鸡场发展生产的纲要和安排年度计划的依据,显示了鸡场美好的前景和轮廓。长期计划涉及的时间较长,一般只规定一个大体的发展方向和总的奋斗目标,其主要内容大致包括:经营方针和任务;所采用的体制;生产建设的发展规模、速度及相互间的比例;自然资源的综合利用;提高产品数量质量的措施;生产过程中现代化的步骤;职工人数指标及长期建设;改善职工生活福利等规划。

2.年度生产计划

年度计划主要是确定全年产品的生产任务以及完成这些任务的组织措施和技术措施,并规定物质消耗和资金使用限额,以便合理安排全年生产活动。年度计划是计划管理的中心环节,也是长期计划的具体化。年度计划应该在前一个生产年度末,在总结上年生产经验、编制财务决算、修订各种定额的基础上制定,然后按可能达到的指标逐月、逐周落实计划。

年度计划主要有如下几种:

①产品生产计划和销售计划。根据市场需求和鸡场自身条件,制定出产品生产的数量和质量,并制定出合理的组织销售措施,以便畅通销售渠道。

②利润计划。确定利润计划的依据是经营决策目标,方法可采用盈亏平衡法的原理计算。

③鸡群周转计划。现代养鸡生产已高度集约化和工厂化,为了充分利用鸡舍和各种设备,以降低生产成本,并能适应现代化企业大规模生产的要求,各生产环节均采用均衡生产方式,如育雏、育成、产蛋母鸡各阶段的数量必须配套,时间必须吻合,以期最大限度地利用各种建筑及设备,充分利用各种资源。

另外还可制定出相应的饲料需供计划、物质供应计划、劳动工资计划、科研计划、基建设备维修和更新计划、资金计划等。

3.阶段作业计划

阶段作业计划是年度生产任务在各个不同时期的具体安排,可按照季、月、周等期限来编制。其主要作用是根据年度计划的要求,结合本阶段的具体情况,提出本阶段的具体任务,合理组织劳动、组织物质供应,使全部作业在规定的时间内,按质按量的进行,以保证年度计划的实现。

❹ 养鸡场对人的管理

○ 管理机构及其人员的设置

养鸡场的经营管理目标确定以后,应建立一个完整的执行体系,以保证产、供、销的顺利进行。

1.生产技术部门

生产技术部门负责全场的技术工作、生产计划制定、生产记录、技术操作规程、疾病预防等技术工作。应在技术场长的直接领导下,组织一个由有专业知识、懂技术、最好有大专以上文化程度的队伍,小规模鸡场此项工作可由一名技术员承担。

2.销售服务部门

销售服务部门是现代化养鸡过程中最重要的一个部门,在种鸡场这一环节的力量应更雄厚。销售部门应包括产品销售和售后服务两部分,其中,销售科负责产品的对外宣传和销售,及时了解市场信息,向场领导提供有价值的信息,供领导决策时参考。售后服务科负责产品的售后跟踪服务,解答用户的疑难问题,从事用户人员的技术培训,并将用户反映的问题及时反馈给场长。如在雏鸡的售后服务中,除负责养鸡户的技术指导,进行雏鸡的保险业务,在一定时间内保证雏鸡的成活率外,还应将雏鸡死亡的原因进一步分析,将分析结果反馈到技术场长处,作为采取措施的依据。

3.行政部门

行政部门负责接待、党政、人事、财务、保卫等。其中包括场长室、业务室、财会室、门卫等。

4. 后勤部门

后勤部门负责鸡场的后勤服务工作,主要包括建筑物的新建与改建、机器设备的更新与维修,鸡场消耗品的采购、水电供应等。

○ **生产指标与劳动定额**

为了调动广大工人的劳动积极性,做到奖罚分明,应根据本场的实际情况制定生产指标和劳动定额。

1. **生产指标**

不同类型、年龄的鸡群其生产指标有差异。

(1)蛋鸡的生产指标

雏鸡成活率(0～42 日龄)一般为 95％;青年鸡成活率(43～140 日龄)为 98％;产蛋期存活率为 90％。72 周龄产蛋量 240～260 个,总产蛋重 15～17 kg/只,产蛋期料蛋比为(2.3～2.6)∶1。

(2)肉鸡仔鸡生产指标

不同阶段生长发育参见前面有关肉用仔鸡体重增加部分。成活率为 95％,耗料增重比为(2.0～2.3)∶1,出场时间为 6～7 周龄,产品合格率 98％,均匀度在 80％以上。均匀度为平均体重×(1±10％)。

(3)种鸡生产指标

产蛋前同蛋鸡。产蛋后蛋种鸡年产合格种蛋 200 个,可孵化雏鸡 180 只;肉种鸡年产合格种蛋 170～180 个,提供雏鸡 150 只左右,其他指标同蛋鸡。

2. **劳动定额**

劳动定额受许多因素的影响,如集约化及机械化程度、饲养方式、经营管理体制、工作人员的素质等。在达到上述指标的前提下,不同情况下工人的定额可参考表 8-1。

表 8-1 不同情况下劳动定额参考表

类别	内容	定额	备注
蛋鸡 1～42 日龄	人工喂料、换水、生火，1 周龄值夜班，注射疫苗	3 000 只/人	四层笼育,注射疫苗时防疫员帮工
43～140 日龄育成蛋鸡	自动饮水、人工喂料、清粪	6 000 只/人	阶梯笼养
一段育成(1～140日龄)	自动饮水、机械喂料、清粪	6 000 只/人	机械化程度较高,笼养或网养
蛋种鸡育雏、育成期		减半	
蛋鸡笼养	全部手工喂料、捡蛋 机械饲喂、人工捡蛋	5 000～10 000 只/人 10 000～20 000 只/人	粪场位于 200 m内,机械刮粪或一次清粪
父母代种鸡笼养(祖代鸡场减半)	人工饲喂,人工授精,不清粪,自动饮水	2 000～3 000 只/人	
肉用种鸡育雏、育成期	人工饲喂,自动供水,人工取暖	2 000～3 000 只/人	平养
肉种鸡育雏、育成期	经常清粪,人工供暖	1 800～3 000 只/人	笼养
肉种鸡两高一低	手工喂料、捡蛋,自动饮水	1 800～2 000 只/人	一次清粪,平养
	手工捡蛋,机械喂料,自动饮水	3 000 只/人	
肉用鸡笼养	全部手工操作(如喂料、加水等),人工授精	1 500 只/人	两层笼养,经常清粪
肉用仔鸡	人工喂料、供暖,自动饮水	5 000 只/人	从 1 日龄到出栏上市
	集中供暖,自动加料、饮水	1.5 万～2 万只/人	
孵化	码蛋、验蛋、雌雄鉴别、疫苗注射	每人 1 万个蛋	蛋车式、自动化程度较高
清粪	将笼下粪便清出再运走	2 万～4 万只/人	粪场在 200 m 内

○ 养鸡场的责任承包制

承包责任制是以责、权、利与鸡场经济效益挂钩为特点,提高鸡场的经济效益,满足各层次需求为目的,责权利相结合,以责定权,做到责任清楚,权力明确,利益直接,从而调动广大职工各方面的积极性,使鸡场干部职工实行自我约束,自我管理。

鸡场的承包有多种形式,可归纳为全承包、半承包、有限奖励承包、计件工资等几种。

1. 全承包

工人停发工资和福利,承包者按议定的生产指标向场方交纳禽产品,超额部分归承包者所有,完不成任务亏损部分由承包者负担。这种方式承包者有充分的自主权,有时收益很高,但风险较大,如发生烈性传染病或市场行情不佳,承包者难以承受。

2. 半承包

每月发基本工资,年终发超产奖。这种方法风险较小,可保证工人的基本生活费。但所规定的指标必须经过很大努力才能完成,做到奖多罚少。目前大部分鸡场采用这种形式。

3. 有限奖励承包

场方承担风险,对承包者实行有限的、按百分比奖励的办法,如规定每人每天的基本工资 12 元,封锁费 3 元,并规定成年产蛋母鸡的月死亡淘汰率为 1%,多死一只罚 3 元,少死一只奖 6 元,达标奖 8 元等,既可防止承包者收益过高,又可避免赔钱承包者无力补偿。此法在市场价格对养鸡不利的情况下较合适。

4. 计件工资

在鸡场的粉料、运料、清粪、安装等项目实行计件工资。

实际中,无论采取哪种办法,必须到时兑现,若发现有不妥之处,等下次承包再做调整。

❺ 养鸡场的经济管理

养鸡场的经济管理主要指如何正确处理投入与产出的关系，以求最小的投入获取最大的收益。

○ 生产成本的管理

1. 成本和成本核算的概念

成本即费用，指在平均生产条件下，生产商品所消耗的物化劳动和活劳动的总和。也就是所消耗的生产资料的价值和劳动者支出的必要劳动所创造价值的总和。

2. 成本分类

按经济用途划分，其费用类别叫做产品成本项目。

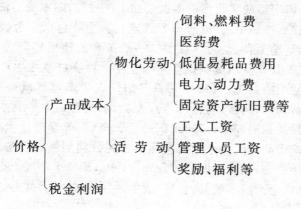

3. 成本核算的对象和任务

成本核算的对象：每个种蛋、每只初生雏鸡、每只育成鸡、每千克鸡蛋、每只肉用仔鸡。

成本核算的方法：

$$每个种蛋成本=\frac{种蛋生产费用-（种鸡残值+非种蛋收入）}{入舍母鸡出售种蛋数}$$

$$每只初生蛋雏鸡=\frac{种蛋费-孵化生产费-（未受精蛋+公雏收入）}{出售的初生蛋雏数}$$

$$每只育成鸡成本=每只初生蛋雏鸡费+育成期生产费用+$$
$$死淘均摊损耗$$

$$每千克鸡蛋成本=\frac{蛋鸡生产费-蛋鸡残值}{入舍母鸡总产蛋量}$$

$$每只出栏肉仔鸡的生产成本=购雏费+饲养全期生产费用+$$
$$死淘均摊损耗$$

（以上各阶段的生产费用包括：饲料、人工、房舍与设备折旧、水电费、医药费、管理费、低值易耗费等）。

鸡场的生产成本分为固定成本和可变成本。固定成本指使用时间长，以完整的实物形态多次参加生产过程，随本身的消耗将其价值转移到产品中去，以折旧方式支付。主要包括房舍、鸡笼、饲养设备、运输工具、动力机械等。一般房舍的使用年限为 15～20 年，鸡笼及其他专用机械设备 7～10 年。可变成本指生产和流通过程中使用的资金，其特点是只参加一次生产过程就被消耗掉。主要包括饲料、鸡苗、鸡舍、医药、人工、水电等。生产成本的高低是衡量设备利用程度、劳动组织是否合理、饲养管理技术好坏、鸡的生产能力高低的一个重要指标。当充分利用养鸡设备，合理组织劳动生产，采用先进的饲养管理方法时，鸡的生产潜力得以充分发挥，鸡的生产成本就低；相反，成本增加，经济效益降低。

○ 利润指标及其计算方法

$$产值利润=产品产值-（可变成本+固定成本）$$

$$产值利润率=\frac{利润总额}{产品产值}×100\%$$

销售利润＝销售收入－生产成本－销售费用－税金

$$销售利润率＝\frac{产品销售利润}{产品销售收入}\times 100\%$$

营业利润＝销售利润－推销费用－推销管理费

$$营业利润率＝\frac{营业利润}{产品销售收入}\times 100\%$$

经营利润＝营业利润±营业外损益

$$经营利润率＝\frac{经营利润}{产品销售收入}\times 100\%$$

衡量养鸡场的赢利能力大小的主要指标是资金周转率和资金利用率。

$$资金周转率＝\frac{年销售总额}{年流动资金总额}\times 100\%$$

资金利用率＝资金周转率×销售利润率

○ **经济核算**

鸡场的利润等于总收入减去总支出，即利润＝收入－支出，其中各项的计算见前面有关经济效益的估算。

第二部分

疾病防治

第9章 常见病防治

❶ 鸡病的综合预防措施 ……………………………… 225
❷ 预防免疫 ………………………………………… 230
❸ 鸡病诊断的一般方法 ……………………………… 239
❹ 常见病防治 ……………………………………… 252

❶鸡病的综合预防措施

采用现代化养鸡法,鸡群饲养密度较大,个别鸡只一旦发病,很快在全群传播开来,并且难以控制,即使治疗,用药量大,投资高。因此,鸡场应当坚持"以防为主,防重于治"的原则,着眼于卫生防疫工作,采取综合预防措施,提高鸡群的健康水平,保证鸡群不发病或少发病。

○ 建立科学的饲养管理体系

1. 实行全进全出

不管是育雏鸡、育成鸡、成年产蛋鸡还是商品肉用子鸡、肉用种鸡,都应当同一日龄进舍,同一日龄出舍,即全进全出;鸡出舍后,对鸡舍进行彻底的清扫消毒,空置1～2周后再进鸡。这样既可切断疾病循环感染的途径,又有利于疫苗的接种、环境条件的控制及饲料的搭配。

2. 耐心细致地观察鸡群

发现病鸡及时隔离、诊断、处理。饲养员每次进鸡舍都应对鸡群进行仔细观察,若发现鸡群中的大部分鸡采食减少、饮水增加或减少、精神委靡、反应迟钝、两眼紧闭、尾与翅下垂、呼吸困难、甩头、鸡冠苍白或发紫、粪便稀以及颜色为红、绿、白绿或白色等不正常的表现,往往是疾病的前兆,应立即向技术员报告,以便尽早做出诊断,采取措施。对于鸡群中个别病鸡,一般不必治疗,予以淘汰。

3. 隔离饲养

隔离饲养是预防疾病的有效措施之一。目前有些传染病既无疫苗又无有效的药物治疗;有的虽有疫苗但保护率较低,保护期短;有的疾病虽然有治疗药物,但往往存在副作用或长期使用产生抗药性。因此,虽然接种疫苗是预防疾病的主要措施,但必须配合以良好的隔离条件,才能保证鸡的安全生产。鸡场的隔离包括不同生产目的鸡场间的隔离,如蛋鸡场与肉鸡场间的隔离,种鸡场与商品鸡场间的隔离,孵化场与养鸡场间的隔离;养鸡场与可能存在的传染源间的隔离;生产区与生活区间的隔离等(隔离距离见鸡场建筑部分)。每个场区都要有自己的兽医诊断室、病鸡隔离室、粪便及尸体处理场所,防止各场间混合使用。

○ **严格消毒**

做好养鸡场的消毒,是控制和消灭病原微生物、防止鸡群发病的有效措施。鸡场的消毒包括鸡场环境、鸡舍、设备及用具、人员的消毒等。

1. 场内环境的消毒

鸡场的门口设消毒池,内有 1%～3% 的火碱(氢氧化钠)水溶液,且消毒池经常清洗,更换新药液。有条件的鸡场在大门口安装喷淋设备,用 0.3% 的过氧乙酸或 0.2% 的次氯酸钠对进入场区的车辆进行喷淋消毒。场内环境每 2 周消毒 1 次,可选用火碱或来苏儿等。

2.鸡舍消毒

鸡舍消毒包括带鸡消毒和不带鸡消毒。若为带鸡消毒,则用过氧乙酸、百毒杀、抗毒威、次氯酸钠、威岛牌消毒剂等消毒液按照说明稀释后喷雾,隔天喷雾消毒 1 次,距鸡头部 20～30 cm,用药量为 60～180 mL/m²;若为不带鸡消毒,应将鸡舍内粪便、垫料清除,地面、墙壁彻底清扫冲刷干净,屋顶扫净。经 1～2 天的干燥后,用 1%～3%的火碱水浸泡地面 1 h 后再洗刷干净,待地面水分蒸发完后,用消毒药水喷雾消毒,所选用的药液除上述外,还可用新洁尔灭、来苏儿、1210 消毒剂等。再隔 1～2 天后,用甲醛或甲醛与高锰酸钾熏蒸消毒。若用前者,则在一防腐的容器内按每立方米加入甲醛 30 mL,然后再加入等量的水,加热蒸发,当发生传染性法氏囊病时应加大甲醛用量 1～2 倍;若用后者,则按每立方米高锰酸钾 15 g、福尔马林 30 mL 的比例搭配,在温度为 20～25℃、相对湿度为 60%～80%的环境下熏蒸 24 h 后放出多余的气体(注意应将气体放净后再进鸡),备用。

3.设备及用具的消毒

鸡笼在每次带鸡消毒的同时也进行了消毒,但并不彻底,当鸡群转出或出售后,将笼上的粪便块用小刀刮去,之后用水洗刷干净或用高压水枪冲刷,再用消毒药液喷雾消毒,最后在鸡舍内进行熏蒸消毒。所用水槽一天消毒 1 次,方法是将水槽内水放净,关闭上水龙头,在水槽的入水端放少量高锰酸钾,然后打开水龙头,让水缓慢流入水槽并不断溶解高锰酸钾,此时,一人可用一抹布从进水处擦拭水槽直至出水口,使高锰酸钾水溶液经出水口排除,再用清水将水槽冲洗干净即可。使用乳头式饮水器较卫生,消毒的间隔可适当延长。方法是水箱用毛刷或抹布刷洗干净,水管用一头拴有抹布的铁丝从其一端插入,从另一端拉出,经 2~3 次的反复。之后,水箱与水管同时用 0.1% 的高锰酸钾水冲洗,最后用清水洗刷干净。当鸡群饮用葡萄糖水或其他高营养滋补液时,乳头式饮水器极易阻塞,如不注意会造成鸡只缺水,影响生长、健康或生产,应引起高度重视。饲槽一般每月消毒 1 次,方法是将料扫出,先用 0.1% 的高锰酸钾洗刷,再用清水洗净,擦去水,晾干后再用。

4.人员的消毒

工作人员进入鸡舍前,应先淋浴,更换工作鞋、帽、服装,用紫外线灯照射后方可进入。工作服应每周洗涤 2 次,放在更衣室经一夜的紫外线照射后可用。养鸡场常用的消毒药物及其用法、用量见表 9-1。

表 9-1　养鸡场常用的消毒药物及其用法用量

药物名称	作　用	用法及用量	注意事项
碘酊	外伤及注射部位的消毒杀菌,穿透力强	5%碘酊棉球涂抹局部	
酒精	溶解皮脂、清洁皮肤、杀菌,用于注射针头、体温计、皮肤、手指及手术器械的消毒	70%酒精浸泡脱脂棉块,涂抹局部	
龙胆紫	用于皮肤和黏膜发炎感染、溃疡面及脓肿排出脓汁之后的消毒	常用 1%溶液,涂抹	
来苏儿水(煤酚皂溶液)	用于地面、食槽、水槽、用具、场地等的消毒。可带鸡消毒	2%溶液用于器械、创面、手臂等消毒;3%~5%溶液用于鸡舍消毒	
过氧化氢(双氧水)	用于化脓创口、深部组织创伤及坏死灶等的消毒	3%溶液,涂抹	
1210	用于鸡舍、地面、用具、环境消毒,对病毒和细菌有杀灭作用	本品 1:600 稀释溶液	

续表 9-1

药物名称	作用	用法及用量	注意事项
消毒灵	可消毒鸡舍、地面、栏杆、食槽、水槽、用具、环境等	1∶300 稀释,进行喷雾、涂擦消毒,可带鸡消毒,对病毒和细菌均有杀灭作用	
火碱(氢氧化钠、苛性钠)	对细菌繁殖体、芽孢和病毒均有杀灭作用	1%~3%的溶液冲洗地面、饮水器、墙壁、运输车辆等	腐蚀性强,不能带鸡消毒
生石灰(氧化钙)	对大多数细菌繁殖体有杀灭作用,但对细菌芽孢及结核杆菌效果较差	10%~20%的乳剂粉刷墙壁、地面、屋顶、生产区门口	用新鲜生石灰
高锰酸钾(灰锰氧、过锰酸钾)	具抗菌除臭作用	可单独饮用 0.05%溶液,或用此浓度洗刷饮水器、饲槽等。还可每立方米高锰酸钾 15 g,福尔马林 30 mL。进行熏蒸消毒	具有较强的腐蚀性,熏蒸消毒时用瓷盆
过氧乙酸	对细菌繁殖体、芽孢、真菌和病毒均有较好的杀灭作用,为高效、广谱、高速消毒剂	0.3%~0.5%带鸡喷雾消毒;0.1%饮水消毒;4%~5%熏蒸消毒	避免使用金属器皿
复合酚(菌毒敌、毒菌净、农乐、畜禽乐)	对各种致病的细菌、霉菌、病毒、寄生虫卵均有杀灭作用	0.3%~1%的溶液消毒鸡舍、用具及周围环境	忌与碱性物质和其他消毒药物同时使用
百毒杀	对多种细菌、真菌、病毒均有较好的杀灭作用	1∶(10 000~20 000)饮水;1∶(1 000~3 000)带鸡喷雾消毒、洗刷用具及进行种蛋消毒	
农福	对沙门氏杆菌、巴氏杆菌、大肠杆菌、鸡新城疫、法氏囊病毒均有杀灭作用	1∶100 喷雾消毒鸡舍1∶60 消毒用具	忌与碱性物质及其他的消毒药物混合使用
新洁尔灭	对多数细菌具有杀灭作用,但对真菌及病毒、霉菌等的作用较弱	0.1%洗刷饲槽及饮水器,浸泡种蛋;0.1%~0.2%的溶液喷洒地面、墙壁、空间	不要与肥皂、碘化钾等混合使用

续表 9-1

药物名称	作　用	用法及用量	注意事项
甲醛	对细菌繁殖体、芽孢、真菌和病毒均有杀灭作用	36%～40%的水溶液称为福尔马林，用于熏蒸消毒；3%～5%的溶液用于喷洒消毒；2%的溶液用于浸泡器械和用具	
抗毒威	对多数细菌和病毒有杀灭作用，如鸡新城疫、传染性法氏囊、巴氏杆菌、沙门氏杆菌、大肠杆菌等，为广谱消毒剂	1∶400 浸泡、喷洒消毒；1∶5 000 饮水消毒；1∶1 000 拌料消毒	在接种疫苗或菌苗前后 2 天不进行消毒
雅好生	对细菌及病毒均有杀灭作用，为新型广谱高效消毒剂	每升水加 12.5～25 mg 用于鸡舍地面、墙壁、饮水器、饲槽等的喷洒和浸泡消毒	
漂白粉	对各种细菌繁殖体、芽孢、真菌、病毒均有杀灭作用，还具除腐败臭味的作用	3%～5%的澄清液消毒饲槽及饮水器，10%～20%的乳剂消毒鸡舍及排泄物	在碱性环境中消毒力减弱
威力碘（络合碘溶液）	对各种细菌、病毒均有效，如鸡新城疫病毒、传染性法氏囊炎病毒、沙门氏杆菌、巴氏杆菌、大肠杆菌等	1∶（40～200）带鸡喷雾消毒；1∶（200～400）饮水消毒；1∶200 浸泡种蛋；1∶100 清洗器具	
杀特灵	对大多数细菌及病毒均有杀灭作用	250～500 倍稀释液浸泡饲槽、饮水器及其他用具；用 500 倍稀释液进行地面、墙壁、环境的喷洒消毒	稀释液当天用完，不可以入口，疫情期浓度加倍

❷ 预防免疫

○ 鸡场常用的疫苗

免疫是养鸡场预防主要传染病的有效方法，它是通过给鸡体

接种某种抗原物质(疫苗或菌苗),刺激鸡体使之产生特异性抗体,
从而提高鸡群对该种病原微生物侵袭的抵抗力,达到预防此病的
目的,减少发生该种疾病的机会。目前生产上常用的疫苗(或菌
苗)有马立克氏疫苗、新城疫疫苗、传染性法氏囊疫苗、禽流感疫
苗、病毒性关节炎疫苗、禽痘疫苗、传染性支气管炎疫苗、传染性喉
气管炎疫苗、传染性鼻炎疫苗、鸡减蛋综合征疫苗、禽脑脊髓炎疫
苗、禽霍乱疫苗、大肠杆菌疫苗等。每一种疫苗都有其特定的接种
方法和接种途径,各地区、各鸡场应根据各种传染病的流行季节、
在本地区的流行情况、鸡龄大小、雏鸡母源抗体高低、鸡种对该病
的抵抗力等情况合理制定各种疫苗的接种时间、接种方法与途径
(即免疫程序)。有条件的鸡场应经常监测体内抗体水平,作为确
定接种疫苗时间的依据。鸡常用疫(或菌)苗的接种用途、用法及
保存见表 9-2。

表 9-2　家禽常用疫(菌)苗的用途、用法及保存

疫苗名称	用　途	用法及用量	保存环境
鸡新城疫(ND)低毒力活疫苗(Ⅱ,F,Lasota 系,克隆 C30)	预防鸡新城疫病,接种后 7～9 天产生免疫力	按标签说明稀释、点眼或滴鼻,每只鸡 2 滴(0.05 mL),饮水或气雾免疫加倍	−15℃ 以下可保存 2 年;2～8℃ 保存 8 个月;10～15℃ 不超过 3 个月;25～30℃ 为 10 天
鸡 ND 中等毒力活疫苗(Ⅰ系)	用于经 ND 低毒疫苗免疫后的 2 月龄以上的鸡群,3～4 天产生免疫力,免疫期 1 年	用生理盐水或蒸馏水、凉开水按标签说明稀释,每只鸡肌肉或皮下注射 1 mL	−15℃ 以下保存 2 年以内;2～8℃ 保存 6 个月;10～15℃ 保存 3 个月;25～30℃ 保存 10 天
鸡马立克氏病火鸡疱疹病毒活疫苗(FE126 株)	预防马立克氏病	用固定的稀释液按要求稀释,每只鸡颈部皮下注射 0.2 mL	在 −15℃ 以下保存 1 年

续表 9-2

疫苗名称	用途	用法及用量	保存环境
鸡传染性支气管炎（IB）活疫苗 H_{120}	用于 1 月龄雏鸡，预防鸡 IB，免疫期 2 个月	按照说明用生理盐水、蒸馏水、凉开水稀释后，滴鼻，每只鸡 0.03 mL，也可饮水，其量根据鸡的大小而定	-15℃ 以下保存 1 年；0～4℃ 保存 6 个月
鸡 IB 活疫苗 H_{52}	预防鸡 IB，用于 1 月龄以上的鸡，5～8 天产生免疫力，免疫期半年	按标签说明用法，用生理盐水或蒸馏水、冷开水稀释，每只鸡滴鼻 0.03 mL；也可饮水免疫，剂量加倍，饮水量根据鸡龄大小而定	-15℃ 以下保存 1 年；0～4℃ 保存半年
鸡肾型传染性支气管炎（W）活疫苗	用于预防肾型传染性支气管炎，首免免疫 4 个月，二免可延长到 6 个月	用同上的方法进行首免，经过 1～2 个月后再进行二免	-15℃ 以下保存 1 年；0～4℃ 保存半年
H_{120}、W 二价活疫苗	预防 IB，用于出生雏鸡，免疫期 2 个月	按标签说明用法，用生理盐水或蒸馏水、冷开水稀释，每只鸡滴鼻 0.03 mL；也可饮水免疫，剂量加倍，饮水量根据鸡龄大小而定	-15℃ 以下保存 1 年；0～4℃ 保存半年
H_{52}、W 二价活疫苗	预防 IB，用于经鸡 H_{120}、W 二价苗免疫后的 1 月龄以上的鸡，免疫期 6 个月	按标签说明用法，用生理盐水或蒸馏水、冷开水稀释，每只鸡滴鼻 0.03 mL；也可饮水免疫，剂量加倍，饮水量根据鸡龄大小而定	-15℃ 以下保存 1 年；0～4℃ 保存半年
鸡 ND（Lasota）、鸡 IB（H_{120}）二联活疫苗	预防 ND 和鸡 IB，用于 7 日龄以上鸡	按标签说明用法，用生理盐水或蒸馏水、冷开水稀释，每只鸡滴鼻 0.03 mL；也可饮水免疫，剂量加倍，饮水量根据鸡龄大小而定	-15℃ 以下保存 1 年；0～4℃ 保存半年
鸡 ND（Lasota）、鸡 IB（H_{52}）二联活疫苗	预防鸡 ND 和 IB，用于 21 日龄的鸡	按标签说明用法，用生理盐水或蒸馏水、冷开水稀释，每只鸡滴鼻 0.03 mL；也可饮水免疫，剂量加倍，饮水量根据鸡龄大小而定	-15℃ 以下保存 1 年；0～4℃ 保存半年

续表 9-2

疫苗名称	用 途	用法及用量	保存环境
传染性法氏囊病(IBD)中毒力(B87)活疫苗	预防IBD,用于有母源抗体的鸡群	按标签说明用法,用生理盐水或蒸馏水、冷开水稀释,每只鸡滴鼻 0.05 mL;注射 0.2 mL;也可饮水免疫,剂量加倍,饮水量根据鸡龄大小而定(饮水中加入 0.1%~0.2%的脱脂奶粉)	在-15℃以下保存1年;4℃保存 30 天;在 22~25℃保存 7 天
鸡痘(鹌鹑系)活疫苗	预防鸡痘。用于 1 周龄以上鸡	按标签说明用法,用生理盐水或蒸馏水、冷开水稀释,翅膀内侧无血管区皮下刺种	在-15℃以下保存 18 个月;0~4℃保存 1 年;25℃保存 1 个月
传染性喉气管炎(K317)活疫苗	预防鸡传染性喉气管炎,用于 5 周龄以上的鸡	按标签说明用法,用生理盐水稀释,每只鸡滴鼻或点眼 0.1 mL	
鸡产蛋下降综合征(EDS76)油乳剂灭活疫苗	预防鸡产蛋下降综合征,用于开产前母鸡	每只鸡肌肉或皮下注射 0.5 mL	4~10℃避光保存,但防止冻结,有效期 1 年
鸡 ND 和 EDS76 二联油乳剂灭活疫苗	预防 ND 和 EDS76,用于开产前的母鸡	每只鸡皮下或肌肉注射 0.5 mL	
禽流感 H5N2 亚型灭火苗	预防 H5N2 型禽流感	首次 0.3 mL/只,颈部皮下注射;以后 0.5 mL/只,胸肌或颈部皮下注射	2~8℃避光冷藏
重组禽流感病毒 H5N1 亚型灭活疫苗	预防 H5N1 型禽流感	2 周龄首免,0.5 mL/只;5 周龄二免,1.0 mL/只;开产前三免,1.0 mL/只,以后每 3 个月免疫 1 次,1.0 mL/只,肌肉注射	按标签说明
禽流感 H5N1-5-4 疫苗	预防鸡 H5 亚型禽流感	按说明接种	按标签说明
禽流感(H5+H9)二价灭活疫苗(H5N1 Re-5 + H9N2 Re-2 株)	预防由 H5 和 H9 亚型禽流感病毒引起的禽流感	2 周龄首免,0.5 mL/只;8 周龄二免,0.5 mL/只;开产前三免,0.5 mL/只,以后每 3 个月免疫 1 次,0.5 mL/只,肌肉注射	按标签说明

续表 9-2

疫苗名称	用 途	用法及用量	保存环境
禽流感灭火苗（H9 亚型，F 株）	预防由 H9 亚型禽流感病毒引起的禽流感	2 周以内雏鸡 0.2 mL/只,颈部皮下注射;2 周至 2 月龄 0.3 mL/只,颈部皮下注射;2 月龄以上 0.5 mL/只,颈部皮下或肌肉注射	按标签说明

○ **疫苗的接种方法**

疫苗的接种方法主要有注射、饮水、滴鼻、点眼、气雾、刺种、口服等,在使用前一定要认真阅读疫苗使用说明书,按其所注明的方法接种。但在使用某种疫苗接种方法时应当注意一些问题。

1. 注射法

注射法分为肌肉注射和皮下注射。肌肉注射的位置一般选在胸肌、腿肌(外侧)等肌肉较发达的部位。胸肌注射时选择胸肌最发达的部位,针头斜向扎入,防止因注入太深刺伤内脏器官导致死亡;腿肌注射选在外侧血管、神经较少的部位,避免造成跛行。适用于肌肉注射疫苗的主要包括一些活毒苗或灭活苗,如新城疫 I 系疫苗、禽霍乱疫苗等。皮下注射是将疫苗注射在皮下,常选择在皮肤较松弛的部位,如颈部皮下等。注射时用大拇指与食指捏起颈部皮肤,将注射器针头扎入两层皮之间,然后注入药液。使用此法时应防止针头扎透两层皮肤导致药液外注。适用于此种接种方法的疫苗有马立克氏疫苗。注射所用器械一定要进行彻底消毒,并且每次用完后都消毒。

2. 饮水法

将疫苗按要求的浓度配成水溶液,让鸡饮服。这是一种操作简便、省人力、对鸡影响小的免疫方法。适用于饮水的疫苗有新城疫 IV 系、传染性支气管炎苗、法氏囊苗等。饮水免疫时应准备充足的饮水器,饮水前停水 2~3 h(冬季适当延长停水时间),疫苗稀释后 0.5 h 内饮完,饮苗前后 24 h 内禁止饮服高锰酸钾或含漂白粉的自来水,避免经水投服其他药物。

3. 点眼、滴鼻法

用滴管吸取已稀释好的疫苗,滴入鸡的眼内或鼻孔中。此种方法无漏免现象,免疫效果好,但需要逐只抓鸡,劳动强度大,适合于雏鸡。常用于此法接种的疫苗有新城疫Ⅱ、Ⅲ、Ⅳ系以及传染性支气管炎、传染性喉气管炎弱毒疫苗。接种时应注意确实将疫苗滴入眼或鼻中。

4. 气雾法

用高压喷雾器将疫苗喷洒于鸡头方向,距鸡头上方 50 cm 高,气雾粒子直径以 30～50 μm 为适,鸡可通过呼吸道吸入疫苗。此法既省人工又不惊扰鸡群,免疫效果较好。适于大、中型机械化或半机械化鸡场。但是,气雾法必须用于 60 日龄以上的鸡。气雾免疫时应关闭所有的通风口,15 min 后可打开。气雾免疫时的操作人员要搞好自身的防护工作,如戴上防毒面罩或口罩,穿上防毒服装等。可用于气雾免疫的疫苗有新城疫Ⅱ、Ⅳ系和传染性支气管炎弱毒疫苗等。

5. 刺种法

用消毒的蘸水钢笔尖或刺种针蘸取已稀释好的疫苗,刺于鸡的翅内侧无血管区的内皮下,旋转半圈。此法抓鸡的劳动强度大,给鸡造成的应激影响大,用前在饲料中多加入 2～3 倍的维生素。适用于此种接种方法的疫苗有鸡痘疫苗。接种后 5～7 天对接种效果进行检查。方法是打开鸡的翅膀,观察接种疫苗部位,若发现已结痂则说明接种成功,否则应重新接种。

另外,还有一些其他的免疫方法如毛囊刺种、肛门涂抹等,因使用较少,不再介绍。

○ **免疫程序**

根据本地区、本鸡场、该季节疾病的流行情况、鸡群状况、疫苗特性规定应接种的疫苗种类、接种方法和途径、接种时间称为免疫程序。每一鸡场都有适合于自己的免疫程序,所以,免疫程序在场与场之间是有差异的,鸡群与鸡群之间也应有差异。

表 9-3 至表 9-6 分别列出种鸡(包括蛋种鸡、肉种鸡)、商品蛋鸡、肉用子鸡的免疫程序,仅供参考。

表 9-3　种鸡免疫程序

日龄	疫苗种类	接种方法
1	马立克、新城疫克隆 30 或 Ⅱ 系苗	颈部皮下注射、点眼或滴鼻
7	传染性支气管炎 H_{120}	饮水或滴鼻
10~14	新城疫油乳剂灭能苗、中毒力法氏囊苗	皮下注射 0.5 mL、饮水
21~24	中毒力法氏囊苗、鸡痘疫苗	饮水、刺种
29	传染性喉气管炎、新城疫油乳剂灭能苗	点眼、肌肉注射
35	传染性支气管炎 H_{120}、禽流感 H5N1	饮水或滴鼻、肌肉注射
60	禽流感油苗	肌肉注射
70	传染性喉气管炎	饮水
120	新城疫＋法氏囊＋减蛋综合征三联	肌肉注射
125	禽流感油苗(H5 型、H9 型)	肌肉注射
140	传染性支气管炎油乳剂灭活苗、鸡痘	肌肉注射(或 H_{52} 肌肉注射)、刺种
280	传染性法氏囊油乳剂灭活苗	肌肉注射

以后每 3 个月接种 1 次 H5 型、H9 型禽流感疫苗

注:传染性喉气管炎疫苗建议仅在疫区、疫场使用;建议使用无特定病原体(SPF)疫苗或进口的优质疫苗,若为其他疫苗应在当地兽医的正确指导下使用。

表 9-4 商品蛋鸡免疫程序(一)

日龄	疫苗种类	接种方法
1	马立克氏疫苗、传染性支气管炎 H_{120}	颈部皮下注射、滴鼻或点眼
7~10	新城疫 II 或 IV	点眼或滴鼻
14	传染性法氏囊苗	饮水
28~30	新城疫 II 或 IV、传染性喉气管炎	点眼或滴鼻、点眼
30	传染性法氏囊、鸡痘、传染性支气管炎 H_{120}	饮水、翅内侧皮下刺种、滴鼻
35	H5 型禽流感疫苗	肌肉注射 1.0 mL/只
60	新城疫 I 系疫苗、传染性喉气管炎	肌肉注射、饮水
70	禽流感油苗	肌肉注射
90	鸡痘	翅内侧皮下刺种
120	新城疫＋减蛋综合征二联苗	肌肉注射
125	禽流感油苗(H5 型、H9 型)	肌肉注射
120~140	传染性支气管炎 H_{52}	肌肉注射

注:传染性喉气管炎疫苗建议仅在疫区、疫场使用;建议使用无特定病原体(SPF)疫苗或进口的优质疫苗,若为其他疫苗应在当地兽医的正确指导下使用。

表 9-5 商品蛋鸡免疫程序(二)

日龄	疫苗	接种方法	备注
1	马立克 CVI988 细胞结合苗	颈部皮下注射	接种后需隔离 1 周
7	新城疫、传支、肾传支二价三联苗 CLONE30＋H_{120}＋28/86	滴鼻或点眼	污染区可提前 2 天
12	传染性法氏囊中等毒力苗	饮水或滴鼻	饮水中加入 0.5% 的脱脂奶粉
18	支原体冻干苗	点眼	非疫区不使用
22	法氏囊中等毒力苗	饮水或滴鼻	
30	新城疫 IV 系＋传支苗 H_{52},新、肾二联油苗	点眼、滴鼻,皮下注射	
35	H5 型禽流感疫苗	肌肉注射 1.0 mL/只	
40	传染性喉气管炎苗、鸡痘苗	滴鼻点眼、翅膜刺种	疫区鸡痘可提前刺种

续表 9-5

日龄	疫苗	接种方法	备注
45	传染性鼻炎油苗	肌肉注射	疫区使用
60	新、肾二联油苗	肌肉注射	
70	禽流感油苗（H5 型）	肌肉注射	
90	传染性喉气管炎疫苗	点眼	
100	大肠杆菌油苗	肌肉注射	疫区使用
120	新城疫、传染性支气管炎、减蛋综合征三联油苗或新城疫、减蛋综合征二联油苗	肌肉注射	
130	禽流感油苗（H5 型、H9 型）	肌肉注射	
120～500	新城疫Ⅳ疫苗	饮水　每 2 个月左右 1 次	
	H5 型、H9 型禽流感每 3 个月免疫 1 次		

注：见蛋鸡免疫程序（一）。养鸡户可根据本鸡场的具体情况选择适合于自己的免疫程序。

表 9-6　商品肉用子鸡免疫程序

日龄	疫苗种类	接种方法
5	新-肾-支	点眼或滴鼻、滴鼻
14	传染性法氏囊	饮水
21	传染性法氏囊	饮水
35	新城疫Ⅳ、传支 H_{52}	点眼、滴鼻或饮水

○ 免疫时应注意的问题

为了保证免疫效果，在制定免疫程序及免疫过程中，应注意以下问题：

①确定接种疫苗的种类。疾病的流行和发生有一定的地域性，如果该地区始终没有某一疾病发生过，就不要进行此种疫苗的接种，因为有些活苗接种后等于给鸡群和鸡场带来了病毒，以后必须每一批都要接种，否则就要发病，如传染性喉气管炎疫苗。

②确定接种疫苗时间。确定疫苗接种时间的最科学方法是根据体内抗体浓度的高低。而抗体浓度的高低又受母源抗体高低、疫苗特性、鸡群健康状况等的影响。雏鸡体内母源抗体浓度高、疫苗作用时间长、鸡群产生抗体的能力强时，接种疫苗的时间可延长，相反，应提前接种。有条件的鸡场应经常检测体内抗体的高低，以此作为确定接种时间的依据。

③保证疫苗质量。每一种疫苗都有其特定的保存环境、保存期，在使用时一定要严格按要求保管，坚决杜绝使用过期或失效的疫苗。购疫苗应从保质量、守信誉的大厂家直接进货，尽量减少中间环节。接种方法适宜与否直接影响免疫效果甚至鸡群健康。接种前应认真阅读说明书，按说明的方法接种。

④减少接种应激。接种疫苗本身是一种应激因素，或多或少会给鸡带来影响，为了减小这种应激作用，在免疫前后 2～3 天增加饲料中维生素的含量（一般增加 2～3 倍）。另外，在接种疫苗的同时不要进行其他的工作，如断喙、转群、换料等，否则将影响抗体的产生。

❸ 鸡病诊断的一般方法

诊断是采取治疗和防疫措施的前提，只有对鸡群发生的疾病做出及时准确的诊断，才能采取正确有效的防治方法。疾病的诊断应根据流行特点、临床症状、病理变化及实验室检查等综合确诊。

○ 流行特点

有许多疾病的发生与年龄、季节、气候条件、饲养管理水平等有密切关系，有其一定的发生和发展规律，尤其是传染病。掌握了这一规律，对于正确诊断疾病很有帮助。

1. 与年龄有关的疾病

有些疾病的发生与年龄有密切的关系,即某一年龄段的鸡对某一疾病有较强的易感性,表现为发病率和死亡率均高于其他年龄段的鸡,依此作为正确诊断疾病的依据之一。与鸡年龄有关的疾病主要有鸡白痢、鸡球虫、传染性法氏囊病、传染性马立克氏病、鸡淋巴细胞白血病、传染性支气管炎、传染性脑脊髓炎、脑软化症、鸡减蛋综合征等。

鸡白痢发病率和死亡率较高的阶段是 15 日龄以前,青年鸡和成年产蛋鸡呈隐性带菌者,无明显症状;球虫病主要发生于 15～60 日龄的雏鸡,环境温度高,湿度大,卫生条件差是发生该病的外界因素;传染性法氏囊病主要侵害 15～45 日龄的雏鸡,成鸡无此病;传染性马立克氏病主要发生于 60～120 日龄的雏鸡;鸡淋巴细胞白血病主要侵害产蛋以后的鸡,同时环境温度急剧变化时多发;3 周龄以下的鸡很少发生传染性支气管炎;雏鸡很少发生传染性喉气管炎;传染性鼻炎常见于 2～3 月龄的雏鸡;传染性脑脊髓炎主要发生于 7～18 日龄的雏鸡;脑软化症(维生素 E 和硒缺乏症)常见于 2 个月以前的雏鸡;鸡减蛋综合征主要发生于开产至产蛋高峰阶段的成鸡。

2. 与季节关系较密切的疾病

鸡痘主要发生在每年的 7～10 月份,此时,蚊蝇的叮咬为传播该病毒创造了良好的条件;气温急剧变化时,鸡淋巴细胞白血病、支原体病、传染性支气管炎、传染性喉气管炎等病发病率增高;夏季天热时,若不注意通风换气,鸡易中暑。

3. 与饲养管理条件关系密切的疾病

鸡舍卫生条件差,温度和湿度过高,鸡群密度大时,球虫病容易暴发;育雏温度过低时,鸡白痢的发病率增加;鸡舍通风不良时,易患呼吸道疾病;鸡舍消毒不及时,卫生条件极差时,易患大肠杆菌、葡萄球菌和绿脓杆菌病;鸡舍光线太强、温度太高时,鸡易出现啄癖现象等。

4.与饲料关系密切的疾病

饲料中某种成分含量过高或过低时,可引起鸡的中毒或缺乏症。如当鸡长期采食高蛋白和高钙饲料,同时缺乏维生素 A 和维生素 D,痛风病的发病率高;相反,鸡饲料中缺乏钙、磷,或两者的比例不适合,维生素 A 和维生素 D 的供给量不足时,常发生佝偻症或骨质疏松症;鸡食入不新鲜的肉粉或骨肉粉,易引起肉毒梭菌中毒;饲料中食盐含量过高时,鸡拉稀,时间长时引起肠炎;饲料中维生素不足时,易患维生素缺乏症;喂发霉变质饲料或鸡采食了发霉变质垫料、粪便时,易患曲霉菌病。

○ 临床症状

鸡病的诊断是对群体疾病的诊断,而不是针对某一个体,所以需要进行综合考虑。病鸡的临床症状主要有精神不振,食欲下降或废绝,饮水量发生变化,这是疾病的一般临床症状,有些症状具有特异性,如腹泻或下痢、神经症状、呼吸困难、口、鼻附着分泌物、眼病、瘫痪等。

1.采食和饮水异常

根据鸡群每天的采食和饮水情况,可以判断是否健康以及饲养管理是否正常。如舍内温度高,鸡群采食量减少;舍内温度偏低,采食量增加。而一般鸡患病时,采食量就减少,但饮水量增加。饲料含盐量高时,鸡群的饮水量也会增加。

2.羽毛、冠、肉垂、胫、趾等异常

成年健康鸡羽毛整洁、光泽,排列匀称。刚出壳的白羽鸡雏鸡被毛为稍黄的纤细绒毛。当鸡发病时,尤其是患慢性消耗性病或营养不良时,被毛无光、蓬乱、逆立、粗糙,提前或推迟换毛。健康鸡的冠大而厚,颜色鲜红、肥润,组织柔软、细致、光滑。肉髯左右大小相称,丰满鲜红。冠、肉垂、胫、趾等部位颜色的改变,是病态

的一种标志,通常鸡患病之时,冠和肉垂会出现异常颜色和形态。冠发白,多为内脏或大血管出血,或长期受寄生虫的侵袭(蛔虫、绦虫),也见于慢性病(结核、淋巴细胞性白血病)、营养缺乏等症;冠发绀,常发生于急性热性疾病,如鸡新城疫、禽流感、鸡伤寒、急性禽霍乱和螺旋体病,也见于呼吸系统的传染病(鸡传染性喉气管炎、鸡支原体病、禽霍乱)和中毒病;冠黄染,发生于成红细胞白血病、螺旋体病和某些原虫病(鸡住白细胞原虫病);冠萎缩,常见于慢性疾病,初开产的鸡突然鸡冠萎缩为淋巴细胞性白血病。冠水疱、脓包、结痂,为鸡痘的特征。冠上有粉末状结痂,见于黄癣、毛癣。鸡头肿大,常发生于鸡传染性鼻炎和禽流感。

3. 腹泻或下痢

鸡患有白痢、伤寒、副伤寒、传染性法氏囊炎、痛风、肾型传染性支气管炎病时,常排出白色稀粪;患有新城疫、禽流感、霍乱、绿脓杆菌病、传染性支气管炎、传染性喉气管炎、传染性滑膜炎等病时,常排出黄绿或淡绿色粪便;患球虫病、黄曲霉毒素中毒症、内寄生虫病、药物中毒、黑头病时,便中带血;患有白血病、大肠杆菌病、食盐中毒症、李氏杆菌病时,表现为腹泻;鸡舍温度过高时,因鸡大量饮水也可能出现腹泻。

4. 神经症状

可出现神经症状的疾病有鸡新城疫、鸡脑脊髓炎、马立克氏病、维生素 E 和硒缺乏症、维生素 B_1 缺乏症、镁缺乏症、中毒症等。患有鸡新城疫时,鸡表现兴奋、麻痹、痉挛、跛行或不能站立,翅膀、肌肉抽搐,运动失调,步态不稳,常就地转圈,头向后仰或向一侧扭曲,最后出现全身或部分瘫痪;患鸡脑脊髓炎病时,开始鸡精神不振,之后运动失调,前后摇晃,行步不能控制,足向外弯曲,两翅开张,难以行走,有努力保持身体平衡的欲望,但非常吃力;患有鸡马立克氏病时,两只脚一只向前,另一只向后,呈"劈叉"姿势。翅膀受害时,两翅或一翅下垂,呈"穿大裤"姿势。颈部神经受害时,歪颈或头下垂。迷走神经受害时,嗉囊麻痹和扩张;鸡患维生素 E 和硒缺乏症时,表现为运动失调,头颈弯曲或扭转,站立不稳,两脚发生痉挛性抽搐;患有维生素 B_1 缺乏症时,初期两腿无力,站立不稳,随后神经症状更为明显,脚、腿、翅、颈部肌肉麻痹,不能站立,常把身体坐于屈曲的腿上,头向后仰,出现角弓反张,呈"观星"姿势,有时出现全身瘫痪;患有镁缺乏症时,鸡表现为颈和头向前伸,两腿向前或向后,震颤、发抖,最后惊厥倒地死亡;患有中毒性疾病时,多表现痉挛、发抖、抽搐、昏迷而死亡。

5. 呼吸困难

鸡患有新城疫、传染性支气管炎、霍乱、传染性喉气管炎、传染性鼻炎、鸡慢性呼吸道疾病、曲霉菌病等病时常引起呼吸困难。

鸡患有新城疫时,呼吸症状表现为伸直头颈张口呼吸,并发出"咯咯"的叫声;患有传染性支气管炎病时,病鸡颈伸长,张口呼吸,打喷嚏,呼吸发出一种特殊的叫声,人称"喘鸣"声,在夜间尤为明显;患鸡霍乱时,病鸡张口呼吸,有时发出"咯咯"声;患传染性喉气管炎病时,病鸡吸气时,张嘴、伸颈,尽力做吸气姿势;呼气时,可听到喷嚏和痉挛性的咳嗽,有时喷出带血的黏液或固体血液;患传染性鼻炎时,病鸡呼吸困难和有呼吸啰音;患鸡慢性呼吸道疾病时,呼吸困难,咳嗽,气管内有啰音;患曲霉菌病时,呼吸困难,呼气时发出特殊的"嘎哑"音。

6. 口、鼻附着分泌物

鸡患有某些疾病时,消化道、呼吸道内分泌物增加,经口、鼻流出。这些疾病主要包括鸡新城疫、传染性支气管炎、霍乱、传染性喉气管炎、传染性鼻炎、鸡慢性呼吸道疾病、维生素 A 缺乏症等。

鸡患新城疫病时,口腔和鼻腔内积聚大量黏液,倒提鸡时,黏液可从口、鼻中流出;患传染性支气管炎时,鼻内流出黏液,眼内分泌物增多;得了霍乱以后,鼻内分泌物增多,并有特殊的臭味;患传染性喉气管炎时,鼻内有分泌物和湿性啰音,鼻孔中常积聚少量分泌物；患传染性鼻炎时，流出浆液性或黏液性鼻液，以后逐渐变为脓性，并有恶臭味，干后的黏液在鼻孔周围结痂，流眼泪，结膜肿胀，发炎；患鸡慢性呼吸道疾病时，出现浆液性鼻漏，表现为鼻炎、结膜炎、气管炎；患维生素 A 缺乏症时，鼻孔常流出鼻液，结膜发炎。

7. 眼疾

可引起眼部疾患的疾病主要有鸡痘、传染性喉气管炎、鸡慢性呼吸道疾病、曲霉菌病、传染性脑脊髓炎、马立克氏病、维生素 A 缺乏症、氨气中毒、大肠杆菌病、泛酸缺乏症、鸡伤寒和副伤寒等病。

患有皮肤型鸡痘时，病鸡眼睑及其他无羽区长出豌豆大小、表面凸凹不平、内含黄脂糊状的结节，数个结节相连，产生大块的厚痂，使眼难以睁开。患有黏膜型鸡痘时，引起结膜发炎，眼流泪，眼睑粘连乃至失明；患有传染性喉气管炎病时，病鸡眼中积聚大量分泌物，结膜发炎，严重时使眼睑封闭；患鸡慢性呼吸道疾病时，眼睑肿胀，眼部突出似肿瘤，眼球因受压迫而萎缩，严重者失明；患曲霉菌病时，瞬膜下形成黄色干酪样小球，眼睑凸出，角膜中央有溃疡；患有传染性脑脊髓炎时，出现眼球水晶体混浊，瞳孔反射消失；患马立克氏病时，眼虹膜呈环状或斑点退色，虹膜由橘红色变为灰白色，有"白眼病"之称，瞳孔边缘不整齐，并逐渐收缩，最后消失，失明；患维生素 A 缺乏症时，鸡怕光、流泪，角膜炎，结膜囊内存有白色干酪样物，角膜溃疡、穿孔，严重时失明；氨气中毒时，眼内分泌物增多，角膜炎，眼睑有溃疡或出血；患眼型大肠杆菌病时，眼球发炎，眼球前房积脓，眼球混浊，因视网膜剥离而失明；患泛酸缺乏症时，眼睑边缘形成小的结痂，渗出物增加将上下眼睑粘连，影响视觉；患鸡伤寒和副伤寒病时，可见结膜炎，流泪，上下眼睑粘连，严重时失明。

8.腿疾

引起鸡腿疾的疾病主要有葡萄球菌病、大肠杆菌病、支原体病、马立克氏病、鸡脑脊髓炎、传染性腱鞘炎、佝偻病、产蛋鸡疲劳症、痛风、脱腱症、维生素 B_2 缺乏症等。

鸡患有葡萄球菌病时,当该菌侵害到鸡腿部各关节,关节以下屈曲,可见鸡跛行或跳跃式行走,腿关节肿大,大腿骨易发生骨折;患有关节型大肠杆菌病时,鸡表现为跛行或卧地不起,关节肿大;慢性时,关节周围呈竹节样肥厚,步行困难;患有支原体病,鸡关节肿胀、跛行,切开关节可见黄色、黏稠奶油状渗出物;患有马立克氏病时,病鸡一腿向前,另一腿向后,呈"劈叉"姿势;患鸡脑脊髓炎时,病鸡脚麻痹,不愿行走,倒卧一侧或用膝部着地;患传染性腱鞘炎病时,病鸡关节肿胀,跛行,有时可见腱断裂,跗关节大量出血;患佝偻病时,鸡腿呈"O"形或"X"形,软弱无力,不愿行走,极易形成骨折;患产蛋鸡疲劳症时,胸骨和腿骨变形,当受到惊吓或捉鸡时易发生骨折;发生痛风症时,因大量尿酸盐在关节内沉积,使关节肿大,跛行,严重时鸡腿从关节处脱落;患有脱腱炎病时,鸡的胫骨、跗骨变形,足关节以下扭转向外屈曲,跟腱向内或向外移位;鸡缺乏维生素 B_2 时,脚趾向内侧蜷曲,故有鸡脚趾"蜷缩麻痹症"之称。

○ 病理变化

1.病死鸡剖检

病鸡剖检的第一步是观察尸体外表,注意其营养状况、羽毛、裸露皮肤和可视黏膜的情况。第二步用水或消毒药水将羽毛浸湿。第三步剥皮、开膛、取出内脏,逐项按剖检顺序观察,包括皮肤、肌肉、鼻腔、气管、肺、食道、胃、肠、盲肠、扁桃体、心脏、卵巢、输卵管、肾、法氏囊、脑、外周神经、胸腔和腹腔。剖检过程中,要做好记录。第四步总结出主要的特征性病理变化和一般非特征性病理变化,做出分析、比较和初步诊断。

2.剥皮

将死鸡腹部朝上置于解剖盘中,把两腿掰开,使其与髋关节脱位。沿颈、胸、腹中线剪开皮肤,再从腹下部横向剪开腹部,并延至两腿皮肤。由剪处向两侧分离皮肤。剥开皮肤后,可看到颈部的气管、食道、嗉囊、胸腺、迷走神经以及胸肌、腹肌、腿部肌肉等。

3.开胸腹腔

在胸骨突下缘横向剪开腹腔,顺切口分别剪断两侧肋骨。掀起胸骨,便可打开胸腔,再沿腹中线到泄殖腔附近剪开腹腔。

4.取内脏器官

内脏取出的顺序是肝脏(含胆囊)→脾脏→胃(腺胃和肌胃)→肠管→卵巢(雄性为睾丸)→输卵管→肾→心脏→肺→口腔→喉头→食管(含嗉囊)、气管→腔上囊。操作时首先把与肝脏连接的韧带剪断,再将肝脏、脾脏同胆囊一块摘出。接着,把食道与腺胃交界处剪断,将腺胃、肌胃和肠管一同取出。然后,将输卵管与泄殖腔连接处剪断,把卵巢和输卵管取出(公鸡为睾丸)。钝性剥离肾脏。断心脏的动脉、静脉,取出心脏。钝性剥离肺脏,将肺脏摘出。剪开喙角,打开口腔,把喉头与气管一同摘出;再将食道、嗉囊一同摘出。把直肠拉出,便可观察泄殖腔背面的腔上囊(法氏囊)。

5.开鼻腔

自两鼻孔上方横向剪断上喙,露出鼻腔和鼻甲骨断面。挤压鼻孔,可观察鼻腔内容物。

6.取脑

剥去头部皮肤,用骨剪剪开顶骨缘、颧骨上缘、枕骨后缘,揭开头盖骨,大脑和小脑露出。切断脑底部神经,取出大脑。

7.外部神经观察

剪去内收肌,位于大腿两侧的坐骨神经即可露出。将脊柱两侧的肾脏摘除,腰荐神经丛露出。剪开肩胛和脊柱之间的皮肤,剥离肌肉,可看到臂神经。

8.剖检应当注意

了解死鸡的来源、病史、症状、治疗经过及防疫情况;准备好需用的器具及消毒药,穿戴好工作服,戴上手套;将剖检所用的衣物和器具及时洗净消毒;剖检的时间越早越好,死后时间过长或变质的死鸡,不便观察;检查前准备好容器和固定液,以便随时放置剖检中采取的病料;送检的病料,应及时放入塑料袋内或广口瓶中;剖检后的尸体和包装用品一并深埋或焚烧;剖检室用后及时清洗消毒。

鸡患病以后,往往会引起内脏的变化,因此,解剖观察内脏的病理变化,是正确诊断疾病的另一重要依据。在进行病理检查时,先将病死鸡背朝下仰卧,拉开两腿,并将腿腹之间的皮肤切开,向外用力折断股骨头的韧带,使两腿平放于台上。将胸腹皮肤剥离,观察胸腹肌及腿肌,然后在胸骨与肛门之间横切腹壁,再沿两侧肋骨直至锁骨分别切断,将胸骨向上前翻,内脏便可充分暴露,便可逐项观察。

9.皮肤、肌肉

皮下脂肪小出血点见于败血症;传染性法氏囊病时,常有股内侧肌肉出血;皮肤型马立克氏病时,皮肤上有肿瘤。

10.消化器官

主要观察口腔、食管、嗉囊、腺胃、肌胃、小肠、盲肠、直肠与泄殖腔、肝脏、脾脏(虽不属消化器官,在此一并叙述)、胰脏等(彩图20)。

(1)口腔

有些疾病在口腔内有病变,如患有维生素 A 缺乏症时可见脓包样小白点;患黏膜型鸡痘时,有的病鸡在口腔内有痘疹和假膜或舌苔。

（2）食管

主要见于维生素 A 缺乏症，同口腔。

（3）嗉囊

常见嗉囊黏膜发炎、出血、积液、充满气体，多见于某些传染病或中毒症。有时因饲料颗粒过大不能向下运行，也可导致嗉囊发炎。

（4）腺胃

病变多发生于腺乳头、胃黏膜、腺胃肌胃交界处及腺胃食管交界处，出现出血点、出血斑、出血条纹和糜烂等。多见于新城疫、传染性法氏囊、禽流感、霍乱等传染性疾病。

（5）肌胃

病变经常出现在角质层下或角质层，表现为出血、溃疡、糜烂、变色。当鸡患有急性败血性传染病（如新城疫、传染性法氏囊、禽流感等）时，常在角质层下有出血点或出血斑，有的出现溃疡、糜烂；当鸡药物中毒时，角质层变色，内容物有异味。如雏鸡痢特灵中毒时，角质层颜色变黄；有机磷中毒时，内容物有大蒜味等。

（6）小肠

小肠常见的病理变化有炎症、出血、坏死、有假膜、肠管内有干酪样物等，有很多疾病发生后，在小肠可发现病理变化，如可引起小肠炎症的疾病有禽霍乱、鸡白痢、鸡伤寒、鸡副伤寒、大肠杆菌病、链球菌病、肉毒梭菌病、球虫病、肠炎等；可引起小肠黏膜出血（或充血）的疾病有鸡新城疫（前端）、禽霍乱（十二指肠最明显）、鸡伤寒（有时）、鸡副伤寒、大肠杆菌病、链球菌病、肉毒梭菌病、球虫病、肠炎等；可引起小肠溃疡、坏死的疾病有鸡新城疫、鸡白痢、球虫病等；可引起小肠壁增厚，肠黏膜上有一层假膜的疾病有鸡新城疫、禽霍乱、鸡伤寒、鸡副伤寒、链球菌病、球虫病等；患鸡白痢时小肠内有时有干酪样栓塞。

（7）盲肠

盲肠常见的病变有出血、肠腔内有干酪样栓塞等。可引起盲肠出血的疾病有鸡球虫病；在盲肠内形成干酪样栓塞的疾病有鸡球虫病、鸡白痢、鸡伤寒、鸡副伤寒、黑头病、马立克氏病等。

（8）直肠与泄殖腔

鸡患有新城疫、霍乱病时可见直肠与泄殖腔出血及溃疡；患有传染性法氏囊病时法氏囊充血、肿胀，内有胶冻样物。

（9）肝脏

绝大部分疾病在肝脏有病变，主要表现为变色、肿胀、出血、破裂、炎症、坏死、肿瘤、形成肝膜等。患有马立克氏病时，肝小叶结构消失，表面粗糙呈颗粒状；患淋巴细胞白血病时，肝脏肿大几倍，颜色灰白，质地变脆，内有肿瘤形成；患禽霍乱时，肝脏肿大呈棕红色或棕黄色，质地变脆，表面有针尖大小的灰黄色坏死灶，有时还有点状出血；患有鸡白痢时，肝脏土黄色，肿大，有砖红色条纹，表面有针尖大小的灰黄色坏死灶；患有伤寒病时，肝脏肿大，充血，表面有针尖大小的黄白色坏死灶；患有鸡副伤寒病时，肝脏肿大，颜色棕黄或稍带绿色，质地变脆，表面有淤血，有时可见脂肪变性；患有黑头病时，肝表面有圆形或不规则形稍有下陷的坏死灶，坏死灶中心为黄色或淡绿色，有时坏死灶连在一起。黄曲霉毒素中毒时，肝脏肿大，颜色苍白，质地变硬，表面有针尖大小的白色坏死灶；磺胺药物中毒时，肝脏肿大，出血；泛酸缺乏时，肝肿大，呈暗黄色；中毒症常表现为肝脏肿大，质地变脆，出血或淤血。

（10）脾脏

常出现的病变有肿胀、出血、表面有坏死灶或有肿瘤等。许多传染病在脾脏有变化，如马立克氏病、淋巴细胞白血病、鸡沙门氏杆菌病等。

（11）胰脏

可见的病变有出血或坏死，但无疾病的特征性。

11. 生殖器官

母鸡生殖器官主要包括卵巢（睾丸）和输卵管（输精管）。

(1)卵巢

卵巢常见的病变有出血、变形、萎缩、肿瘤等。鸡患新城疫病时卵黄膜充血、出血、破裂；患传染性支气管炎时，卵泡充血、出血，卵泡血肿、变形；患禽霍乱时，卵巢出血，卵黄膜破裂；患鸡白痢时，卵巢上的滤泡变形，卵黄为绿色、棕色、黑色等多种颜色，卵黄破裂，流入腹腔，发生腹膜炎；患有伤寒病时，卵黄为绿色、棕色、黑色等多种颜色，卵黄破裂，流入腹腔，发生腹膜炎；患有伤寒病时，滤泡肿胀、坏死，卵黄囊变形，卵黄膜充血，破裂，引起腹膜炎；患有大肠杆菌病时，卵黄膜充血，卵黄肿胀、破裂，流入腹腔，发生腹膜炎。

(2)输卵管

输卵管常见的病变有充血、出血、水肿、增厚、变薄、内有渗出物或干酪样物。产蛋下降综合征、禽流感和传染性支气管炎在输卵管有充血、出血、水肿、增厚、内有渗出物或干酪样物病变；患有衣原体病时，在输卵管的狭部出现水肿，将管腔阻塞，其他部分的输卵管变薄如透明的塑料纸。

12. 呼吸器官

呼吸器官主要包括鼻（包括眶下窦）、喉及气管、支气管、肺、气囊。

(1)鼻及眶下窦

鼻及眶下窦的主要病变有炎症、分泌物或渗出物增多。常见的疾病有传染性鼻炎、慢性呼吸道病（支原体）、传染性喉气管炎、禽流感、鸡新城疫等病，有时患有禽霍乱也出现该部分的病变。

(2)喉与气管

喉与气管的主要病变有炎症、充血、出血、有渗出液或黏液增多、黏膜肥厚等。患传染性支气管炎病的鸡喉头与气管内分泌物增加；患传染性喉气管炎病的鸡喉头与气管黏膜增厚、出血，有脓性分泌物;患鸡新城疫的鸡喉头与气管黏膜充血、出血,有的病鸡有分泌物;患支原体病的鸡喉头与气管黏膜增厚,有大量黏液;患鸡霍乱及传染性鼻炎病的鸡喉头及气管很少见有渗出物。

(3)支气管及肺

肺的主要病变有炎症、气肿、水肿、出血,有时见到有小结节或肿瘤。患传染性支气管炎病的鸡肺部有渗出液;患传染性喉气管炎病的鸡有支气管肺炎;患有马立克氏病的鸡肺部有肿瘤;患有禽流感、霍乱病的鸡肺部水肿、淤血;雏鸡患有白痢时,肺表面有白色针尖大小的病灶;患有曲霉菌病时,肺部有米粒大小的白色结节,有时还可见到青绿色的霉菌斑。

(4)气囊

气囊主要病变有发炎、增厚、混浊、有干酪样物。患有支原体时,气囊肥厚、混浊、有干酪样渗出物,有时传染性喉气管炎也有此病变;有时鸡患有霍乱、新城疫、大肠杆菌病、传染性鼻炎时,气囊表面有黄色干酪样渗出物;患有曲霉菌病时,气囊表面有米粒大小的白色结节,有时还可见到青绿色的霉菌斑。

13. 泌尿器官

泌尿器官主要包括肾和输尿管。常见的病理变化有颜色变化、肿胀、出血、结节或肿瘤、尿酸盐沉积等。大部分疾病可引起肾脏的水肿和充血,除此之外新城疫还使输尿管中积蓄大量尿酸盐;肾型传染性支气管炎肾脏退色;鸡患有白痢病时,肾小管和输尿管中沉积大量的尿酸盐;痛风病及维生素 A 缺乏症使输尿管极度扩张,内有尿酸盐沉积,肾脏苍白、肿胀。

14. 淋巴器官

容易出现病变的淋巴器官有法氏囊、盲肠扁桃体、胸腺等。

(1)法氏囊

法氏囊主要病变有水肿、黏膜充血、出血、囊内有炎性渗出物或干酪样物等。它是传染性法氏囊病的特征性病变。

（2）盲肠扁桃体

盲肠扁桃体常见的病变有肿胀、充血和坏死。与许多急性败血性疾病有关，无明显的特异性。

（3）胸腺

胸腺常见的病变有肿胀、充血和出血，可见于一些败血性传染病及与免疫有关的疾病。

15.神经

神经主要指脑和外周神经。

（1）脑

脑常见的病变有水肿、充血、出血、脑软化等。如患维生素 E 和矿物质硒缺乏症时，表现为脑水肿，小脑软化；患传染性脑脊髓炎时，脑水肿、充血、出血。

（2）外周神经

外周神经常见的病变有肿胀。鸡患马立克氏病、维生素 B_2 缺乏症时，坐骨神经肿胀几倍。

○ **实验室诊断**

在鸡的疾病诊断中，一般疾病可通过流行病学、临床症状、病理变化做出较为准确的诊断，但有时有些疾病缺乏临床特征，需借助实验室手段，帮助建立诊断。实验室诊断一般包括细菌的分离培养、生化试验、血清学诊断（包括凝集试验、琼脂扩散试验、病毒中和试验等）。这些化验技术可参考有关的兽医书籍，或直接将病料送兽医化验部门。

❹ 常见病防治

○ **传染病**

1.新城疫

新城疫又称鸡瘟，是一种由病毒引起的烈性传染病。几乎各种年龄、各个季节、所有禽种都可得本病,死亡率高达 80% 以上。近几年发生的鸡瘟呼吸症状明显,其他症状不典型,死亡率较低。

(1)病原

病原为鸡瘟病毒。该病毒的抵抗力较强,在潮湿、寒冷的环境中存活时间较长,但抗热、干燥能力较差,当加热到 100℃ 时 1 min、日光照射 30 min 就可将其杀死。常用的消毒药有 2% 的氢氧化钠、威岛牌消毒剂、百毒杀、抗毒威、过氧乙酸、1% 的来苏儿、漂白粉、3% 的石炭酸、1% 的臭药水等。

(2)症状及剖检

突然发病死亡的鸡没有任何症状。其他病禽随病程的延长,症状越来越明显。本病主要表现为呼吸困难,发出"咯咯"声,倒提时口腔内有黏液流出,拉白绿色稀粪,有时带血,有的鸡出现神经症状,如跛行、一肢或双肢瘫痪、头向后仰或转圈等。近几年发生的鸡瘟呼吸症状明显,其他症状不典型,死亡率较低。剖检时可见腺胃黏膜或乳头出血,腺胃与肌胃、腺胃与食管交界处有出血斑或出血带,腺胃角质膜下有出血或溃烂,小肠黏膜出血或坏死,盲肠扁桃体肿大。气管黏膜充血或出血,心内、外膜有点状出血。

(3)诊断

根据症状及剖检可基本做出准确判断,但更精确的诊断本病还需要进行实验室诊断方法,如病原学诊断法、血清学诊断法、血凝抑制试验等,其中血凝抑制试验是使用较广泛的一种方法。

(4)治疗

治疗本病目前尚无特效药,若发病后紧急接种疫苗,对控制病情发展起到较好的作用。方法是 2 月龄前的雏鸡用 Ⅱ 系或 Ⅳ 系弱毒苗饮水,2 月龄以上的鸡群可注射 Ⅰ 系中毒力疫苗,也可直接注射抗体。

(5)预防

预防本病的最好方法是接种疫苗,具体方法是:

　　种鸡及商品蛋鸡 7～10 日龄Ⅱ系或Ⅳ系滴鼻、点眼,隔 25 天左右用同样的方法二免,60 日龄Ⅰ系(或油苗)肌肉注射,120～130 日龄注射新城疫-减蛋综合征二联苗。有的鸡场进入产蛋期,每两个月饮一次鸡新城疫Ⅱ系或Ⅳ系,收到了较好的预防效果。肉用仔鸡 7～10 日龄首免,25～30 日龄二免,方法同种鸡。

　　目前,有的鸡场虽然进行了免疫,但又发生了鸡瘟,其主要原因是:疫苗效价低,质量差;疫苗保存不当失效;接种的时间、方法不适宜;鸡的体质较差或正在患有某种疾病等。因此,建议大家从守信誉、保质量的大厂家直接购买疫苗,并按照说明严格保存;免疫程序制定后要严格执行,有条件的鸡场可通过检测体内抗体浓度的高低确定接种时间;当人力充足时尽量不使用饮水或喷雾法;鸡群患病或体质较弱时,待其恢复后再行免疫。

　　2.马立克氏病

　　马立克氏病是危害养鸡业的另一种烈性传染病,鸡最易感,其次是火鸡、野鸡、雉鸡、鹌鹑、珠鸡也可得。但本病多发生于 2～5 月龄的鸡,无季节、性别、品种之别。

　　(1)病原

　　病原为马立克氏病毒。该病毒对环境条件和消毒药物的抵抗力较差,常用的消毒药物有 0.2% 的过氧乙酸、5% 的福尔马林直接喷洒或熏蒸、3% 的来苏儿、2% 的火碱溶液等。

　　(2)症状及剖检

　　本病主要分为神经型、内脏型、眼型、皮肤型 4 种。神经型的主要侵害外周神经。当侵害到坐骨神经时,一肢或两肢麻痹,一脚向前,一脚向后,呈“劈叉”姿势;当侵害到臂神经和翅神经时,翅膀下垂,呈“穿大褂”形;颈部神经受害时,则头颈歪斜。剖检时可见受侵害的神经较正常的粗 2～3 倍。内脏型的主要表现为脸色苍白,体重减轻,逐渐消瘦,下痢。剖检时可见几乎所有内脏器官上都生有肿瘤,如卵巢、肝、肾、脾、心、肺、睾丸、腺胃等。眼型主要侵害眼球虹膜部分,因虹膜逐渐增生而退色,由橘红色变为灰白色,故有"白眼病"之称。瞳孔边缘不整,并逐渐缩小,直至消失而失明。皮肤型的主要表现为皮肤上有较大的肿瘤结节,毛囊增大。实际生产中见到的多为混合型。

（3）诊断

根据典型症状可较准确地做出诊断。若采取实验室诊断,常用的方法是琼脂扩散试验和免疫荧光试验。

（4）预防

有人称马立克氏病是鸡的"癌症",对本病目前尚无有效的治疗方法和药物,应以预防为主。方法是在出壳后的 24 h 之内皮下注射马立克氏疫苗 0.2 mL。接种疫苗时应注意:按照说明保存和稀释疫苗,疫苗稀释以后,最好 1 h 内用完,最长不能超过 2 h。接种疫苗后的 5～7 天机体方可产生免疫力,因此,在这一段时间内要搞好隔离和消毒,防止感染。另外,现在有的鸡场在 10～20 日龄再进行一次马立克氏疫苗的注射,可使该病的发生率明显降低。

3. 淋巴细胞白血病

淋巴细胞白血病是危害成年产蛋鸡的一种慢性肿瘤性疾病。发病多为 6～8 月龄的成年鸡,蛋用鸡多在开产前后发病。其主要传播方式是垂直传播,即带毒种鸡所产的带毒种蛋孵出的雏鸡也带毒。这种带毒鸡向环境不断排毒,使其他健康鸡感染,又形成平行感染。因此,控制和消灭本病是非常困难的。正常情况下,受感染的鸡群其发病率在 5%～6%,但也有高达 20%左右的报道。近年来我国的一些原种鸡场开始了鸡淋巴细胞白血病的净化工作,取得了显著成绩,使其后代的发病率明显降低。气候因素对本病的发生有一定的影响作用。当环境温度急剧变化、湿度过大时,发病率较高。

（1）病原

病原为禽白血病病毒。该病毒对热、酸、碱的抵抗力较差,

60℃经42 s就可使其灭活,但对紫外线和X射线的抵抗力较强。

（2）症状及剖检

发病鸡往往表现停产,鸡冠苍白、皱缩,逐渐消瘦,排出绿色稀粪,腹部增大,有时可摸到肿大的肝脏。将手指插入泄殖腔可触到肿大的法氏囊。剖检病死鸡时首先见到的是肿大的肝脏,肝脏较正常肝大4～5倍;其次是脾脏、肾脏、卵巢、法氏囊等器官有肿瘤,肿瘤一般呈球形或扁平形。肿瘤从针头大小到鸡蛋大小不等,有单在的也有聚集的。着生肿瘤的器官色泽灰白,质地变脆。

（3）诊断

鸡淋巴细胞白血病主要使开产前后的鸡发病,4月龄以前的鸡很少发生。本病的典型症状是下痢、消瘦、产蛋失调,剖检时可见肿大的肝脏和法氏囊。根据典型症状和病理解剖特点以及发病时间,可初步对本病做出诊断,但更准确的诊断结果还应配合以病毒分离和血清学检验,病毒分离和血清学检验法较为复杂,目前生产上应用较少,一种操作较为简便的方法是琼脂扩散试验来检查鸡羽髓中的抗原,可达到准确诊断鸡白血病的目的。

（4）预防

鸡淋巴细胞白血病目前尚无有效的疫苗和治疗药物,最有效的方法是淘汰带毒鸡,建立无淋巴细胞白血病鸡群。注意环境条件的稳定,防止温度忽高忽低。

4.鸡痘

鸡痘是由禽痘病毒引起的一种急性、接触性传染病,鸡和火鸡最易感染,其他禽类也可发生。禽痘的感染不分年龄、性别和品种,但以幼龄易感,病情严重。本病在夏秋和蚊蝇多时易发生。

（1）病原

病原为禽痘病毒。该病毒对外界环境的抵抗力相当强,从病灶上脱落下的干痘痂可在干燥环境下存活几个月,阳光照射几周后仍有感染力。较敏感的消毒药有1%的火碱溶液、0.1%的升汞、1%的醋酸、1%的来苏儿等。

（2）症状

皮肤型禽痘在禽体无毛或毛少的部位着生，如冠、肉髯、眼睑、喙角等部位，依次为灰白色小结节—红色小丘疹—绿豆大痘疹—干硬结节；黏膜型主要着生在口腔、咽喉黏膜和眼结膜上，先是黄白色小结节，后融合在一起，形成一层黄白色干酪样的假膜，当去掉假膜后，便露出红色的溃烂面。单纯的皮肤型禽痘对家禽影响不很大，混合型和黏膜型会影响家禽的生产，严重时造成死亡。

（3）诊断

根据症状可做出准确诊断。

（4）防治

治疗本病目前尚无特效药物，若对症治疗可防止继发感染。皮肤型一般不治疗，黏膜型将假膜去掉，用 0.1%的高锰酸钾冲洗，之后用碘甘油、氯霉素软膏、鱼肝油涂擦。

（5）预防

预防本病的有效方法是接种疫苗。25 日龄和 90 日龄鸡痘鹌化弱毒冻干苗翅内侧无血管区各刺种（或注射）1 次，经 7 天后检查接种效果，若在接种部位有结痂现象，说明有效，无痂应重新接种。

5. 传染性法氏囊

传染性法氏囊是危害养鸡生产的另一种急性传染病，青年鸡和火鸡最易感。鸡群发病率可达 90%以上，死亡率 30%~70%，发病快，结束快，无季节和品种限制。

（1）病原

病原为传染性法氏囊病毒。该病毒对理化因素有较强的抵抗力，60℃时 40 min 仍有致病力。常用的消毒药物有 2%的氢氧化钠、威岛牌消毒剂、百毒杀、抗毒威、过氧乙酸、1%的来苏儿、漂白粉、3%的石炭酸、1%的臭药水等。

（2）症状和剖检

突然下痢，排出大量水样粪便，很快脱水。伴随有减食，精神委顿，翅下垂，嘴插入羽毛内，怕冷。剖检可见法氏囊肿大或出血，内有果浆样黏液，腺胃有出血点或出血斑，腿内侧肌肉有出血点。

（3）诊断

根据以上症状和剖检，可基本做出诊断。常用的实验室诊断方法是中和试验、琼脂扩散试验、荧光抗体试验等。

（4）治疗

目前，治疗本病尚无特效药。鸡发病初期，可紧急注射抗体，效果较好。还应喂些补液盐，以补充体液；使用囊复康、管囊散、肾肿灵、肾宝、速补等药物对缓解病情有一定疗效；同时配合使用清热解毒和抗病毒药物，如板蓝根、病毒灵等效果更佳。

（5）预防

预防本病的方法是接种疫苗。目前常采用 2 次免疫法：10～14 日龄饮水首免，经 2～3 周后二免（饮水）。

6. 禽霍乱

禽霍乱是由巴氏杆菌引起的一种烈性传染病，各种禽类均可得，鸭和火鸡对本病的敏感性较强；无性别、年龄、季节之分，但以夏秋多发；雨季较旱季发病率高，死亡率也高，有资料报道，死亡率达到 70%～100%。

（1）病原

病原为禽巴氏杆菌。该病菌为革兰氏阴性菌，对环境因素及消毒药物的抵抗力不强，加热 60℃ 10 min 或阳光照射就可将其杀死。对一般的消毒药物较敏感，如 0.2% 的过氧乙酸、5% 的生石灰水、1% 漂白粉、5% 的石炭酸等。

（2）症状及剖检

最急性的突然发病，无任何症状。随病程的延长，表现出剧烈下痢，粪便为白绿色或黄绿色，冠和肉髯紫黑（有的为苍白），有时水肿；呼吸困难，关节发炎、肿胀，内有干酪样物。剖检时可见心外膜有小出血点，肝表面有灰白色或灰黄色针头大小的坏死点，皮下组织和腹脂、肠系膜有出血点，十二指肠出血，肝脏棕黄或紫色，肿大质脆，心包积液等。

（3）诊断

根据以上症状和剖检，可基本做出诊断。实验室常用的诊断方法是取病死鸡的心脏、脾或肝进行涂片，用瑞氏染色，在显微镜下观察，两极着色的球杆菌为巴氏杆菌。

（4）治疗

0.1%的土霉素拌料，连用3～5天；每千克体重20～30 mg喹乙醇口服，每天喂1次，连用3～5天；青霉素饮水，每只每天5 000～10 000 U。另外，链霉素和磺胺类药物也有较好的疗效。

（5）预防

每月0.05%土霉素拌料，连喂3天，可较好预防霍乱。也可注射疫苗，但目前生产的多数疫苗保护率较低，保护期短，所以，很多鸡场不进行预防接种。

7. 鸡白痢

鸡白痢是由鸡白痢沙门氏杆菌引起的一种急性败血性传染病，几乎各种禽类均可得，以2～3周龄雏鸡感染后发病率和死亡率最高，成鸡一般呈隐性带菌者，无外表症状，但对产蛋有影响，近几年也有关于成鸡发生鸡白痢而引起死亡的报道。当种鸡严重带菌、育雏温度较低、鸡舍卫生条件差时，鸡白痢的发病率高。

鸡白痢的传播方式分为水平和垂直方式。病鸡及带菌鸡排出的沙门氏菌污染周围环境，如饲槽、饮水器、地面、笼具等，通过消化道感染其他健康鸡，即水平传播；带菌种鸡所产蛋孵化的雏鸡为带菌者，即为垂直传播。一般经垂直传播的白痢治愈率较低。

（1）病原

病原为鸡白痢沙门氏杆菌。该病菌对热及光的抵抗力较差，对一般的消毒药物均较敏感。60℃加热几分钟就可死亡,常用的消毒药物很快将其杀死,如百毒杀、过氧乙酸、抗毒威、火碱、甲醛、高锰酸钾等。

（2）症状及剖检

雏鸡下痢,排出白色黏稠粪便污染肛门,称"糊屁股"。呼吸困难,怕冷,两翅下垂,缩头闭目。经胚胎垂直感染的雏鸡,一般很难治愈,出壳后1周以内死亡;后期感染的雏鸡,若投药适当,治疗及时,死亡率较低,3周以后的雏鸡死亡率极低。成年鸡感染后,产蛋量减少或停产,种鸡感染后种蛋的受精率和孵化率明显降低,雏鸡白痢发病率高,死亡率高。剖检病死雏鸡时可见心、肝、肺有坏死结节,输尿管内被尿酸盐阻塞,心包膜增厚,心包液混浊增多,有时心包与心肌粘连。肝脏肿大,呈黄土色,有条纹状出血。腹膜混浊,有干酪样物附着。盲肠肿大,内有干酪样栓塞。有的病鸡表现为关节炎,关节内有奶油样物。成年鸡卵巢上的卵子变形,颜色呈灰、黑、绿、白等多种颜色,有时出现腹膜炎、心包炎。

（3）诊断

可根据症状做出初步诊断,更准确的方法是用血凝抑制试验。

（4）治疗

治疗本病可用0.2%的土霉素、金霉素拌料,连喂7天;0.01%～0.02%的氟哌酸拌料,连喂3天。还可用恩诺沙星、环丙沙星等药物。

（5）预防

淘汰带菌种鸡,严格消毒种蛋,适当提高育雏温度,对1～2周龄的雏鸡用上述治疗药物的1/2剂量进行预防。

8.鸡传染性支气管炎

本病是一种急性的高度传染的呼吸道疾病。病鸡主要表现为呼吸道症状,死亡率较低,4周龄以下的雏鸡症状明显,常有死亡。成年鸡常引起产蛋急剧下降,畸形蛋迅速增加。因此,本病被称为养鸡业中危害最大的重要疾病之一。本病一年四季均可发生,但以秋季到早春这段时间多发,尤其是受到寒流、转群等刺激时最易发生。环境条件较差、鸡群密度大、通风不良也是发生此病的重要原因。主要的传播方式是呼吸道和消化道。

（1）病原

病原为传染性支气管炎病毒。该病毒对外界条件的抵抗力不强,56℃条件下15 min就可将其杀死,低温条件下存活时间较长。兽医上常用的消毒药物就可将其杀死,如0.1%的高锰酸钾、1%的来苏儿、1%的福尔马林、百毒杀、农福等。

（2）症状及剖检

发病雏鸡表现为气喘,呼吸有水泡音,并伴有咳嗽,这种声音在夜间更容易听到。病雏鼻窦肿胀,鼻黏液增多,常流眼泪。发病2～3天后,雏鸡的精神不振,食欲下降,羽毛松乱,两翅下垂,怕冷,排出白色或白绿色稀粪。上述症状持续10天左右,若不继发其他疾病,便可消失。成年鸡发病后产蛋量突然下降,软壳蛋、沙壳蛋、畸形蛋增加,蛋白稀薄,同时带有与雏鸡相同的症状。

剖检病死鸡时可发现气管、支气管、鼻道、喉头、鼻窦有卡他性、浆液性、干酪样渗出物,气管黏膜面可见轻度充血、水肿性肥厚,有时气囊混浊或有干酪样物质。产蛋鸡可见卵泡膜充血或出血,卵黄掉入腹腔,而引起腹膜炎。当感染侵害肾脏的毒株时,可见肾脏肿大,颜色变浅,肾小管和输尿管充满尿酸盐。

（3）诊断

对本病可根据流行特点、临床症状和病理变化做出初步诊断,但若想做出更准确的诊断还需进一步进行病毒分离和血清学检查。经病毒分离后可用已知阳性血清做中和实验或琼脂扩散实验。

（4）预防与治疗

预防本病的有效方法是接种疫苗。常用的是鸡胚弱毒化疫苗

H_{120} 和 H_{52}，其免疫程序为：4～5 日龄 H_{120} 滴鼻或饮水，20～30 日龄用同样的方法进行第二次免疫，2 月龄时用 H_{52} 再免疫 1 次，方法同前。对于肾型传染性支气管炎可用肾毒株油佐剂灭活苗免疫。另外，在本病的高发季节要保持环境的相对稳定，尽量减少应激因素。加强鸡舍通风，合理控制鸡群密度，保证鸡舍空气新鲜。

治疗本病目前尚无有效的药物，但为了防止继发感染，常采取一些对症治疗措施，如在饲料或饮水中加入抗生素、磺胺类药物（产蛋鸡慎用）等，还可注射抗生素类药物。近年来的试验结果表明，用清热解毒的中草药效果较好。

9. 鸡传染性喉气管炎

本病也是由病毒引起的一种急性呼吸道传染病，病毒主要存在于呼吸道及其分泌物中，可经呼吸道、眼及口腔传染。各种年龄和品种的鸡均可感染，但以成年鸡症状最为特殊，病情较雏鸡严重。本病一年四季均可发生，但以寒冷季节多发。在流行地区，鸡的发病率较高，但死亡率不高。

（1）病原

病原为鸡传染性喉气管炎病毒。该病毒对外界环境的抵抗力差，煮沸后便立刻死亡。较敏感的消毒药物有火碱溶液、甲醛、过氧乙酸、农福、百毒杀等。

（2）症状及剖检

鸡突然发病，表现为以伸颈吸气为特征的呼吸困难，咳嗽、气喘，常咳出带血的黏液，可听到似吹口哨的声音。因病鸡长期呼吸困难而使得颜面肿胀。剖检病死鸡时可发现喉部有黄色或带血的分泌物，有时可见干酪样渗出物。喉头及气管黏膜肿胀、充血、出血或坏死，眼睑及眶下窦肿胀、充血。

（3）诊断

根据流行特点、症状及病理剖检，可做出初步诊断。在实验室可刮取病鸡患病部位的黏膜涂片做 HE 染色，检查核内包涵体；也可进行病毒分离鉴定等。

（4）预防及治疗

预防本病可通过接种疫苗的方法，常用的一种为鸡传染性喉气管炎疫苗，首免在 50 日龄，二免在 90 日龄，可点眼、滴鼻或饮水；另一种为传染性喉气管炎和鸡痘二联苗，免疫效果也较好。另外，鸡舍通风良好，温度适当提高（一般升高 2～3℃）而平稳，可减少本病的发生。

治疗本病目前尚无有效药物，当鸡群发病以后，为了防止继发感染和出现合并症，常采取对症治疗的方法，可肌肉注射青霉素、链霉素或饮水；可用氟哌酸拌料；还可口服喉症丸、六神丸、牛黄解毒丸、板蓝根、利咽冲剂等。

10. 传染性鼻炎

本病是经常发生于鸡的一种急性呼吸道传染病。其发病特点是传播快，发病率高，死亡率较低。任何年龄的鸡均可得，但以成年鸡发病症状最典型，最严重。冬、秋两季或气候寒冷、潮湿，温度变化急剧，鸡群密度大，通风不良时易暴发此病。病菌主要通过呼吸道传播，也可通过消化道侵入。

（1）病原

病原为鸡嗜血杆菌。该病菌对外界环境的抵抗力较低，在自然环境下几小时就可死亡，低温条件下存活时间稍长。一般的兽用消毒药物就可将其杀死。

（2）症状及剖检

病鸡精神沉郁，食欲下降。呼吸为咕噜音，有时咳嗽。流鼻液、眼泪，最初较稀薄，以后逐渐变为浆液性或脓性分泌物，将鼻孔堵塞或将上下眼睑粘连，影响视力或失明。面部和肉垂肿胀，有时喉部出现肿胀。病鸡常下痢，排出绿色稀便。成年鸡产蛋量下降或停产，软壳蛋及畸形蛋增加。死亡率不高。剖检病死鸡可见鼻腔及鼻窦黏膜充血、肿胀，表面有大量黏液，鼻腔及眶下窦内充满黏液或干酪样物;喉头及气管黏膜发红,表面有黏液分布;成年产蛋鸡常因蛋黄掉入腹而造成腹膜炎;卵泡发软或血肿。

(3)诊断

根据流行特点、症状及剖检变化可较准确地做出诊断,但应注意与其他呼吸道疾病的区别。传染性鼻炎主要在成年鸡发病,且传播快,发病多,但死亡率低;其典型症状是鼻炎,即流鼻液、打喷嚏、流眼泪、面部及肉垂肿胀等;剖检时病变主要发生在鼻腔及眶下窦内。

(4)治疗

肌肉注射链霉素,每千克体重 0.05 g,连用 3~4 天;0.3%~0.5%的磺胺嘧啶拌料,连用 3~4 天,但产蛋高峰期的鸡慎用,病情较轻时尽量不用,以免影响产蛋;0.2%的土霉素、四环素拌料,连用 5~7 天;另外,若怀疑为葡萄球菌或支原体混合感染,可并用泰乐菌素和青霉素。

(5)预防

预防本病可在育雏期进行疫苗接种,即对 1 月龄左右的雏鸡肌肉注射 0.3 mL 鸡传染性鼻炎灭活油佐剂苗,120 日龄时再用同样的方法注射 0.5 mL。但注射的日龄不同,免疫期不同。当注射菌苗的血清型与发病的血清型相同时,1 月龄以下的雏鸡免疫期为 3 个月;1 月龄以上的鸡免疫期为 5~6 个月;上笼时注射的可保证整个产蛋期不发病。同时应配合科学的饲养管理措施,如保证空气新鲜,供给充足的维生素,合理控制密度,搞好卫生消毒等。

11. 鸡慢性呼吸道疾病(支原体病)

本病也是一种以呼吸道症状为主要特征的慢性疾病。本病一年四季均可发生,但以气候寒冷和多变时多发;各年龄各品种的鸡均可得,但以 1~2 月龄的蛋鸡及肉用仔鸡多发;各鸡场都可发生,但往往有明显的诱因,如气候骤变、日夜温差太大、鸡舍通风不良、空气污浊、接种疫苗、患其他呼吸道疾病继发感染等。

支原体病的主要传播方式为垂直传播（即通过种蛋），也可水平传播，即通过呼吸道和消化道传播。

（1）病原

病原为支原体（或霉形体）。该病菌主要分为两种类型，即败血型霉形体和滑液囊型霉形体，对理化因素的抵抗力不强，一般的消毒药物可将其杀灭，如过氧乙酸、农福、百毒杀、火碱、抗毒威等。

（2）症状及剖检

鸡患败血型霉形体后主要表现呼吸道症状，如摇头甩鼻液、打喷嚏、咳嗽、气喘、呼吸有啰音。眼睑肿胀，眼结膜因渗出大量浆性或脓性物而发生粘连，最后变为干酪样物，压迫眼球导致失明。剖检时可见病死鸡鼻腔中黏稠的分泌物增多，喉头及气管黏膜水肿，黏性分泌物增多，严重者呈干酪样物阻塞喉裂而使鸡窒息死亡。随着病程的延长，气囊发生病变，表现为囊壁混浊、增厚，表面有黄色念珠状物，有的伴有肺炎。

当鸡感染了滑液囊型霉形体时，常表现为跛行，关节肿胀，其中跗关节和脚掌是主要感染部位，也有的出现胸囊肿。剖检病死鸡可见关节的滑液囊内有黏稠的白色或黄白色渗出物，病程长时为干酪样物。

（3）诊断

根据本病的流行特点、症状、病变可做出初步诊断，确诊还需进行病原分离和血清学诊断。同时还应将该病与传染性支气管炎、传染性喉气管炎、传染性鼻炎区别开来。常见的几种呼吸道疾病的鉴别诊断如表9-7所示。

（4）治疗

治疗本病的药物有：恩诺沙星、泰乐菌素、支原净、链霉素、红霉素、北里霉素、氟哌酸等。

（5）预防

预防本病的有效方法是加强饲养管理，减少应激因素，保持环境的稳定与卫生,鸡舍通风良好,在气候骤变的季节更应注意。在免疫后容易激发,故在免疫当天至免疫后 3 天内投服敏感抗生素,并在饲料中多加入 2～3 倍的复合多维。

表 9-7　传染性支气管炎、传染性喉气管炎、支原体、传染性鼻炎的鉴别诊断

病名	传染性支气管炎	传染性喉气管炎	支原体	传染性鼻炎
病原	传染性支气管炎病毒	传染性喉气管炎病毒	鸡支原体	副鸡嗜血杆菌
发病禽种	鸡	主要是鸡,野鸡、幼火鸡、孔雀也可感染	鸡和火鸡,偶见其他禽患病	主要是鸡,雉鸡、鹌鹑、珠鸡少见
流行特点	各日龄鸡均可发生,但 40 日龄内的雏鸡多发,且死亡率高。主要通过呼吸道和消化道传播	主要侵害成鸡,发病突然,传播快,感染率高,死亡率较低。主要通过呼吸道传播,其次是消化道	主要是 1～2 月龄的雏鸡发病,呈慢性感染,死亡率较低。主要通过种蛋和呼吸道传播,寒冷和气候多变时易发生	主要侵害成年鸡,呼吸道传播是其主要途径,冬、秋两季易流行,应激状态下易暴发
主要症状	伸颈、张口、呼吸困难,咳嗽,有啰音,患病成年鸡产蛋下降、软壳蛋、沙壳蛋、畸形蛋增加	除呼吸困难的一般症状外,有尽力吸气的特殊姿势,鼻内有分泌物,病鸡咳出带血的黏液	流出浆液性或黏液性鼻液,呼吸困难,呼吸有水泡音,病程长时,脸和眼结膜肿胀,眼部凸出,严重者失明	眼和鼻内有炎性分泌物,鼻孔周围结痂,肉垂肿胀,结膜发炎,眼眶周围肿胀,有时个别鸡失明
剖检变化	鼻腔、气管、支气管内有浆性分泌物,气管下端或支气管有黏性或干酪样栓塞,肾型可见肾脏肿大,呈花斑形,有尿酸盐沉积。成年母鸡卵泡充血、出血、变形,卵黄掉入腹腔	喉黏膜发炎肿胀、出血,有大量黏液或黄白色假膜覆盖,气管内有血性分泌物	鼻、气管、气囊有黏性分泌物,气囊增厚,混浊,有灰白色干酪样渗出物,有时可见肝背膜炎或心包炎	鼻腔、鼻窦黏膜发炎,表面有黏液,严重时可见鼻窦、眶下窦、眼结膜内有干酪样物质
药物治疗	目前尚无特效药,可用疫苗预防	尚无特效药,可用疫苗预防	链霉素、四环素、支原净、泰乐菌素有效	磺胺类、抗菌素有效

12. 鸡大肠杆菌病

本病菌可使任何年龄任何季节的鸡发病,一年四季均可发生,但以5~8周龄的雏鸡发病率较高,冬春寒冷和气候多变时多发。该病可通过消化道和呼吸道感染,也可通过种蛋传给后代,受传播的种蛋常使胚胎和雏鸡死亡。

(1)病原

本病是由不同血清型的大肠埃希氏菌引起的一种鸡的传染病。由于其血清型较多,表现症状及病理解剖也有差异。在我国较常见且危害较大的是急性败血型、鸡胚和幼雏早期死亡型、气囊炎型、输卵管炎型、肉芽肿型大肠杆菌病。其血清型主要为 O_1、O_2 和 O_{78}。大肠杆菌对理化条件的抵抗力较差,兽医上常用的消毒药物就可将其杀灭。

(2)症状及剖检

不同型的大肠杆菌病所表现的症状和病理解剖特点不同。

急性败血症型以育成鸡和成年鸡发病较多,6~10周龄肉鸡也多发,死亡率高达 20%~50%。病鸡主要表现为鸡冠萎缩,食欲不振,下痢。剖检可见肝脏肿大呈绿色,有时见到白色的小坏死点,肝表面有纤维素样渗出物,有时形成薄膜包着肝脏,心包积液,心包膜混浊、增厚,严重时与心肌粘连,腹膜炎。

鸡胚和幼雏早期死亡型大肠杆菌病的主要症状是孵化和出雏时死胎多,1周以内的雏鸡死亡率高。剖检病死鸡可见卵黄囊变大,卵黄膜变薄,卵黄内容物变为干酪样或黄棕色水样。有的雏鸡出现脐带炎,表现为脐部肿大,闭合不全,有脓性分泌物。耐过的雏鸡常因卵黄吸收不良而使生长发育受阻。

气囊炎型大肠杆菌病主要发病对象是6~9周龄的肉用仔鸡,其他类型和年龄的鸡也可得。病鸡常表现为咳嗽和喘息,呼吸困难,剖检时可见鸡的气囊增厚,呼吸面上有干酪样渗出物。本病常继发心包炎、肝周炎和输卵管炎。

　　输卵管炎型大肠杆菌病主要发病对象为产蛋期的母鸡,病鸡主要表现为产蛋量减少或停止,畸形蛋增加;常排出黏而稀的粪便,内混有蛋白、蛋黄等物。剖检时可见腹腔内有大量的卵黄,肠粘连,形成腹膜炎;输卵管扩张,发炎,内有干酪样物质,卵泡变形或萎缩,常呈灰色、褐色。

　　肉芽肿型大肠杆菌病,主要是在鸡的肠及肠系膜上形成灰白色肿瘤状结节,病鸡死亡率较高,但此病不常见。

　　另外,还有一些其他类型的大肠杆菌病,如神经型、肿头型、眼型、滑膜炎型等。

　　(3)诊断

　　若病鸡表现为心包炎、腹膜炎、肝周炎、气囊炎,则可初步确诊为大肠杆菌病,但更准确的方法是配合细菌分离与鉴定。

　　(4)治疗

　　治疗本病可用 0.1% 的氟哌酸饮水,连饮 3～5 天;硫酸庆大霉素肌肉注射,每千克体重 5 000 U;卡那霉素、环丙沙星、恩诺沙星、氟苯尼考等药物的治疗效果也很好。

　　(5)预防

　　预防本病的有效方法是减少饲料和饮水的污染,尤其是饮水器,当饮用一些补品后,如葡萄糖、多维葡萄糖等,更应注意洗刷和消毒;用具及空间要经常彻底清扫消毒;搞好种蛋及孵化器的清洁卫生和消毒工作;加强饲养管理。

　　还可通过预防接种疫苗的方法使体内产生特异性抗体。其方法是从本场病鸡中分离大肠杆菌,制成灭活苗,对种鸡或雏鸡注射,预防效果较好;有的鸡场从其他单位购买疫苗,有时效果较好,有时因类型不一致而使效果不佳。

　　13. 鸡葡萄球菌病

　　本病是现代化养鸡生产中最普遍的疾病之一,临床表现有多种类型,但以关节型、败血型和脐炎型为主。鸡舍环境中经常存在葡萄球菌,但不一定发病,必须有一定的诱因才能发病,导致鸡葡萄球菌病的诱因较多,如患禽痘、刺种疫苗、带翅号、机械创伤、雏鸡脐带愈合不良、环境条件恶劣及饲养管理不善等。主要的传播途径是皮肤外伤。

本病的发生无明显的季节性,但北方以 7～10 月份多发,脐炎型主要发生于 1 周龄以内的雏鸡;败血型多见 40～60 日龄的中雏鸡;关节炎型无明显的年龄区别。

(1)病原

病原为金黄色葡萄球菌,为革兰氏阳性菌。生产上用 0.3% 的过氧乙酸或 3%～5% 的石炭酸可收到较好的消毒效果。

(2)症状及病变

患脐炎型的病鸡脐带闭合不全,脐口恶臭发炎,腹部膨大,排白色稀粪,剖检时可见卵黄囊大,内容物为褐色或绿色。

鸡患败血型葡萄球菌病时,常表现为贫血,鸡冠苍白或紫黑,下痢,粪便呈白色或白绿色;胸腹部及翅下部、大腿内侧皮下肿胀,剖检时可见胸、腹、腿、翅处的皮下水肿、出血,积有大量的胶冻样红或黑色液体;皮肤出血、溃烂,用手触摸羽毛即可脱落;肌肉广泛出血,肝脏肿大,质地变脆,表面有白色坏死斑点;心包积液,为透明或胶冻状。

鸡患关节型葡萄球菌病时,常表现为关节炎,即关节肿胀,局部有热痛感,病鸡跛行,不能站立,喜欢伏卧。切开患病的关节可见浆液性或干酪样渗出物。

(3)诊断

根据临床症状及病理变化就可做出较为准确的诊断,若配合以细菌学诊断法结果将更为准确。

(4)防治

预防本病的方法是搞好孵化,严格控制孵化条件,使孵化的雏鸡脐带吸收良好,不给葡萄球菌繁殖创造条件;搞好鸡舍的卫生消毒,防止高温和高湿;避免鸡受机械损伤,减少破口;搞好鸡痘的预防;发现本病应及时使用抗生素控制。

治疗葡萄球菌病可用庆大霉素肌肉注射每千克体重 5 000 U,每天注射 2 次,连用 3 天;卡那霉素每千克体重肌肉注射 1 500 U,每天注射 2 次,连用 3 天;另外青霉素、氟喹诺酮类、链霉素、红霉素、土霉素、金霉素及一些磺胺类药物对治疗本病也有较好的疗效。

14. 禽流感

本病是发生于各种家禽和野禽的一种病毒性传染病,可引起鸡和火鸡的大批死亡。其病原为真性鸡瘟病毒,因其含有 A 型流感病毒共有可溶性抗原,故将其归属于禽流感病毒群内。禽流感又称欧洲鸡瘟。

(1)病原

病原为禽流感病毒。该病毒有许多型,不同型的致病力差异很大,有的发病率和死亡率可达 100%,有的只发病但死亡率不高。其主要的传播方式有呼吸道、消化道、接触传染。

(2)症状及剖检

感染低毒力的毒株后,鸡表现为咳嗽,呼吸有啰音,流泪,有的出现下痢,鸡冠和肉垂发紫、肿胀、出血和坏死,脚趾干缩,鳞片红紫,产蛋率急剧下降,常从 90% 以上降到 30%~40%,软壳蛋迅速增加,但死亡率不高,一般为 1%~5%,偶尔也有死亡率较高的鸡群。鸡被高毒力流感病毒感染后,表现为突然发病,病程短,病情重,死亡率可达 100%。主要表现为呼吸、消化或神经症状,并可见头颈部发绀和水肿。

剖检病死鸡可见气管、鼻窦、气囊、结膜发炎,气管内常积有脓性物,鼻窦内充满渗出液,气囊及眼结膜上有纤维素样渗出物。母鸡卵巢萎缩、变形,卵泡破裂,卵黄液流入输卵管及腹腔内,输卵管退化。有时可见心脏冠状脂肪及小肠黏膜有出血点,腺胃及肌胃角质膜下有出血点,其他器官也有不同程度的充血、水肿、出血或坏死,如脾、心、肝、肾、胰、肺等。

本病的特征性病变是鸡冠、肉垂肿胀、出血和坏死,脚鳞紫变,产蛋急剧下降,卵巢萎缩,卵子变形,卵黄破裂,呼吸症状,心冠状脂肪及腺胃乳头出血,下痢。

(3)诊断

诊断本病除根据症状及病理变化外,还应经过病毒分离才能确诊。同时应将其与鸡新城疫区别开来。禽流感除具有与新城疫相同的一些症状及病理变化外,还有一些不同于新城疫的症状及病理变化。例如,禽流感鸡冠、肉垂、脸、眼肿胀、出血和坏死,气囊壁增厚,有纤维素样渗出物,心肌纤维灶状坏死,肝脏灶状坏死,并有肝铁反应,但肠管无溃疡性病变。

(4)预防及治疗

治疗本病目前尚无特效药物。抗生素可防止细菌的继发感染;金刚烷胺可减少鸡只的死亡率,但对于产蛋期的鸡及出场前肉用子鸡慎用。一些抗病毒药物及中草药对治疗本病也有一定疗效,如病毒灵、病毒散、复方病毒克星、板蓝根等。

预防禽流感的有效方法是进行疫苗接种,免疫方法见免疫程序。

15.鸡绿脓杆菌病

本病是主要危害刚出壳雏鸡的一种传染病。当孵化消毒不彻底,或注射马立克疫苗所用器具消毒不严格时,可引起绿脓杆菌的感染。笔者曾见到某一孵化厂发出鸡苗 2 000 只,24 h 之内鸡群暴发绿脓杆菌病,发病率在 90% 以上,雏鸡死亡率为 70%,损失惨重。因此,应特别注意。

(1)病原

病原为绿脓杆菌。该菌为革兰氏阴性小杆菌,广泛存在于土壤、饮水、空气中,从正常人及鸡体中能分离出绿脓杆菌。此菌对一般的化学消毒药物的抵抗力较弱,常用的过氧乙酸、新洁尔灭、百毒杀、消毒净对其均有较好的消毒效果。

(2)症状及剖检

雏鸡感染绿脓杆菌后表现为精神委顿,喜卧、嗜眠,食欲降低或废绝,羽毛蓬乱,口流黏液,眼周围及肉垂肿胀,眼球红色,排出白绿色粪便,两脚站立不稳,头向后弯曲(垫料饲养时,病雏头多伸到垫料中),最后颤抖、抽搐死亡。发病初期往往不表现任何症状突然死亡。剖检病死鸡可见头、胸、腹、腿内侧及颈部皮下水肿或有淡绿色胶冻样液体,严重时出现淤血、溃烂。肝脏及脾脏肿大,肝表面有大小不等的出血点或灰黄色坏死灶,气囊混浊、增厚,心冠状脂肪有出血点或出血斑,肠黏膜出现卡他性到出血性炎症,有的病死鸡可见肝周炎或肺炎。

(3)诊断

根据发病日龄、症状及剖检可初步诊断本病,但更准确的方法是采取病死鸡的病料,在实验室分离培养细菌,在显微镜下观察。

(4)预防与治疗

预防本病的方法是搞好卫生,对孵化室、孵化器、雏鸡盒、注射用具要严格消毒。另外,可对刚出壳的雏鸡进行庆大霉素肌肉注射,方法是在注射马立克疫苗后 4 h 每只雏鸡肌肉注射 3 000 U。治疗本病可用庆大霉素,雏鸡每次肌肉注射 5 000 U,成鸡 2 万 U,每天 2 次;0.05%～0.1%的磺胺喹噁啉拌料,连用 3～5 天;每只雏鸡每次肌肉注射链霉素 10～30 mg,成鸡 0.1～0.2 g,每天 2次,连用 3 天。另外,卡那霉素及其他的磺胺类药物对治疗本病也有较好的疗效。

16.鸡曲霉菌病

本病广泛分布于世界各地,对雏鸡的危害很大,发病率高达60%～80%,死亡率 20%～50%,严重时可达 80%。曲霉菌病主要引起雏鸡的肺炎、气囊炎,发病快,死亡率高。

(1)病原

病原主要是烟曲霉,其次是黄曲霉、黑曲霉、土曲霉等。烟曲霉的孢子分布很广泛,如鸡的垫料、饲料、饮水、粪便、地面、墙壁等,当遇到适宜的温、湿度时便会大量繁殖,鸡食入发霉的饲料或用发霉的垫料、接触发霉的地面、墙壁等后,可引起本病的发生。本病主要通过消化道和呼吸道传播。

烟曲霉孢子对外界环境的抵抗力很强,煮沸 5 min 才能将其杀死,一般的消毒药液 1～3 h 才能使其灭活。因其在高温高湿下繁殖速度加快,因此,预防本病的方法是避免高温,减小鸡舍湿度。

(2)症状及剖检

雏鸡除表现出一般的病态以外,还表现为呼吸困难,张口喘气,口鼻流液,下痢。后期头向后弯曲,昏睡,直至死亡。剖检病死鸡可见肺、气囊、胸腔膜上有白色或黄白色针尖或米粒大小的结节,切开结节后,可见内有干酪样物;肺灰红色,质地变硬,弹性消失,切面致密;胸、腹气囊混浊,病程长时,可见气囊表面有圆形、蝶状的霉菌斑。

(3)诊断

可根据症状、剖检及所处的环境进行初步诊断,进一步的诊断需要将霉斑或结节制成压片,滴加生理盐水,显微镜下观察,可见到菌丝。

(4)预防与治疗

预防本病的有效方法是妥善保存饲料,禁喂发霉变质的饲料;鸡舍要干燥,通风良好;垫料要勤晒勤换;鸡舍经常消毒。当鸡群发病后,应及时撤销病原,同时,每 100 只雏鸡饲料中拌入 5 万 U制霉菌素,连喂 3～4 天;每百只雏鸡饲料中加入 1 g 克霉唑,连喂 2～3 天;还可在饲料中加入土霉素,也有较好的疗效。

17.鸡病毒性关节炎

本病主要侵害幼龄肉鸡的关节滑膜、腱鞘、心肌等部位,使鸡出现跛行,增重速度减慢,饲料利用率降低,产品合格率下降。蛋鸡和火鸡也有发生,年龄越大敏感性越低。

（1）病原

病原为呼肠孤病毒。该病毒的耐热能力较强,60℃时能存活8～10 h;低温下的存活时间更长;－20℃时能存活4年;对紫外线较敏感,过碘酸盐可将其迅速杀死,2%～3%的氢氧化钠或氢氧化钾、70%的乙酸消毒效果较好。

（2）症状及剖检

病鸡主要表现为跛行,足部及足胫腱鞘肿胀,不愿行走或行走困难,起初病变在足趾,随后向上蔓延到膝部,故用膝着地行走。也有的关节症状表现不明显,而出现全身症状,表现为精神不振,全身发绀和脱水,鸡冠发紫,最后死亡。剖检病死鸡可见腓肠肌腱、趾曲腱肿大,有时断裂,足、胫部的腱鞘水肿,关节腔内有棕黄色分泌物,有的为脓性分泌物。慢性病毒性关节炎关节液少,腱鞘硬而粘连,关节软骨糜烂。全身症状为血管出血,腹膜炎,肝、肾、脾肿大,肠黏膜发炎,有时出现心外膜炎,肝、脾、心肌上有小的坏死灶。

（3）诊断

可根据流行特点、症状、剖检对本病做出初步诊断,进一步诊断需要进行血清学试验,荧光抗体进行诊断是目前实用、快速的诊断方法。

（4）预防与治疗

预防本病的方法是搞好环境卫生,舍内外经常消毒,实行全进全出制,在7日龄以前和1月龄分别对雏鸡进行疫苗接种。目前治疗本病尚无特效药物。

18.禽脑脊髓炎

本病是主要危害3周龄以内雏鸡的一种病毒性疾病,以共济失调、头颈部震颤、瘫痪、死亡率高为特征。成鸡也可得,但一般症状不明显。其他禽类如雉鸡、鹧鸪、鹌鹑也可自然感染发病。本病一年四季均可发生,但以冬春季节发病率高,其传播途径有垂直和水平 2 种。带毒种鸡通过种蛋传递给雏鸡,带毒雏鸡排出的带毒粪便又经消化道传染给其他雏鸡,传播速度快,发病率较高(20%～50%),死亡率 10%左右。

(1)病原

病原为禽脑脊髓炎病毒。该病毒的耐热、耐酸能力较强,但福尔马林可使其迅速灭活。

(2)症状及剖检

病初表现为步态不稳,运动失调,不愿行走,嗜眠。随着病程的延长,病鸡表现为蹲下后难以站立,行走时动作不能控制,有时侧卧或跌倒。发病后期,病鸡用跗关节或胫部走路,有的两腿叉开,翅膀着地。多数病鸡头颈部出现阵发性震颤,受到刺激后震颤更为明显。少数病鸡眼球变大,晶体混浊,失明,但始终有食欲。成年鸡发病后,只表现暂短的产蛋率下降,并不表现明显的临床症状。剖检病死雏鸡一般为脑水肿,脑膜下有透明的液体,其他部位无典型的肉眼可见的病理变化,若仔细观察时可见胃的肌肉层有小的灰白区。

(3)鉴别诊断

诊断本病应与马立克氏病、维生素 E 或硒缺乏症、佝偻病等区别开来。马立克氏病多发生在 60～120 日龄,神经型的多为劈叉姿势,剖检时有特殊的淋巴瘤、神经炎和虹膜炎,多数脑颈不震颤;维生素 E 或硒缺乏症在某些表现上与脑脊髓炎有相似的地方,但其无年龄区别,且剖检病死鸡时可见到小脑、大脑皮质以及延脑水肿脑质肿胀并软化;佝偻病虽然有时也出现神经症状,但伴随着骨骼的变形。

(4)预防与治疗

治疗本病目前尚无特效药。预防的方法是接种疫苗,即对种母鸡在 60～70 日龄和 120 日龄分别进行禽脑脊髓炎弱毒苗的接种,可有效地防止雏鸡发病。也可用灭活苗对开产前的种母鸡肌肉注射1次。同时应搞好种蛋及周围环境的卫生消毒,防止垂直感染。

19. 鸡坏死性肠炎

本病是由魏氏梭菌引起的一种传染病,1～4周龄雏鸡发病率较高,病初呈零星分布,之后呈急性经过,一般情况下死亡率不高。该病的发生与饲养管理条件密切相关,当长期管理不善,突然换料,鸡舍温度太低,喂发霉变质的饲料,肠道损伤或患球虫病,长时间大量饲喂抗生素时,病菌大量繁殖,产生毒素,引起肠炎和慢性中毒。

(1)病原

病原为魏氏梭菌。该菌主要存在于粪便、土壤、灰尘、被污染的饲料、垫料、肠道内容物中。其主要的传播途径是消化道。

(2)症状及剖检

病鸡精神沉郁,羽毛逆立,食欲降低或废绝,有时出现呕吐。行走困难,不能站立,左侧卧地,严重下痢,粪便因混有血丝而成为暗红色。病鸡非常消瘦最后衰竭死亡。剖检病死鸡可见小肠黏膜脱落,肠管肿胀,肠壁有坏死灶,肠内充满棕色泡沫状液体,有的形成肠粘连或腹膜炎。肝、脾肿大、出血,有的肝脏有灰黄色坏死灶。病变主要发生在小肠下1/3段,以弥散性黏膜坏死为特征。

(3)诊断

根据症状及剖检可做出较为准确的判断。

(4)预防与治疗

预防本病的主要方法是加强饲养管理,保持鸡舍适宜的温度,换料时需经5～7天的过渡期,避免喂发霉变质的饲料,保证鸡舍干燥,慎重投药。治疗本病可用0.03%的痢菌净饮水,一日2次,每次2～3 h,连用3～5天。其他药物如青霉素、庆大霉素等也可以。

20. 鸡传染性贫血病

鸡传染性贫血病是由病毒引起的一种可引起雏鸡再生障碍性贫血和全身性淋巴组织萎缩的传染性疾病,是一种免疫抑制性疾病。鸡群感染该病后,往往并发、继发和加重病毒、细菌和真菌性感染,危害很大。自然感染常见于 2～4 周龄的雏鸡,随日龄增加易感性迅速降低。肉鸡较蛋鸡易感性强。本病的主要传播方式是垂直传播,但也不排除水平传播。

(1)病原

病原为鸡传染性贫血病毒。病毒对乙醚和氯仿有抵抗力,在 pH 值为 3 时 3 h 仍然稳定,加热 100℃ 15 min 可完全失活;可用福尔马林和含氯的消毒剂进行消毒。

(2)症状及剖检

发病雏鸡精神沉郁,行动迟缓,羽毛松乱,严重生长不良,死亡前的鸡拉稀。喙、冠、肉垂、脸、腿及可视黏膜苍白。单纯发病鸡群死亡率为 10% 左右,但若继发或并发其他病症死亡率增加。剖检病死鸡可见血液稀薄,凝血时间延长。全身性贫血,如肌肉、内脏器官苍白。肝、肾肿大,颜色变淡。大腿骨骨髓呈脂肪样,为黄色、淡黄色或淡红色。胸腺萎缩或完全退化。有时可见骨骼肌、腺胃出血,法氏囊外壁呈半透明状,使内部的皱襞清晰可见。本病的病理组织学特征是再障性贫血和全身淋巴组织萎缩,骨髓造血细胞严重减少,几乎完全被脂肪组织代替。法氏囊、脾脏、盲肠扁桃体及其他器官的淋巴细胞严重缺失,网状细胞增生。

(3)诊断

根据发生日龄、症状和剖检可初步确诊。

(4)治疗

目前尚无特效药物治疗本病。鸡群发病后可用抗生素防止细菌继发感染。

（5）预防

接种疫苗。国外有些国家对种鸡在 13～15 周龄（不能在产蛋前 3～4 周龄进行）时用鸡传染性贫血活毒疫苗饮水进行免疫,可使将来孵出的雏鸡获得免疫力,但目前国内尚无疫苗生产。加强卫生防疫措施,防止因环境因素和传染病导致的免疫抑制,如及时接种马立克和传染性法氏囊疫苗等。加强检疫,防止引入带毒鸡。

21. 网状内皮组织增生病

本病是由病毒引起的一种以急性网状细胞瘤、免疫抑制、生长抑制综合征以及淋巴组织和其他组织慢性肿瘤为特征的疾病。家禽感染此病有时与接种了被该病毒感染的某种疫苗有关。

（1）病原

病原为反转录科病毒。本病由反转录科病毒——网状内皮组织增生病病毒引起。本病可引起鸡体器官的大范围肿瘤,且会造成生长发育障碍综合征。其传播方式有水平传播和垂直传播。此外接种被该病毒污染的疫苗,如马立克氏疫苗,也可以引起该病的发生。

（2）症状及剖检变化

在 1 日龄接种疫苗时感染本病后,雏鸡生长停滞,体格瘦小,但耗料正常,即出现矮小综合征。发病鸡群表现为精神委顿,食欲不振,消瘦,贫血。剖检急性死亡鸡可见法氏囊严重萎缩,重量减轻,肝、脾、胸腺、法氏囊、腺胃、胰腺、性腺、肾脏等器官出现小点状或弥散性灰白色病灶。剖检矮小综合征鸡,可见血液稀薄,出血,腺胃糜烂或溃疡,肠炎,坏死性脾炎及胸腺与法氏囊萎缩等变化,有的肾肿大,两侧坐骨神经肿大,内脏器官形成慢性肿瘤。

（3）预防与治疗

目前对本病尚无有效的防治方法,唯一的途径是淘汰带毒鸡群,禁止使用被污染的种蛋,对感染该病的鸡群实行隔离、扑杀、焚烧等措施,并对鸡舍进行彻底洗刷、消毒。使用疫苗尤其是马立克氏疫苗时,要选择可靠的未被污染的疫苗。

22.蛋鸡弧菌性肝炎

蛋鸡弧菌性肝炎是鸡在开产前易发生的一种细菌性传染病。多因场、舍饮水消毒不彻底,或转群、注射疫苗、气候突然变化、人工授精等应激情况而发生。

(1)病原

病原为弯曲杆菌,过去曾称弧菌,故又有禽弧菌性肝炎之称。该菌为革兰氏阴性菌,呈"S"状,能运动。该菌对链霉素、四环素、红霉素、强力霉素、卡钠霉素较敏感;对干燥敏感,日照、干燥能很快将其杀死,在 20℃时 2 h 死亡。0.5%过氯酸钠(按 1∶200 000 稀释)、0.25%的福尔马林溶液 15 min 可杀死本菌;有机酚、季铵类消毒液对其也有较强的杀灭作用。

(2)症状及剖检

病鸡精神差,冠萎缩、苍白、干燥,粪便稀绿黄白,肛门周围污秽,羽毛杂乱无光,吃料量减少,喝水量增加;如果用药就有所好转,一停药就会出现死亡,死亡率占 1%~2%;常有体况良好的鸡突然死亡,解剖时常有鸡蛋在输卵管内;病程长达 1~3 个月,产蛋率持续不升,软壳蛋占 30%,造成极大的损失。剖检病死鸡,可见肝脏质地脆、肿大,被膜下有大小不等的出血囊或囊带,严重的有出血灶,肝脏表面散布有星状坏死灶及菜花样黄白色坏死区;胆囊充盈,胆汁浓稠;脾脏肿大 3 倍,腹腔内有血水;肾肿大,黄褐色或苍白色;卵泡发育停止,甚至萎缩、变形。

(3)治疗

饮水中添加链霉素,每只成年鸡 5 万 U;或饲料中添加 0.3%的土霉素粉、复合维生素 C 粉,饮水中加入氨苄青霉素,每天 2 次;或饲料中添加复合禽菌灵散、维生素 B 粉,饮水中加入 5%的口服葡萄糖,每天 2 次,连饮 7 天;或饮水中加入金霉素,100~500 g/t,连用 3 天。

（4）预防

平时要做好卫生消毒工作，每周饮消毒药水 2 次，切断传染源。院内、走廊、料库、笼舍等，都要用喷雾法消毒。加强管理，搭配全价饲料，提高抗病力。

23. 鸡产蛋下降综合征

鸡产蛋下降综合征也称鸡腺胃病毒病，是以群体产蛋急剧下降为特征的疾病，发病鸡的死亡率很低。本病的发生无季节性，不受品种限制，但褐壳蛋鸡和肉用种鸡较多发。任何年龄的肉鸡和蛋鸡均可感染，但雏鸡感染后不表现任何症状，只有开产以后才有临床表现。一般 26 周龄开始出现，到 29～31 周龄达到高峰。其主要的传播方式是垂直感染，即通过种蛋传播给下一代；水平感染较缓慢。

（1）病原

病原为鸡产蛋下降综合征-76 的腺胃病毒。该病毒对热、酸、碱、氯仿的稳定性较强，在 1 mol/L 的氯化镁溶液中加热至 60℃ 30 min 就可灭活。

（2）症状及剖检

发病鸡表现为产蛋量由 80％～90％急剧下降到 30％～50％，畸形蛋（如软壳蛋、薄壳蛋、无壳蛋、小蛋、浅色蛋、异形蛋等）增多，蛋壳颜色变浅，并伴有一过性腹泻。产蛋量下降后一般经 9～10 周恢复到原来的水平。种鸡所产种蛋的受精率及孵化率明显降低，雏鸡的生命力弱。剖检病鸡可见输卵管萎缩、变小，有时出血，子宫及其他部分的输卵管黏膜发炎。

（3）诊断

根据症状及剖检变化、流行特点可基本对本病做出诊断，若结合血清学方法将更为准确。

（4）预防与治疗

目前治疗本病尚无特效药，但当发病后进行疫苗的紧急注射可有效地缩短病程。因而控制本病的方法是坚持以预防为主,即平时注意鸡舍的消毒,从无本病的鸡群引种,在开产前(120 日龄)注射减蛋综合征油佐剂疫苗。

○ **普通病**

1. 啄癖症

啄癖症是笼养鸡群的常见病之一,主要表现为啄肛、啄羽、啄趾、啄蛋等,如果控制不好,常会引起鸡的大批死亡。

(1)病因

导致啄癖的原因很多,且较为复杂,有营养原因造成的,也有因饲养管理不当引起的,还有一些生理因素。当饲料中缺少某些营养成分时,如缺少钙、磷、食盐、锌、铜等矿物质及纤维素、氨基酸特别是含硫氨基酸不足,常会引起啄癖;饲养密度过大,光线太强,温度过高,过于饥饿,捡蛋次数太少,均是导致啄癖的重要原因。初产鸡群及换羽期鸡群啄癖现象严重;喂颗粒饲料的笼养蛋鸡易发生。因此,预防啄癖的发生应从多方面采取措施。

(2)表现

啄肛是指多只鸡啄食一只鸡的肛门,导致被啄鸡大量出血,严重时将其内脏啄出致死。此种现象多发生于初产鸡。光线强、温度高,缺水料时更为严重。因初产鸡的泄殖腔较狭窄,产蛋时努责时间长,造成输卵管脱垂或撕裂,其他的鸡见后便一拥而上。啄羽是指鸡与鸡之间互相啄食羽毛,导致鸡体羽毛残缺不全,有的将背部羽毛啄完后继续啄食皮肤,引起出血、腐烂、溃疡、败血、死亡。这种现象在任何年龄的鸡群都可见到,但营养缺乏时较多见。啄趾常见于平养雏鸡,鸡与鸡之间互相啄食脚趾,也有自身啄食的。当密度大、光线强、温度高时更为严重。啄蛋癖指鸡将自己或其他鸡产的蛋吃掉或啄碎,时间长后形成恶癖。这种现象多由捡蛋不及时或过度饥饿、缺水引起。

（3）预防

预防啄癖的有效方法是供给充足的饲料和饮水，合理调整密度、光照、温度，科学搭配和调制饲料，勤捡蛋。采取了以上措施后，还应进行断喙（方法见育雏部分）。

2. 惊恐症

惊恐症是一种以神经过度兴奋为特征的群发性疾病，俗称"炸群"。在笼养鸡和轻型蛋鸡中发生率较高。

（1）病因

几乎所有的应激因素都可导致惊恐症的发生，如陌生人或动物突然闯入、异常的声音和光亮、气候骤变、操作程序突然变更、饲养员服装及饲料的突然改变、调整鸡群、接种疫苗等。

（2）表现

受了惊吓的雏鸡生长受阻，产蛋鸡产蛋量下降，软壳蛋增加，严重时停产；常见鸡群惊叫不安，乱蹿乱跳，部分鸡因内脏破裂而死亡；有的出现子宫脱出，腿、翅骨折。平养鸡群因许多鸡挤压在一起，被压在下面的常因窒息死亡。

（3）预防

预防本病常采取的措施是减少应激，谢绝外来人参观，鸡舍门窗封严，防止异兽侵入，避免噪声，合理控制鸡舍条件（如温度、光照、空气等），严格按饲养管理程序操作，饲养员上班一律穿工作服，更换饲料时需有 5～7 天的过渡期，从转群、接种疫苗的前 1～2 天开始在饲料中多加 1～2 倍的维生素，连用 7 天可减小应激给鸡群带来的危害。还可饮 0.1% 的维生素 C 水，在饲料中加入0.01% 的维生素 E，连用 3～5 天，可减小应激反应；有的在鸡发生应激后 1.5 h，在饲料中加入 0.06% 的氯丙嗪或 0.002% 的利血平对缓解应激反应也有较好的作用。

3. 中暑

中暑是夏季常发的一种疾病，多发生于成年鸡群，肉鸡和褐壳蛋鸡的发生率更高。

（1）病因

当鸡舍温度过高，通风不良，湿度过大，鸡群过于拥挤，供水不足，鸡体热量难以散失而在体内大量积蓄时，鸡常发生中暑。

（2）症状

病鸡张口喘气，体温升高，两翅下垂，呼吸频率加快，饮水量增加，产蛋量下降，软壳蛋增加。如不及时采取措施会造成大批死亡。病死鸡鸡冠发紫，口中带血，有的肛门凸出。剖检时可见心、肝、肺淤血，其他器官正常。

（3）预防

预防中暑的方法有调整日粮，变更饲养管理程序，改善鸡舍环境等。当鸡舍温度达到 28℃ 时，提高日粮的蛋白质和维生素 C 的水平，特别是蛋氨酸、赖氨酸的含量要明显增加。与此同时还应加入一些抗热应激的添加剂，如在饲料中加入 0.1%～1% 的碳酸氢钠或加入 1.6 mg/kg 的利血平、氯丙嗪等。增加早晚的饲喂次数和饲喂量，供给充足的清洁饮水。有条件的鸡场可适当减小鸡群密度，加大鸡舍通风量。严重高温时，可在鸡舍屋顶喷水或在进风口处搭水帘，也能降低鸡舍温度 2～3℃。短期严重超高温时，若发现鸡群难以忍受，可直接在鸡舍喷雾或鸡体喷水，但不能时间过长，以免鸡舍湿度太大。另外，在鸡舍周围植树或在地面种植一些草坪，可挡住部分热量，减少热辐射。

4. 骨质疏松症（疲劳症）

本病是笼养蛋鸡中较常见的一种骨骼病。

（1）病因

日粮当中缺少钙、磷，或钙、磷比例不合适，维生素 D_3 含量不足，鸡运动量小，产蛋量过高，这些是发生本病的主要原因。当鸡群处在环境温度高、产蛋后期及某些疾病状态下，由于鸡对钙、磷的利用率降低，虽然饲料中钙、磷含量没有降低，但也常见疲劳症的出现。

（2）症状

病鸡产蛋量减少，软壳蛋增加。骨骼变形，腿呈"O"形或"X"形，胸骨呈"S"形，肋骨向内弯曲，瘫痪，久卧不起。当遇抓鸡以及鸡受到惊吓时，极易形成骨折。骨折常发生于腿骨、翼骨和胸椎处。

（3）预防

增加饲料中钙、磷含量，添加适量的维生素 D。一般情况下，产蛋鸡的日粮中的钙含量在 3.5%～3.7%，磷含量不低于 0.8%，钙、磷比例不低于(3～5)：1，维生素 D_3 每天每只 200 IU，不会引起疲劳症的发生。补充钙、磷可用石粉、骨粉、贝壳粉、磷酸氢钙等。

5. 痛风

痛风是以内脏器官、关节、软骨和其他间质组织尿酸盐大量沉积为特征的疾病。

（1）病因

饲料中蛋白质含量过高，钙高磷低，两者比例极不合适；维生素 A 和水缺乏；这些是导致本病发生的主要原因。鸡患某些疾病时，如肾型传染性支气管炎、法氏囊病、霉形体病等，也会引起痛风症。

（2）症状及剖检

常见的痛风有内脏型和关节型 2 种。患内脏型痛风的鸡群，表现为精神不振，食欲下降，排出大量白色稀粪便，有的有呼吸症状，产蛋率下降，严重时出现死亡。关节型痛风精神症状不明显，但可见关节肿大，常用跗关节走路，严重时可出现瘫痪。剖检病死鸡，若为内脏型，可见内脏器官以及胸膜、腹膜、心包膜、肠系膜表面有大量白色尿酸盐沉淀物，肾脏肿大、苍白，表面及实质中有雪花状花纹，输尿管变粗，内有尿酸盐结石，关节型痛风可见关节肿大，内有白色乳状物，关节周围组织有尿酸盐沉淀。

（3）防治

预防痛风的有效措施是合理搭配饲料，搞好疾病的预防，供给充足清洁的饮水。当鸡群发病后,除及时调整饲料外,还应在饲料中加入维生素 A,常用的是鱼肝油,每千克饲料中加入 2.5 mg,连用 7 天,同时在饮水中加入 0.5% 的小苏打(碳酸氢钠);多喂些青菜。

6.肉鸡腹水症

本病是以浆液性体液过量聚集在腹腔为特征的非传染性疾病。本病肉用仔鸡多发,是危害肉鸡生产的重要疾病之一。

(1)病因

引起肉鸡腹水症的原因较为复杂。据报道,缺氧、海拔高、寒冷、增长快、饲料中能量过高、喂发霉饲料等均可增加腹水症的发病率。

(2)症状及剖检

病鸡食欲降低,体重下降,腹部膨大,皮肤变薄发亮,用手触摸有波动感;病鸡难以站立,常以腹部支撑,行动艰难,呈"企鹅"状。一般的病鸡表现反应迟钝,羽毛蓬乱,逐渐消瘦,呼吸困难,抓鸡时常突然死亡。剖检病死鸡可见腹腔内有大量的液体,颜色有透明、淡红色不等;肺充血、水肿;心肌松弛,心脏肿大,壁变薄,心包积液;肝脏充血、肿大,呈紫红色或微紫红色,表面有灰白色胶冻样物;肾充血、肿大;输尿管内有尿酸盐沉着。

根据本病的症状可做出准确的诊断。

(3)防治

肉鸡腹水症已成为影响肉鸡生产的一个非常重要的疾病,近年来受到越来越多的国内外养鸡者及研究人员的关注,并采取了一系列的预防措施,收到了较好的效果。例如,改善鸡舍环境,保证鸡舍空气新鲜,尽量控制鸡舍氨气的含量,减少冷应激,提高鸡舍温度,经常更换垫料,加强通风,调节光照方案,从 28 日龄后每天给以 12 h 的光照;合理搭配饲料,从 1 日龄开始适当限制饲喂,降低日粮的能量及蛋白质水平,增加蛋氨酸的含量,适当放慢增重速度,减少饲料中盐的含量,保证供给充足的维生素 E、维生素 C 和矿物质硒、磷,饮水中加入 2%的白糖等;停止使用痢特灵及一些磺胺类药物;培育优良品种。

7.肉鸡猝死综合征

肉鸡猝死综合征是在饲养肉用子鸡时常见到的一种疾病,往往是肌肉丰富、外观健康的鸡突然死亡,不表现出任何症状,对肉鸡生产影响较大。

(1)病因

关于肉鸡猝死综合征的发病原因一般认为与环境、营养、遗传、体内酸碱平衡及个体有关。当鸡舍噪声强烈、光照时间过长、光照强度过高、饲养密度过大时,猝死综合征的发病率高;饲料能量高,蛋白质含量低,氨基酸不平衡,鸡过于肥胖,抗热能力降低,猝死症的发病率高。高剂量添加维生素特别是水溶性维生素,如吡哆素、硫胺素、生物素等,可降低肉鸡猝死综合征的发病率。本病的发病率与品种有关,不同的品种、品系其死亡率明显不同,公鸡明显高于母鸡;血液中乳酸含量过高时,猝死综合征的发病率高;投喂某些药物时,如抗球虫药等,肉鸡猝死综合征的发病率高。因此,生产上应根据与发病相关的这些原因,采取相应的预防措施。

(2)症状及剖检

病鸡一般不表现症状,只是在临死前采食稍缓慢,排出稀薄的粪便,失去平衡,向前或向后跌倒,翅膀剧烈煽动,发出尖叫声,肌肉痉挛死亡,死后两脚朝天,背朝地,颈强直,多死于饲喂时。剖检病死鸡可见早期死亡的鸡右心房扩张,后期死亡者心脏较正常者大几倍,心包积液,有时有纤维状凝块;肝脏肿大,苍白,胆囊缩小;胸肌粉红色,其他部分的肌肉组织呈苍白色;消化道内充满大量的食物、食糜或粪便;肺肿大、充血,呈暗红色。

(3)诊断

肉鸡猝死综合征多死亡健壮、肥胖的肉鸡,死后呈仰卧姿势,多数为公鸡,结合死前的症状及剖检可较准确地诊断本病。

（4）预防

预防本病的方法是加强饲养管理,保持鸡舍的安静,避免噪声,采用适宜的光照方案,严格控制鸡舍饲养密度;适当降低饲料的营养水平,减慢增重速度,控制体重,尤其是公鸡;增加维生素的添加量,特别是生物素每千克饲料添加量在 300 μg 以上;保证氨基酸的平衡,在发病鸡群的饲料中加入碳酸氢钾,每吨饲料中加入 3.6 kg;培育抗肉鸡猝死综合征的品种,减少肉鸡猝死综合征的发生。

8.嗉囊炎

（1）病因

嗉囊炎是鸡的一种常发病,主要因为鸡采食了发霉变质或不易消化的饲料后,使嗉囊膜受到不良刺激而引起。

（2）症状

病鸡食欲减退或废绝,采食时常出现吞咽困难,头颈不断地前后伸缩,嗉囊肿胀,内充满大量气体,严重时常见到病鸡口中排出泡沫状恶臭液体。时间长后,鸡体逐渐消瘦,羽毛蓬松,雏鸡生长发育受阻,成鸡停止产蛋,如得不到及时治疗,可出现鸡只死亡。

（3）预防与治疗

预防本病的方法是避免喂块大、过硬、发霉变质的饲料,保持饮食卫生。治疗本病的方法是倒提病鸡使其嗉囊内的存留食物及液体排出,再用 0.1% 的高锰酸钾水给鸡灌服,也可给其灌服少量的庆大霉素水,可收到较好的疗效。

9.肌胃糜烂

本病为鸡的一种非传染性疾病,多发生于肉用子鸡和雏鸡,主要发生于 3～6 周龄,呈散发性,死亡率有时高达 20%。

（1）病因

大量饲喂劣质鱼粉,饲料中硫酸铜过量（400 g 以上）,营养缺乏,如缺维生素 K、维生素 E、矿物质硒、锌等,可引起本病。

（2）症状及病理变化

病鸡发育不良,鸡冠苍白,食欲减退,脱水,羽毛蓬乱,贫血,嗜眠。偶见病鸡从口腔中流出暗黑色液体。粪便为棕色或黑褐色,稀软。剖检病死鸡,可见肌胃内充满大量暗褐色或黑色内容物;肌胃黏膜糜烂、溃疡和出血;嗉囊扩张,内有黑色液体;肠道内充满黑褐色液体。

（3）预防与治疗

应控制鱼粉的用量或不用劣质鱼粉。发病后初期用浓度为 0.1% 高锰酸钾饮水。饲料中可加维生素 K(5 mg/kg)或维生素 C(50 mg/kg)或维生素 B_6(5 mg/kg),如在饲料中加入 0.15% 的磺胺二甲嘧啶,对本病具有较好的疗效。

10. 畸形蛋

正常鸡蛋的形状为长圆形,长径与短径之比为(1.32~1.39)∶1,由硬壳、蛋白、蛋黄 3 部分组成,且有大小头之分。凡鸡产出的一些超出正常蛋形的蛋为畸形蛋。畸形蛋的种类较多,如软壳蛋、双黄蛋、无黄蛋、异物蛋、蛋中蛋、异状蛋等。由于产生这些畸形蛋的原因不同,所以,所采取的防治的方法有别。

（1）软壳蛋

软壳蛋是由鸡产出的一种只有壳膜、蛋白、蛋黄而无硬壳的蛋。这种蛋产出后,大部分顺笼的间隙掉到笼下,造成巨大的浪费。软壳蛋产生的原因较多,如日粮中缺少钙或维生素 D、鸡群受到惊吓、患有某些疾病(如禽流感、新城疫、传染性支气管炎等)、天气过热、饮水不足、鸡龄过大等。生产上应根据产生的原因采取相应的措施。日粮中应供给充足的钙,其含量应在 3.5%~3.7%,每千克饲料中维生素 D 的含量不低于 500 IU。保持环境的安静与稳定,谢绝外来人员的参观,防止老鼠和其他兽害,坚持饲养管理定时、定点、定人。搞好疾病预防,定期接种疫苗,严格按照免疫程序操作,并注意经常消毒。加强鸡舍通风,采取有效的降温措施,使鸡舍温度尽量保持在30℃以下。天热时还可加大饲料中钙的比例,供给常备不断的清洁饮水,到产蛋后期应增加钙的供给量,可减少或避免软壳蛋的产生。

（2）双黄蛋

双黄蛋是指1个鸡蛋内有2个蛋黄。其产生的原因主要有初产鸡因体内激素分泌的不平衡和鸡的营养过于丰富。刚刚开产的蛋鸡因体内激素的分泌量不平衡,使一些促使产蛋的激素分泌过剩,导致2个卵子同时成熟且同时排出,这种现象一般到达产蛋高峰以后逐渐消失;当日粮的蛋白质太高,能量充裕时卵子也可能同时成熟,同时排出。双黄蛋因其个较大,极易导致难产、脱肛,使鸡的死亡淘汰率升高,对于种鸡所产的双黄蛋不能进行孵化,因此,除初产外,对于其他阶段的鸡若产双黄蛋较多应适当控制营养。

（3）无黄蛋

鸡所产的鸡蛋中无蛋黄,只有蛋白和蛋壳。仔细看时可见蛋白内有一异物如脱落的上皮、血斑、寄生虫或不完整的蛋黄。无黄蛋较小,一般要遗弃,不作为食用。正常情况下,输卵管接受蛋黄刺激后便开始分泌蛋白,但当接受到异物刺激时也照样分泌蛋白,形成无黄蛋。产生无黄蛋的原因有:鸡的卵巢或输卵管发生炎症;鸡消化道寄生虫较多,排到泄殖腔后又进入输卵管;老龄鸡输卵管上皮脱落较多等。为了避免和减少无黄蛋的产生,应做到及时驱虫,当发现输卵管炎时及时治疗,投喂恩诺沙星、环丙沙星及其他的抗生素。

（4）异物蛋

蛋的基本构造正常,但在蛋的内容物中夹杂着一些异物,如脱落的上皮、血斑、寄生虫等,使蛋的食用价值和种用价值降低。产生异物蛋的原因和预防措施基本与无黄蛋相同。但异物蛋的产生还与遗传有关,一般褐壳鸡蛋的血斑蛋比白壳蛋多,因此,在今后的选种育种过程中应特别注意。

(5)蛋中蛋(蛋包蛋)

一个鸡蛋有两层蛋壳包裹,两层蛋壳间有一层较薄的蛋白。这种鸡蛋较大,容易形成难产。产生蛋中蛋的原因有鸡体内激素分泌不平衡或鸡偶然受到惊吓,导致输卵管的逆蠕动,把已经形成、将要产出的鸡 蛋又挤压到输卵管的上端,之后输卵管再分泌蛋白,再形成蛋壳。为了减少或避免蛋中蛋的产生,应注意鸡舍的安静,防止惊吓。

(6)异状蛋

鸡所产的蛋虽然结构正常,但从外表看形状奇特,有梨形、桃形、亚葫芦形、乒乓球形、棒状等。产生异状蛋的主要原因是输卵管炎症,导致输卵管变形。预防的方法是注意投喂预防输卵管炎症的药物,减少或避免输卵管炎的发生。

总之,畸形蛋的种类较多,主要归纳为上述几种。大部分畸形蛋仍可食用,但决不可作为种用。

11. 脂肪肝综合征

本病是常发生于笼养蛋鸡及肉种鸡的一种营养代谢疾病,以肝脏、肾脏及其他脏器积聚大量脂肪为特征。肉种鸡、蛋鸡产蛋高峰期过后易发病。

(1)病因

鸡长期饲喂高碳水化合物饲料,使肝脏合成脂肪量增加,当遇到某种原因,如缺乏蛋氨酸、胆碱、维生素 B_{12}、维生素 E、生物素等时,将影响肝脏脂肪的输出,导致大量脂肪在肝脏内和其他的内脏器官积蓄,而形成脂肪肝。另外,由于蛋鸡的笼养,使其活动范围受到了限制,体内脂肪的消耗量减少,也是形成脂肪肝综合征的一个原因。肉种鸡与蛋鸡相比,因其合成脂肪的能力更强,所以,发生脂肪肝综合征的较多。

（2）症状及剖检

脂肪肝综合征多发生于高产的蛋鸡群或生长发育良好的肉鸡群，体重较标准高 25%～30%，发病率较高，但死亡率较低。患病鸡多表现为吞咽困难、伸颈、嗜眠、神经麻痹，严重时出现瘫痪、伏卧或侧卧，有时口腔内流出少量黏液、鸡冠苍白、贫血。剖检病死鸡可见肝脏肿大呈灰黄色油腻状，质地变脆，肝被膜下有小的出血块，皮下及其他内脏器官（如肠管、肠系膜、腹腔后部、肌胃、肾脏、心脏、卵巢等）周围沉积大量脂肪。

（3）诊断

根据症状及剖检可对此病做出较准确的诊断。

（4）预防与治疗

当发现鸡群体重增加过快，超出该品种要求的标准速度时，应降低日粮能量水平，减少碳水化合物的供给量，如玉米、小麦、高粱、小米等；增加粗饲料（如草粉）的比例，提高蛋氨酸、胆碱、维生素 B_{12}、维生素 E、生物素的含量；适当限制饲喂，减少每天的饲料供给量尤其是蛋鸡产蛋高峰期过后，限饲量应加大，并注意称测体重。

对于患病鸡应在每吨饲料中加入 1 000 g 氯化胆碱和 12 mg 维生素 B_{12}、908 g 肌醇。

○ 营养代谢病

当饲料中某种营养严重缺乏或过量时，会引起机体代谢紊乱，表现为雏鸡生长发育受阻、成鸡生产力降低、抵抗力下降，并出现典型的症状和病变，严重时出现死亡。生产上常见的营养代谢疾病有维生素、矿物质、微量元素缺乏或中毒症等。

1. 维生素 A 缺乏症

当饲料中缺维生素 A、脂肪含量不足以及鸡患胃肠道疾病使饲料中的维生素 A 不能吸收时，易患本病。40～50 日龄的雏鸡及高产鸡、种鸡易缺乏维生素 A。

维生素 A 的主要作用是维持黏膜上皮细胞和组织的完整性，参与视觉过程，提高机体的免疫力，增强抗感染和抗寄生虫能力。当饲料保存时间长、发霉变质、保存环境温度过高时，维生素 A 容易被破坏。鸡饲料中维生素 A 的主要存在方式是胡萝卜素，在黄玉米、胡萝卜、苜蓿及其他青绿饲料中含量丰富。

（1）症状及剖检

患有维生素 A 缺乏症的雏鸡生长缓慢，体重轻，消瘦，精神迟钝，走路不稳，常流眼泪，视力下降，眼内分泌出大量的干酪样物。成鸡缺乏时，产蛋量下降或停滞，体重减轻，脚趾蜷缩，鸡冠苍白，眼内分泌出大量乳白色分泌物，眼睑粘连、溃烂，角膜混浊，严重时失明。剖检病死鸡，可见输尿管内沉积大量尿酸盐，口腔、食道、鼻腔等处黏膜有白色结节。种鸡缺乏时，种蛋的受精率和孵化率明显降低，刚孵化出的雏鸡上下眼睑粘连，有的失明。

维生素 A 严重过量时也会中毒，应予以注意。

（2）预防与治疗

预防本病是按照营养需要供给维生素 A，并保证维生素 A 吸收所需要的溶剂——脂肪的供给，搞好疾病的预防，减少消化道疾病的发生。当出现缺乏症后，应及时治疗，按每千克饲料 1 万 IU 维生素 A 拌入饲料，当症状消失后恢复到正常添加量。有条件的鸡场在发病期间，可饲喂 30% 的青绿菜，如胡萝卜、嫩苜蓿、菠菜等，治疗效果较好。对病情较严重的个别鸡可投喂鱼肝油，每只鸡每次 2～3 滴，每天 3 次。

2. 维生素 D 缺乏症

当饲料中维生素 D 含量不足与钙、磷比例极不合适及脂肪缺乏、散养鸡接受阳光照射不够时，易引起缺乏症。

维生素 D 的主要功能是促进小肠黏膜细胞钙结合蛋白的合成，有利于钙、磷的吸收与骨骼的钙化，与色素的沉着密切相关。

其主要的活性形式是 1,25-二羟基维生素 D_3。它是动物皮肤的 7-脱氢胆固醇经紫外线照射后而形成的,遇氧很容易被氧化破坏,但较维生素 A 稳定。

（1）症状

维生素 D 主要参与体内钙、磷的代谢。当机体缺乏时,虽然饲料中钙、磷的量充足,但因利用率降低,而表现出钙、磷缺乏症。雏鸡缺乏时,除生长发育受阻外,还表现佝偻病,腿变形,关节肿大,腿软弱无力,喜蹲伏,常用跗关节走路,喙、爪弯曲。成鸡缺乏时,产蛋量下降,蛋壳变薄,软壳蛋增加,胸骨弯曲,腿骨短粗,弯曲,骨质疏松,易形成骨折。种鸡缺乏时,种蛋的受精率、孵化率降低,孵出的雏鸡软弱,有的脑壳愈合不全,脑浆外露。

维生素 D 过量时,内脏及软组织中沉积大量钙盐,肾小管钙化,骨骼畸形、变脆,易骨折。

（2）预防与治疗

预防本病的方法是在饲料中加入足够量的维生素 D,合理搭配饲料,散养鸡可让鸡在户外多运动。当发现鸡群缺乏时,给雏鸡滴服鱼肝油,每只每次 2～3 滴,每天 3 次,连用 3 天;或每只雏鸡一次喂给维生素 D 2 万 IU。对发病的成鸡每只每天肌肉注射维丁胶性钙 0.2 mL,连用 7 天,以后按照需求量供给。过量时,停一段时间的维生素 D,症状消失后再加入。

3.维生素 E 缺乏症

维生素 E 与矿物质硒有类似的作用,且当饲料中缺乏硒,可用维生素 E 代替。所以,当饲料中维生素 E 供给不足或缺乏硒,饲料中脂肪含量低时,会表现出缺乏症。在雏鸡、肉用仔鸡及种鸡较多见。

维生素 E 为生物氧化剂,能保护细胞膜的完整性,促进细胞呼吸,提高机体的免疫力,抗毒抗感染,抑制亚硝基化物形成,还可以防止易氧化物质维生素 A、维生素 D 及不饱和脂肪酸在消化道及内源代谢中氧化。

（1）症状

维生素 E 具有抗氧化和维持生殖器官正常功能的作用。缺乏时表现为肌肉营养不良的白肌病，心肌损伤，肝坏死。当雏鸡缺乏时，身体不能控制，步态不稳，腿外伸，爪屈曲，颈扭曲，一侧性角弓反张。因毛细血管的通透性增强而引起渗出性素质病和脑软化症。剖检病死鸡时，可见脑大面积出血、水肿、软化，皮下积液。肉用仔鸡常因缺乏维生素 E 而使胸囊肿发生率增高。种公鸡缺乏时，精子的产生受到影响，精液品质下降，使种蛋的受精率和孵化率降低，孵出的雏鸡体弱，并表现出缺乏症。

（2）预防与治疗

预防本病是在饲料中加入足量的维生素 E 和矿物质硒。对患病鸡应及时补充，雏鸡每只每天 5 mg，成鸡 20 mg，待症状消失后再按正常量饲喂；还可维生素 E 和硒同时补，效果较好；在补充维生素 E 和硒的同时，饲料中拌入 0.5％的植物油，也可收到良好效果。

4. 维生素 B_1 缺乏症

维生素 B_1 又叫硫胺素，是水溶性维生素，在热及碱性环境中容易被破坏。当饲料中供给量维生素 B_1 不足及保存过程中大量失效时，常引起缺乏症。

维生素 B_1 的主要功能是促进体内碳水化合物的代谢，以焦磷酸硫胺素的形式作为脱氢酶的辅酶参与酮酸的氧化脱羧反应，减少乙酰胆碱的水解。维生素 B_1 是水溶性维生素，易溶于水，在加热和碱性环境中极易被破坏。维生素 B_1 主要存在于谷物外皮及胚芽、酵母、青绿饲料及干草中。

（1）症状

维生素 B_1 主要参与体内的糖代谢。当雏鸡缺乏维生素 B_1时，食欲不振，体重减轻，羽毛蓬乱，两腿无力，走路不稳；随着病程的延长,神经症状表现明显,如肌肉麻痹,不能站立,颈后拧,头望天,呈"观星"姿势(彩图 21),身子坐在屈曲的腿上,严重时出现瘫痪。种鸡缺乏时,种蛋的受精率和孵化率均明显降低,到破壳时只打嘴,不出壳,若出壳的雏鸡呈"观星"症状的较多,若得不到及时治疗,因雏鸡无法采食而饥饿死亡。

(2)预防与治疗

预防本病是在饲料中加入足量的维生素 B_1,合理保存维生素,对刚购进的维生素应注意有效期,禁止使用过期的维生素。当发现鸡群发病时,紧急给鸡口服或肌肉注射维生素 B_1,按照每千克体重口服 2.5 mg 或 0.1～0.2 mg 肌肉注射,待消失症状后,喂给正常量。

5.维生素 B_2(核黄素)缺乏症

维生素 B_2 也是一种水溶性维生素,是鸡常出现的一种营养代谢性疾病。当饲料中维生素 B_2 供给不足时易导致缺乏。若在强光、高温、碱性环境下长期保存,维生素 B_2 就要大量分解,若不进行化验还按原来的标准添加就要引起缺乏症。

维生素 B_2 的主要作用是作为黄酶类的辅基参与生物氧化,促进新陈代谢。维生素 B_2 主要存在于谷物外皮、饼(粕)类、酵母、青绿饲料及发酵饲料中。

(1)症状

患有维生素 B_2 缺乏症的雏鸡用跗关节支撑体重,脚趾向内侧卷曲称为"卷爪"麻痹症;有的两腿叉开;鸡不愿意走动,常卧地不起,当勉强走动时,为了维持身体的平衡常张开翅膀。种鸡缺乏时,产蛋量减少,种蛋受精率降低,死胎增加,胚胎大部分在出壳前死于壳内,孵出的雏鸡羽毛缺乏光泽,瘦弱,也呈卷爪姿势。剖检病死鸡可见坐骨神经肿胀,肝脏肿大,颜色黄白。

(2)预防与治疗

在饲料中加入足够量的维生素 B_2,或常喂糠麸、青绿饲料等,防止阳光直射饲料,饲料存放时间不能太长(最好半个月用完),饲料中避免加入过多的碱性物质。当发现雏鸡群发病时,可在每千克饲料中加入 $1.2\sim1.4$ g 维生素 B_2;成鸡加入 $0.8\sim1.0$ g,连用 7 天后,种蛋孵化率恢复正常,但有的雏鸡卷爪症将遗留终生。

6. 维生素 B_3(泛酸)缺乏症

维生素 B_3 的主要功能是参与体内蛋白质、碳水化合物、脂肪的代谢,有"抗皮炎因子"之称。当饲料中供应不足,饲料长期处于酸、碱性环境或温度太高时,易被破坏。饲料中缺乏维生素 B_{12} 时对维生素 B_3 的需求量增加。泛酸主要存在于麸皮、米糠、饼(粕)类、胡萝卜、苜蓿等饲料中,但一般情况下难以满足需要,需要单独添加。

(1)症状

雏鸡缺乏时,在眼睑边缘或口角出现颗粒状物,严重时破溃,使眼睑粘连。趾间、足底皮剥落,行走困难。破溃的皮肤极易被其他细菌侵袭,常呈并发感染。剖检病死鸡可见口腔内有脓性物;腺胃肿大,内有灰白色渗出物;肝肿大。种鸡缺乏时,种蛋受精率降低,孵化的前 $2\sim3$ 天死胎多;雏鸡软弱,难以采食,成活率低。

(2)预防与治疗

防止维生素 B_3 缺乏的方法是在饲料中加入足够的量,并保证维生素 B_{12} 的供给,合理保存饲料。当鸡群表现出缺乏症时,在每千克饲料中加入泛酸钙 $20\sim30$ mg,连用 $10\sim15$ 天;增加动物性饲料;补充维生素 B_{12}。

7. 维生素 B_6 缺乏症

维生素 B_6 是吡哆醇、吡哆醛、吡哆胺的统称,是氨基转移酶及脱羧酶的组成成分,为含硫氨基酸和色氨酸代谢所必需,可促进氨基酸进入细胞,提高机体免疫力。维生素 B_6 主要存在于谷物、酵母、种子外皮、禾本科植物中。

（1）症状

鸡食欲降低，生长缓慢，出现皮炎和神经炎，精神异常兴奋，表现为不随意运动，不断鸣叫、惊厥、胸部着地，脚抬起，做翻滚动作，头后仰，腿做快速划水动作。种蛋受精率和孵化率降低，孵化的雏鸡羽毛蓬乱，生长缓慢，性成熟期延迟。成年鸡厌食，产蛋迅速下降，体重减轻。

（2）预防与治疗

供给充足的维生素 B_6，雏鸡每千克饲料中含量为 3 mg，种鸡为 4.5 mg。

8. 维生素 B_{12} 缺乏症

维生素 B_{12} 缺乏症是养鸡生产中经常出现的一种缺乏症。当鸡饲料中缺乏动物性饲料时，这种缺乏症更为普遍。其主要作用是参与体内核酸及蛋白质的合成，促进红细胞发育与成熟，还有保护胚胎正常发育，促进雏鸡生长和防止肌胃糜烂的作用。其主要存在于肝、肉、蛋中。

（1）症状

病雏鸡表现为生长慢，羽毛粗乱，血浆蛋白降低，种蛋孵化后期死亡率增加，雏鸡体弱，成活率低。剖检病死鸡时可见心、肝、肾出现脂肪变性，肌胃糜烂，鸡胚出血、水肿。

（2）预防与治疗

饲料要有一定比例的动物性蛋白质饲料，补充维生素 B_{12}，每千克饲料中维生素 B_{12} 的补充量，雏鸡为 0.009 mg，产蛋鸡及种鸡为 0.004 mg。

9. 生物素缺乏症

生物素缺乏症是雏鸡经常出现的一种缺乏症。当饲料中含量不足或存在有较高的拮抗物时，发病率较高。

生物素的主要功能是以辅酶的形式促进脂肪、碳水化合物、蛋白质的代谢，参与转移羧化和固定 CO_2 的作用。生物素广泛存在于动植物中。

（1）症状

当雏鸡缺乏生物素时，表现为皮炎，脚底粗糙起茧，龟裂出血，喙及眼周围发生皮炎，眼睑肿胀粘连，种蛋孵化率降低。

（2）预防与治疗

饲料中供给充足的生物素，雏鸡每千克饲料为 0.10～0.15 mg，种鸡不低于 0.15 mg/kg。

10. 胆碱缺乏症

胆碱缺乏症是养鸡生产中较为常见的一种缺乏症，当鸡饲料中供应不足，或者因长期保存而失效时，常引起缺乏症。

胆碱是卵磷脂和乙酰胆碱的组成成分，卵磷脂参与脂肪代谢，可防止脂肪肝综合征；乙酰胆碱可维持神经的传导功能，同时胆碱还可作为蛋氨酸的甲基供体，当饲料中供给充足时可减少蛋氨酸的需要量。胆碱主要存在于大豆饼、花生饼、谷物种子中。

（1）症状

雏鸡胆碱缺乏时，生长受阻，关节肿大，易发生曲腱症。成年母鸡缺乏时，肝脏脂肪浸润，形成脂肪肝，产蛋量下降。

（2）预防与治疗

雏鸡阶段每千克饲料中胆碱含量应为 1 300 mg，产蛋母鸡与种母鸡均为 500 mg。

11. 叶酸（维生素 B_{11}）缺乏症

叶酸主要以 5,6,7,8-四氢叶酸的形式发挥作用，参与体内嘌呤、嘧啶及甲基的合成等代谢活动。因嘌呤、嘧啶等均为核酸的成分，因此，叶酸对蛋白质的合成和新细胞的形成有重要作用。

饲料中除块根、块茎类外，其他饲料叶酸的含量均较高，但利用率较低（平均为 20%～30%）。

（1）病因

①饲料中叶酸含量不足。NRC 饲养标准规定的最低需要量

为:育成期白壳蛋鸡 0.25 mg/kg,褐壳蛋鸡 0.23 mg/kg;实践中商品鸡为 0.55 mg/kg,种用期 0.35 mg/kg。

②青绿饲料少。大部分青绿饲料中含有丰富的叶酸,大量饲喂青绿饲料,可起到补充叶酸的作用,但每天的饲喂量不应超过饲料量的 30%,否则,将会导致营养的缺乏。

③长期饲喂抗生素。肠道微生物能合成部分叶酸。若饲喂抗生素后,可抑制微生物的活动,减少叶酸的生成。

④患有消化道疾病。肠道疾病可抑制叶酸的吸收,增加排泄量,导致叶酸的缺乏。

(2)症状及病理变化

雏鸡缺乏叶酸后,生长停滞,羽毛生长不良,贫血,或羽毛退色,脊柱麻痹;鸡缺乏时的典型症状是颈部麻痹,若得不到及时补充,症状出现后 2 天死亡。有的出现软脚病和骨短粗症。

成年种用家禽缺乏叶酸,表现为产蛋量下降,种蛋的受精率和孵化率降低,死胚嘴变形,跗骨和胫骨弯曲。

病死家禽可见肾、脾、肝贫血,胃有点状出血,肠有出血性炎症。呼吸道、泌尿器官黏膜损伤。

(3)预防与治疗

预防本病的方法是经常饲喂青绿饲料,避免用单一玉米作为能量饲料;饲料中搭配一定量的啤酒酵母、亚麻仁、黄豆饼等饲料,减少抗生素的使用量;用抗生素的替代品预防和治疗细菌性疾病,如益生素、酸化剂、寡糖等,搞好肠道疾病的预防。

治疗叶酸缺乏症的方法是肌肉注射纯叶酸制剂 50～100 μm/只,或每 100 g 饲料中加入 500 μg 叶酸,1 周左右的时间可恢复正常。若配合使用维生素 B_{12} 和维生素 C,效果更好。

12. 维生素 C(抗坏血酸)缺乏症

维生素 C 是体内细胞色素氧化酶、赖氨酰氧化酶、脯氨酸氧化酶的辅助因子,参与体内的氧化还原反应,与骨胶原的生物合成有关。骨胶原是一种有韧性的纤维状细胞内蛋白质。它是皮肤、结缔组织、骨骼、牙齿的成分。维生素 C 有刺激肾上腺皮质素合成、促进肠道铁的吸收、使叶酸还原为四氢叶酸、解毒的作用,还可以减轻因维生素不足产生的不良影响。长期饲喂维生素 C,可提高机体抵抗力,增加体内干扰素的产量,增强免疫力。

(1)病因

引起维生素 C 缺乏的主要原因是应激因素。一方面应激使体内合成维生素 C 的能力降低,另一方面应激状态下,家禽对维生素 C 的需求量加大。另外,饲料维生素 E 的含量对其也有影响。维生素 E 有促进体内维生素 C 合成的作用,因此,维生素 E 缺乏时,也可引起维生素 C 缺乏症。

(2)症状及病理变化

缺乏维生素 C 时,家禽骨骼和蛋壳钙化不良,骨软弱,蛋壳变薄,破损率增加;细胞完整性降低,黏膜组织溃疡;机体抗应激和抗病能力下降,出现广泛性出血;生产力降低。

(3)预防与治疗

预防本病的方法是保证青绿饲料的供应,对于笼养家禽应注意按照营养需要添加维生素 C,在应激状态下增加维生素 C 的添加量,如高温、断喙、转群、运输、疫苗接种、换料、惊吓等,一般添加量为每千克饲料中加入 300～500 mg 维生素 C。在缺乏维生素 C 的家禽中补充 500 mg/kg 的维生素 C,并保证维生素 E 的供给。

13. 钙、磷缺乏症及中毒症

钙、磷缺乏症是鸡常出现的一种症状。当鸡的饲料中缺乏钙、磷或钙、磷比例不合适,维生素 D 含量不足时,常出现缺乏症。

钙是构成骨骼和蛋壳的主要成分,磷同钙一起共同参与骨骼的形成。饲料中含钙和磷均较丰富的有骨粉、磷酸氢钙等;含钙较丰富的有石粉、贝壳粉、蛋壳粉等。有时尽管饲料中钙、磷较丰富,但因缺乏维生素 D,也会出现缺乏症。而当饲料中钙含量过高时,需要提高饲料中镁、碘、锌、锰的含量,否则将会导致这些元素的缺乏。

(1)症状

雏鸡缺乏钙、磷时,生长缓慢,骨骼脆弱、变形,逐渐形成佝偻病,腿呈"O"形或"X"形;成鸡产蛋量下降,蛋壳变薄,软蛋增加,这种现象在产蛋后期及高温期较多见。但钙、磷过量时,表现为骨骼短粗,关节大,常因多余的钙不能及时代谢出去而发生痛风等症,有时出现神经症状。

(2)预防与治疗

供给适量的钙、磷,合理搭配饲料,注意添加适量的维生素 D,在炎热的夏季及产蛋后期增加饲料中钙、磷的含量。当鸡群发病后应及时调整日粮,使雏鸡及青年鸡饲料中钙的含量达到 0.9%,有效磷含量达到 0.45%~0.5%;产蛋鸡钙含量达到 3.5%~3.7%,磷同雏鸡。补充钙、磷的方式是在饲料中加入石粉、贝壳粉、骨粉、磷酸氢钙等。同时注意供给充足的维生素 D。

14. 锰缺乏症

锰是饲养家禽不可缺少的一种微量元素,当饲料中含量不足时,常引起缺乏。锰的主要功能是参与体内骨骼和蛋壳的生成,与蛋白质、能量代谢有关。生长鸡和种鸡易缺乏锰。当日粮中锰或胆碱、氨基酸等不足,钙、磷过量时,常表现缺锰症。

(1)症状

雏鸡缺锰时,关节肿大,骨骼变粗,腓肠肌或跟腱从其腱髁中滑脱,称"脱腱症",但骨质不变软、不变脆(以此区别于佝偻病);鸡喜欢长期卧地,给采食带来困难;发病时间长时,鸡体消瘦,因饥饿而死亡。种鸡缺锰时,种蛋孵化率降低,出壳前 1~2 天胚胎大量死亡。

（2）预防与治疗

在病鸡饲料中加入硫酸锰，每 50 kg 料中加入 10～12 g，氯化胆碱 50～60 g，另增加其他维生素的供给量；也可饮质量浓度为 0.02％的高锰酸钾水溶液，用 2 天停 2 天，经 2～3 次反复就可治愈。

15.硒缺乏症

硒缺乏症是雏鸡和肉用仔鸡常出现的一种缺乏症。当饲料中硒含量不足，维生素 E 缺乏时，常表现缺乏症。

硒为谷胱甘肽过氧化物酶的组成成分，能将还原型谷胱甘肽转化成氧化型谷胱甘肽，同时将过氧化物转化为无害的醇，防止过氧化物对细胞脂膜上不饱和脂肪酸的破坏，可部分地代替维生素 E 的作用。硒还可以促进脂肪的消化和脂胆盐微粒的形成，也可促进维生素 E 的吸收，帮助维生素 E 在血浆中滞留。

（1）症状

缺硒的症状与缺维生素 E 基本相同，维生素 E 可以代替硒，但硒不能代替维生素 E 的繁殖功能。

（2）预防与治疗

饲料中加入足量的硒和维生素 E 可防止缺乏症。当缺乏时，按治疗量在饲料中加入亚硒酸钠与维生素 E 的复合制剂，也可饮用亚硒酸钠水溶液，每升水中加入 0.1～1 mg 亚硒酸钠；每千克饲料中加入维生素 E 1 万 IU 和 5 g 植物油，连用 5～7 天，可控制本病，待症状消失后，按要求量供给。

16.食盐缺乏和中毒症

正常情况下，鸡饲料中应含有 0.37％的食盐，如果供给量长期不足，会引起缺乏症；相反，如果添加量太高，或喂含盐量较高的鱼粉，食盐搅拌不均匀等会引起中毒。一般情况下成鸡对高食盐饲料的耐受力高于雏鸡。

食盐的主要作用是维持细胞与血液间渗透压的平衡，保持体组织的水分,调节心肌的活动,并与蛋白质代谢密切相关。

（1）症状及剖检

鸡食盐缺乏时,表现为食欲下降,体重减轻,产蛋量降低,啄癖现象严重;食盐过量引起中毒时,饮水量剧增,极度兴奋,运动失调,两脚软弱无力或前后平伸,瘫痪;头颈皮下严重水肿,死亡前有阵发性痉挛、头颈前伸、肌肉抽搐、呼吸困难等症状,最后因虚脱而死亡。剖检食盐中毒的病死鸡可见消化道内充满黏液,黏膜充血,皮下水肿,肺水肿,心包积液。

（2）预防与治疗

缺乏时按照需要量补充;中毒时,停加食盐,加大给水量,在水中加入 5％的葡萄糖,同时加入 2～3 倍的维生素,并配合使用一些抗菌消炎的药物。每次新购入鱼粉后除应化验其蛋白质含量外,还应进行食盐含量的测定,作为配合饲料的依据。

17. 锌缺乏症

锌对蛋白质的合成及鸡的生长、繁殖、产蛋具有重要作用。在缺锌地区,如果不注意及时补充或补充量不足,或与其拮抗的元素的添加量不适宜,将会导致缺乏或过量。

（1）症状

患病雏鸡食欲不振,生长发育受阻,腿骨短粗,跗关节肿大,脚上皮肤有大量角质鳞片,干燥无光,呈银白色,羽毛卷曲,有的羽小支脱落,只剩羽轴,严重时出现死亡。成鸡发病时多表现产蛋量下降,蛋壳变薄;种鸡缺乏时雏鸡体弱,常不能站立,不饮不食,呼吸困难且频率加快,羽毛生长受阻有卷羽现象。

（2）预防与治疗

预防本病的方法是喂全价的配合饲料,在饲料中添加足够量的锌,每千克饲料中加入 65 mg 锌,可满足各种鸡的需要。注意生黄豆和饲料中铜含量过高会影响锌的吸收。

○ 寄生虫病

1.球虫病

球虫病是以出血性下痢以及黏膜、小肠前段和直肠黏膜出血坏死为特征的急性疾病,对蛋用雏鸡和肉用仔鸡危害较大。15～50日龄的雏鸡易感,地面垫料平养、卫生条件差、闷热潮湿时容易暴发。雏鸡发病后死亡率可达20%～80%;成鸡感染后,往往不表现症状。

球虫卵囊对外界环境的抵抗力很强,在土壤中能存活半年,高温和干燥能杀死卵囊,寒冷能使其停止发育,一般的消毒药物对其无作用。

(1)病因

艾美耳球虫是导致本病的主要原因。艾美耳球虫有多种型,其中堆型艾美耳球虫、和缓艾美耳球虫、哈氏艾美耳球虫、早熟艾美耳球虫寄生于小肠前段,巨型艾美耳球虫、毒害艾美耳球虫寄生于小肠中段,布氏艾美耳球虫寄生于小肠后段和盲肠,柔嫩艾美耳球虫寄生于盲肠。鸡舍环境闷热潮湿是本病发生的主要条件。正常情况下,带虫鸡的粪便中带有球虫卵囊。这种卵囊污染饲料、饮水、土壤和用具,感染其他的健康鸡,数量小时不一定发病;当遇到适宜的条件时(高湿高温),迅速发育成孢子化卵囊,这种卵囊被鸡食入消化道后,被消化液溶解,子孢子游离,寄生于肠壁上皮细胞内,并大量繁殖,引起鸡群发病。

(2)症状及剖检

雏鸡发病后,两翅下垂,精神不振,食欲下降或废绝,饮水量增加,下痢,肛门周围污秽,严重时排出血便。鸡冠和其他可视黏膜苍白、贫血,共济失调,最后抽搐死亡。成鸡的症状较轻,常表现产蛋下降、消瘦、下痢等,死亡率不高。剖检病死鸡可见肠管扩张,肠壁增厚,肠内容物混有血液,肠壁上可见白色的小斑点和出血点。

柔嫩艾美耳球虫侵害盲肠后,两侧盲肠肿大,内有大量血样内容物,肠壁增厚,黏膜溃疡。

(3)预防与治疗

预防本病的方法是搞好鸡舍卫生,注意通风换气,用具定期洗刷消毒,垫料常换,并保持干燥,改善饲养方式。当鸡群发病后,治疗肉鸡用磺胺嘧啶,按 0.2%～0.5%拌料,喂 3 天停 2 天;严重时,在喂料的同时,每只雏鸡肌肉注射 2 万 U 青霉素,成鸡 5 万U;克球粉每 500 g 拌料 2 000 kg;敌菌净按 0.01%拌料,连用 5～7 天,停 2 天。另外,盐霉素、优素精、球虫灵、氯苯胍等对治疗球虫病均有疗效,但在喂肉鸡时应注意禁喂药和停药期;用治疗量的1/2 饲喂可预防球虫病。

2.鸡蛔虫病

鸡蛔虫是寄生于鸡体内最大的线虫,它可阻止鸡的生长,严重时出现死亡。本病常发生于 2～4 月龄的鸡。

(1)病原

病原为鸡蛔虫。鸡蛔虫雌虫长 8～10 cm,雄虫长 3～7 cm;寄生于鸡的小肠中,引起发炎、出血。

鸡蛔虫在小肠内产卵,排出体外(起初并无感染力),污染饲料、饮水,遇到合适的温度(20～35℃)和适宜的湿度时,使其具有感染力,由鸡食入后发病。

(2)症状

雏鸡逐渐消瘦、贫血,生长发育停滞,下痢和便秘交替,有时便中带血或有成虫,最后衰竭死亡。成鸡产蛋减少、贫血,有时下痢。剖检病死鸡可见小肠内有大量成虫,有的缠绕成团,阻塞肠管。

(3)诊断

根据症状及鸡粪便中排出的蛔虫可进行诊断。

(4)预防与治疗

定期驱虫,一般在 2 月龄和产蛋前各驱虫 1 次。按每千克体重肌肉注射阿维菌素 0.2 mg，或每千克体重口服 0.4 mg；每千克体重 1 次投喂 24 mg 左旋咪唑；还可用哌嗪、赛苯咪唑等。一般情况下，在雏鸡进入产蛋期以前全面驱虫 1 次。

3. 鸡虱

鸡虱是一种寄生于鸡体表的虫体，主要着生在羽毛浓密、温度高的部位如肛门、翅下等，以羽毛和毛屑为食。鸡体寄生鸡虱后，全身瘙痒，寝食不安，影响休闲和睡眠，使鸡只逐渐消瘦，产蛋量降低。治疗鸡虱的方法是每千克体重 1 次投喂阿维菌素 0.4 mg，或肌肉注射 0.2 mg；0.1%～0.2% 的敌百虫喷洒鸡体。使用药物一般只能杀死成虫，虫卵很难杀死，经 7～10 天后，虫卵又孵化出成虫，再用 1 次药可使其彻底根除。

○ 中毒症

1. 一氧化碳（煤气）中毒

一氧化碳中毒是采用煤火育雏时常出现的一种中毒症。当育雏室通风不良、氧气供应不足、煤炭燃烧不充分时，环境中一氧化碳量增加，当增加到 0.04%～0.05% 时，雏鸡就要出现中毒或死亡。

（1）症状及剖检

大量的一氧化碳随呼吸进入血液后，与血红蛋白结合形成难离解的碳氧血红蛋白，使血红蛋白失去运送氧的能力，导致机体缺氧，首先影响到反应最为灵敏的中枢神经系统，而出现一系列的神经症状，如精神不安、流泪、呼吸浅而快、嗜眠、昏迷、站立不稳、运动失调甚至惊厥、角弓反张等，最后因深度昏迷、窒息死亡。剖检病死鸡可见肺有淤血、气肿，血液呈樱桃红色，其他脏器均为鲜红色，黏膜肌肉充血、出血。

（2）诊断

根据症状及剖检变化，结合雏鸡所处的环境，可较为准确地做出诊断。

（3）预防与治疗

预防一氧化碳中毒的措施是改善取暖方式，改煤炉直接取暖为气暖或水暖；若不具备这种条件，一定要在煤火上安装烟囱，同时应保证烟囱畅通，不漏气，在保证鸡舍温度的前提下，注意通风换气。

一般轻度一氧化碳中毒不需要治疗，将鸡舍通风量加大，让鸡多吸入新鲜空气，慢慢就可恢复，若饮用 5％ 的葡萄糖溶液加入维生素 C，效果更好。严重中毒者可皮下注射等渗生理盐水或葡萄糖，肌肉注射强心剂，可减少鸡只的死亡。

2. 磺胺类药物中毒

在防治许多鸡病时，往往使用磺胺类药物，但有许多磺胺类药物尤其是磺胺二甲基嘧啶具有较大的毒性，当添加量过大、搅拌不均匀、使用时间过长可引起中毒。

试验结果表明，雏鸡饲料中加入 0.2％～0.4％ 的磺胺时，连用 2 周就可中毒；饲料中加入 0.25％ 磺胺二甲基嘧啶、0.5％ 的磺胺甲基嘧啶时，8 天出现死亡。产蛋鸡喂含 0.25％ 的磺胺喹噁啉 8～10 天出现死亡。

（1）症状

病雏鸡精神沉郁，羽毛松乱，食欲减少或废绝，饮水增加，鸡冠苍白、贫血，可视黏膜黄疸，皮下可见出血点；产蛋鸡蛋壳变薄，产蛋急剧下降直至完全停产。严重急性中毒者表现出神经症状，如高度兴奋，痉挛等。剖检病死鸡可见皮肤、肌肉、内脏各器官贫血和出血，血液凝固不良，肝脏变大，呈黄色，表面有出血点或坏死灶，腺胃黏膜和肌胃角质层下有时有出血，脾肿大，有出血性梗死和灰色结节区，肾肿大，输尿管变粗，内有血色尿酸盐沉积。

（2）诊断

根据磺胺类药物的添加量及使用时间、临床症状、病理解剖特点可对此病做出较为准确的判断。

(3)预防与治疗

预防本病的最有效措施是严格按照要求的量和时间使用磺胺类药物,注意搅拌均匀。一般磺胺类药物一个疗程为 3～5 天,之后停喂 3～5 天,再进入下一个疗程。也可用一个疗程后再换用其他的药物。一旦发现中毒应立即停止喂药,并给予大量饮水,饮水中加入 1%的碳酸氢钠或 5%的葡萄糖,并增加维生素的供给量(一般增加 2～3 倍),尤其是维生素 C、维生素 K 以及 B 族维生素,经 3～5 天后就可使症状减轻并逐渐恢复正常。另外,磺胺类药物对产蛋影响很大,因此,产蛋高峰期鸡应慎用。

3.肉毒梭菌中毒

肉毒梭菌中毒是以运动神经麻痹、急性、高死亡率(一般为20%～30%)为特征的一种疾病。在高集约化饲养的肉鸡场,在高温、高湿的夏季,本病较为多见。

(1)病因

鸡肉毒梭菌病是由肉毒梭菌所分泌的外毒素引起鸡体中毒的一种疾病。当肉粉或肉骨粉保存不当,如环境温度高、湿度大,使肉毒梭菌大量繁殖并分泌毒素,鸡食入后,便会引起中毒。此种多是由 A 型肉毒梭菌引起;另一种是由 C 型肉毒梭菌引起。C 型肉毒梭菌芽孢在土壤中存在,当鸡(主要是肉鸡)食入后,在盲肠内增殖,产生毒素,排出体外后又被鸡摄入,在十二指肠吸收。然后盲肠继续排出,十二指肠再度吸收,经过几次循环当体内毒素达到一定浓度就会引起中毒。

肉毒梭菌对火碱及生石灰较敏感,所以可用 2%的火碱水进行鸡舍消毒,或用生石灰铺撒地面。

(2)症状及剖检

患有本病的病鸡最初表现为翅膀和腿麻痹,随着病情的延长,麻痹加重,并出现下痢、食欲降低或废绝,步态不稳,颈部软弱无力,头不能抬起,称"软颈病",最后昏迷死亡。剖检时可见到肠黏膜充血、浮肿,但其他症状不明显。

（3）诊断

诊断的依据之一是症状及剖检;其次,分析饲料的可能性;第三应进行肉毒梭菌的培养。

（4）预防与治疗

合理保存饲料,注意鸡舍的通风换气,保持鸡舍干燥,腐烂尸体及粪便经常清理,搞好鸡舍消毒,可有效地控制本病。治疗本病目前尚无特效药,但用四环素、青霉素治疗有一定的效果。

4. 喹乙醇中毒

喹乙醇是一种抗菌药物,对革兰氏阴性菌有较高的杀灭作用,在预防和治疗禽霍乱、大肠杆菌、沙门氏菌等疾病方面效果显著,在养鸡生产中使用较广泛。但是,鸡对喹乙醇较敏感,如果添加和使用不当（如添加时间过长、搅拌不均匀、添加量过大等）,可引起喹乙醇中毒。这种现象较为常见。

正常情况下,细菌性疾病的治疗量为每千克体重内服 20～30 mg,每天 1 次,连用 3 天。预防量为每吨饲料添加 25～35 g,连用 1 周。盲目增大剂量或使用时间过长常引起中毒。

（1）症状及剖检

喹乙醇中毒鸡往往表现为精神沉郁、厌食、流涎、排黄绿色稀粪,冠及肉髯发绀,行走摇晃或瘫卧,有时有角弓反张等神经症状;常挤压在一起;怕冷;不爱活动;呼吸频率加快,有时张口喘气。产蛋鸡中毒后产蛋下降。剖检病死鸡,可见消化道尤其在十二指肠呈弥漫性出血、充血,肝脏变化显著,体积增大,质地变脆,胆囊充盈,颜色淡黄。肾脏肿大,有出血点,有的有尿酸盐沉积,心冠脂肪及心外膜有出血点,泄殖腔严重出血。

（2）预防与治疗

预防喹乙醇中毒的有效途径是准确计算和称量喹乙醇的用

量,饲喂时应搅拌均匀,严格控制用药时间,以防引起累计性中毒。

目前无特效解毒药物。发生中毒后应立即停喂可疑饲料、饮水或药物,饮用 5％葡萄糖水和服用维生素 C 有一定效果。在饲料中增加胆碱的用量,对于保护肝脏和肾脏有一定作用,可减少死亡。

5.氟中毒

当鸡群长时间饲喂未脱氟或脱氟不彻底的磷酸氢钙时,致使磷酸氢钙中含氟量过高,引起鸡氟中毒。我国规定磷酸氢钙中氟允许量为 1 800 mg/kg;肉用仔鸡、生长鸡配合饲料 250 mg/kg;产蛋鸡配合饲料 350 mg/kg。当鸡的日粮中氟含量不超过 300 mg/kg 时不会引起中毒。但若使用含氟过高的磷酸氢钙或使用高氟磷矿石粉时可大大增加饲料中氟含量。

(1)症状及剖检

氟中毒的鸡群,常站立不稳,行走呈"八"字样,食欲减退或废绝,卧地不起,昏迷甚至死亡。产蛋鸡跛行,拉稀,蛋壳变软,产蛋率急剧下降。种蛋受精率下降,孵化率降低。刚出壳雏鸡腿部骨骼畸形,关节红肿。剖检可见骨骼变形、变软,关节肿大。可见营养不良,消瘦,长骨和肋骨柔软、易折。某些病例肾肿大,输尿管中有尿酸盐沉积。剖检病死鸡一般没有特征性变化,可采用培养细菌、分离病毒、血清学检查等排除法。

(2)预防与治疗

预防本病的方法是选择合格的磷酸氢钙,避免使用含氟高的磷矿石粉。发生本病后,立即停喂含氟超标饲料;添加含钙物质,如乳酸钙、硫酸钙或葡萄糖酸钙等,配以适量维生素 A、维生素 D、维生素 B、维生素 C 等,可减轻症状。

6.有机磷中毒

目前我国使用最广泛的杀虫剂为有机磷化合物,主要有 1605、3911、1059、敌百虫、敌敌畏、乐果等。鸡采食了富含这些农

药的饲料或饮水后，就会引起中毒，其中毒剂量为每千克体重
0.01～0.03 g。

（1）症状

中毒鸡口内流出大量泡沫状黏液，运动失调，盲目飞奔，肌肉
震颤，频频排出稀粪，呼吸困难，鸡冠和肉垂发紫，最后昏迷、抽搐
死亡。剖检病死鸡可见体内广泛性出血，喉头及气管充满黏液，肺
部水肿和血肿，消化道黏膜出血，胃内容物有大蒜味。

（2）诊断

根据鸡是否接触到有机磷农药以及症状、剖检病变可较准确
地做出诊断。

（3）预防与治疗

预防中毒的有效方法是妥善保存农药；用敌百虫驱虫时要严
格控制浓度用量。当发生中毒时，经皮肤中毒的要用 5％的石灰
水或肥皂水反复洗涤；经消化道中毒的要倒提鸡使其将嗉囊内药
物流出，然后用 0.1％的高锰酸钾反复冲洗嗉囊及胃，每只鸡肌肉
注射阿托品 0.1～0.25 mg，或每只鸡肌肉注射解磷定 10～
20 mg；还可灌服 1％的硫酸铜溶液。为了便于使用，表 9-8 列出
了鸡常用药物的适应症、用法及用量，供参考。

表 9-8　鸡常用的治疗及预防药物

药物名称	防治疾病	用法及用量
青霉素 G	葡萄球菌病、链球菌病、霍乱、坏死性肠炎、李氏杆菌病、丹毒等	肌肉或皮下注射：雏鸡 0.2 万～0.5 万 U/只，成鸡 2 万～5 万 U/只，每天 2 次，连用 2～3 天 饮水：水量同注射。每千克水中加入 5 万～10 万 U
氨苄青霉素	对链球菌、葡萄球菌、巴氏杆菌、沙门氏杆菌、大肠杆菌等都有抑制作用。用于治疗鸡白痢和伤寒	每千克体重内服 5～20 mg，每天 2 次；肌肉注射 2～7 mg/kg；2 次/天

续表 9-8

药物名称	防治疾病	用法及用量
链霉素	传染性鼻炎、支原体病、霍乱、白痢、伤寒、大肠杆菌病、肠炎等	皮下或肌肉注射:雏鸡 0.5 万 U/只,成鸡 1 万～2 万 U/只,每天 2 次,连用 3 天 饮水:雏鸡 0.5 万 U/只,成鸡 1 万～2 万 U/只,连用 2～3 天
庆大霉素	支原体病、白痢、伤寒、大肠杆菌病、葡萄球菌病、绿脓杆菌等	皮下或肌肉注射:0.5 万 U/只,每天 1 次,连用 3 天 饮水:0.5 万 U/只,每天 1 次,连用 3～5 天
卡钠霉素	支原体病、霍乱、白痢、伤寒、大肠杆菌病、坏死性肠炎等	肌肉或皮下注射:每千克体重 10～15 mg,每天 2 次,连用 3 天 拌料:每千克饲料 400～500 mg 饮水:每升水 250～350 mg,连用 3～5 天
土霉素、金霉素、四环素	传染性鼻炎、支原体病、霍乱、白痢、伤寒、大肠杆菌病、溃疡性肠炎、传染性滑膜炎、葡萄球菌病、链球菌病、球虫病、绿脓杆菌病等	皮下或肌肉注射:每千克体重 40～50 mg,每天 2 次,连用 3 天 拌料:0.04%～0.2%拌料 饮水:0.01%饮水,连用 3～5 天 预防量减半
硫酸新霉素	对葡萄球菌、大肠杆菌、变形杆菌、沙门氏菌、亚利桑那菌有较强的抑制作用,对肺炎球菌、链球菌、绿脓杆菌、巴氏杆菌也有效,用于治疗鸡细菌性肠炎、沙门氏菌、亚利桑那菌和呼吸道疾病	拌料 70～140 mg/kg,饮水为 30～70 mg/kg;2 次/天
强力霉素	传染性鼻炎、支原体病、霍乱、白痢、伤寒、大肠杆菌病、葡萄球菌病、链球菌病、球虫病、溃疡性肠炎等	皮下或肌肉注射:每千克体重 20 mg,每天 1 次,连用 3 天 拌料:0.01%～0.02%拌料
红霉素	传染性鼻炎、支原体、传染性支气管炎、葡萄球菌病、链球菌病等	皮下或肌肉注射:每千克体重 4～8 mg,每天 2 次,连用 3 天 拌料:0.02%拌料,连用 3～5 天 饮水:按 0.01%的浓度饮水,连用 3～5 天

续表 9-8

药物名称	防治疾病	用法及用量
头孢噻吩钠（先锋霉素 I）	对金黄色葡萄球菌、链球菌、肺炎球菌及一些革兰氏阴性菌巴氏杆菌、大肠杆菌、沙门氏菌等有效,用于治疗鸡大肠杆菌病、葡萄球菌病	肌肉注射:每千克体重 10～20 mg,1～2 次/天
杆菌肽锌	作为饲料添加剂,有促进生长和产蛋的作用;治疗鸡坏死性肠炎、溃疡性肠炎及其他肠道疾病	每毫克含 50 U,雏鸡 20～50 U,育成鸡 100～200 U,成年鸡 200 U,每天 1 次
氟甲砜霉素	对巴氏杆菌、支原体、大肠杆菌、沙门氏菌有很强的抑制作用,用于防治鸡支原体病、大肠杆菌病、白痢及消化道疾病	拌料:每千克饲料 20～60 mg,连用 3～5 天
泰乐菌素	传染性鼻炎、支原体病、大肠杆菌病、葡萄球菌病,促进鸡的生长,提高饲料利用率	肌肉注射:每千克体重皮下或肌肉注射 10～25 mg,每天 1 次,连用 3 天 拌料:每千克饲料 250～500 mg 饮水:每升水加入 0.5 g,连用 5～7 天 添加剂:每千克饲料 10 mg
磺胺二甲基嘧啶	传染性鼻炎、霍乱、白痢、伤寒、副伤寒、大肠杆菌病、葡萄球菌病、链球菌病、球虫病、肠炎等	肌肉注射:每千克体重 0.1 g,每天 1 次,连用 3 天 拌料:0.3%～0.5%拌料,连用 3～5 天 饮水:钠盐按 0.1%～0.2%饮水,连用 3 天
磺胺脒	白痢、伤寒、副伤寒、球虫病、其他细菌性肠炎等	皮下或肌肉注射:每千克体重 0.05～0.15 g,连用 3 天,首次加倍。 拌料:每千克体重 0.05～0.15 g,连用 3～5 天,首次用量加倍
磺胺喹噁啉,磺胺-5(或6)-甲氧嘧啶	霍乱、白痢、伤寒、副伤寒、大肠杆菌病、球虫病、葡萄球菌病、卡氏白细胞原虫病等	皮下或肌肉注射:每千克体重 0.05～0.15 g,每天 2 次,连用 3 天,首次用量加倍 拌料:0.1%～0.3%拌料,连用 3～5 天 饮水:0.03%～0.05%饮水,连用 3～5 天

续表 9-8

药物名称	防治疾病	用法及用量
增效磺胺药，包括 TMP，SMZ，SMD，SMM，SMP，SDMD 等	霍乱、白痢、伤寒、大肠杆菌病、葡萄球菌病、链球菌病、球虫病、肠炎等	皮下或肌肉注射：每千克体重 20～25 mg，每天 2 次，连用 3 天 拌料：每千克饲料加入 200～400 mg，连用 3～5 天
复方敌菌净	支原体、霍乱、白痢、伤寒、大肠杆菌病、葡萄球菌病、球虫病、肠炎等	拌料：0.02%～0.04%拌料，连用 3～5 天 口服：每千克体重 20～30 mg，连用 3～5 天
氟哌酸	霍乱、白痢、伤寒、大肠杆菌病、葡萄球菌病、球虫病、肠炎等	皮下或肌肉注射：每千克体重 50～100 mg，连用 5～7 天 饮水：0.01%～0.02%饮水，连用 3～5 天
环丙沙星	霍乱、白痢、伤寒、大肠杆菌病、葡萄球菌病、链球菌病、支原体病、球虫病、肠炎等	皮下或肌肉注射：每千克体重 10 mg，每天 2 次，连用 3 天 拌料：每千克饲料 10～20 mg，用 5～7 天 饮水：0.01%～0.02%饮水，连饮 5～7 天为一个疗程
恩诺沙星	支原体病、霍乱、白痢、伤寒、大肠杆菌病、葡萄球菌病、链球菌病、球虫病、肠炎等	皮下或肌肉注射：每千克体重 5～10 mg，每天 2 次，连用 3 天 拌料：每千克饲料：10～20 mg，连用 5～7 天 饮水：0.01%～0.02%饮水，连饮 5 天
痢菌净	用于防治鸡白痢、禽霍乱及消化道疾病	内服：每千克体重 2.5～5 mg，日喂 2 次，连用 3 天
喹乙醇	霍乱、白痢、伤寒、大肠杆菌病、葡萄球菌病、链球菌病、球虫病、肠炎等	拌料：每千克体重按 20～30 mg 计算，拌入饲料，每天一次，连用 3～5 天。停 3～5 天后方可进入下一个疗程
支原净	支原体病、传染性滑膜炎、气囊炎、葡萄球菌病等	皮下或肌肉注射：每千克体重 20～25 mg，每天 1 次，连用 3 天 拌料：每千克饲料拌入 300～350 mg，连用 3～5 天 饮水：每升水中加 200～250 mg，连饮 3～5 天，预防量减半

续表 9-8

药物名称	防治疾病	用法及用量
林肯霉素	支原体病、坏死性肠炎、葡萄球菌病等	肌肉注射：每千克体重 10～30 mg，每天 2 次，连用 3 天 口服：每千克体重 15～30 mg，每天 2 次，连用 3～5 天 拌料：每千克饲料拌入 300～400 mg 饮水：每升水加入 150～250 mg
金刚烷胺	阻止病毒进入宿主细胞，抑制病毒复制、解热、提高机体免疫力，用于治疗禽流感	每千克体重 0.025 g，饮水给药
病毒灵（吗啉胍）	具有抗病毒作用，用于预防禽流感、禽痘、新城疫、传染性支气管炎等病毒性疾病	内服：每千克体重 0.04 g
伊维菌素	驱除蛔虫、羽虱以及粪便中蝇蛆	口服：每千克体重 0.2 mg/次
球虫净（尼卡巴嗪）	对堆型、毒害、布氏、柔嫩、巨型艾美耳球虫均有效	0.012 5%拌料连续使用
盐霉素、马杜拉霉素、莫能菌素、甲基盐菌素	影响球虫细胞膜对碱金属离子的通透性，对第一裂殖体有效；作用峰期为感染后第二天	0.07% 的盐霉素拌料，连续使用；0.000 5% 的马杜拉霉素拌料，连续使用；0.01%～0.012%的莫能菌素拌料，连续使用；0.005 4%～0.007 2%的甲基盐菌素拌料，连续使用
制霉菌素	曲霉菌病、念珠菌病、鸡冠癣等	内服：每 5 kg 饲料中加入 0.5 g，连用 5～7 天 气雾：较内服药量加大 1～2 倍，喷雾，每天 2 次，连用 2～3 天。气雾效果优于口服

附表　中国禽用饲料成分及营养价值表

附表 1　饲料描述及常规成分 (2004)

序号	中国饲料号	饲料名称	饲料描述	干物质 %	粗蛋白 %	粗脂肪 %	粗纤维 %	无氮浸出物 %	粗灰分 %	中洗纤维 %	酸洗纤维 %	钙 %	总磷 %	非植酸磷 %	鸡代谢能 Mcal/kg	鸡代谢能 MJ/kg
1	4-07-0278	玉米	成熟、高蛋白质、优质	86.0	9.4	3.1	1.2	71.1	1.2	—	—	0.02	0.27	0.412	3.18	13.34
2	4-07-0288	玉米	成熟、高赖氨酸、优质	86.0	8.5	5.3	2.6	67.3	1.3	—	—	0.16	0.25	0.09	3.25	13.60
3	4-07-0279	玉米	成熟、GB/T 17890-1999、1级	86.0	8.7	3.6	1.6	70.7	1.4	9.3	2.7	0.02	0.27	0.12	3.24	13.56
4	4-07-0280	玉米	成熟、GB/T 17890-1999、2级	86.0	7.8	3.5	1.6	71.8	1.3	—	—	0.02	0.27	0.12	3.22	13.47
5	4-07-0272	高粱	成熟、NY/T 1级	86.0	9	3.4	1.4	70.4	1.8	17.4	8	0.13	0.36	0.17	2.94	12.3
6	4-07-0270	小麦	混合小麦、成熟、NY/T 2级	87.0	13.9	1.7	1.9	67.6	1.9	13.3	3.9	0.17	0.41	0.13	3.04	12.72

续附表 1

序号	中国饲料号	饲料名称	饲料描述	干物质 %	粗蛋白 %	粗脂肪 %	粗纤维 %	无氮浸出物 %	粗灰分 %	中洗纤维 %	酸洗纤维 %	钙 %	总磷 %	非植酸磷 %	鸡代谢能 Mcal /kg	鸡代谢能 MJ /kg
7	4-07-0274	大麦(裸)	裸大麦,成熟 NY/T 2级	87.0	13	2.1	2	7.7	2.2	10	2.2	0.04	0.39	0.21	2.68	11.21
8	4-07-0277	大麦(皮)	皮大麦,成熟 NY/T 1级	87.0	11	1.7	4.8	67.1	2.4	18.4	6.8	0.09	0.33	0.17	2.7	11.3
9	4-07-0281	黑麦	籽粒,进口	88.0	11	1.5	2.2	71.5	1.8	12.3	4.6	0.05	0.3	0.11	2.69	11.25
10	4-07-0273	稻谷	成熟,晒干 NY/T 2级	86.0	7.8	1.6	8.2	63.8	4.6	27.4	28.7	0.03	0.36	0.2	2.63	11.0
11	4-07-0276	糙米	良,成熟,未去米糠	87.0	8.8	2.0	0.7	74.2	1.3	—	—		0.35	0.15	3.36	14.06
12	4-07-0275	碎米	良,加工精米后的副产品	88.0	10.4	2.2	1.1	72.7	1.6	—	—	0.06	0.3	0.15	3.40	14.23
13	4-07-0479	粟(谷子)	合格,带壳,成熟	86.5	9.7	2.3	6.8	65.0	2.7	15.2	13.3	0.12	0.3	0.11	2.84	11.88
14	4-04-0067	木薯干	木薯干片,晒干,NY/T合格	87.0	2.5	0.7	2.5	79.4	1.9	8.4	6.4	0.27	0.09	—	2.96	12.38
15	4-04-0068	甘薯干	甘薯干片,晒干,NY/T合格	87.0	4.0	0.8	2.8	76.4	3.0	—	—	0.19	0.02	—	2.34	9.79
16	4-08-0104	次粉	黑面,黄粉,下面,XY/T 1级	88.0	15.4	2.2	1.5	67.1	1.5	18.7	4.3	0.08	0.48	0.14	3.05	12.76

续附表 1

序号	中国饲料号	饲料名称	饲料描述	干物质 %	粗蛋白 %	粗脂肪 %	粗纤维 %	无氮浸出物 %	粗灰分 %	中洗纤维 %	酸洗纤维 %	钙 %	总磷 %	非植酸磷 %	鸡代谢能 Mcal/kg	鸡代谢能 MJ/kg
17	4-08-0105	次粉	黑面、黄粉、下面,XY/T2级	87.0	13.6	2.1	2.8	66.7	1.8	—	—	0.08	0.48	0.14	2.99	12.51
18	4-08-0069	小麦麸	传统制粉工艺,NY/T1级	87.0	15.7	3.9	8.9	53.6	4.9	42.1	13.0	0.11	0.92	0.24	1.63	6.82
19	4-08-0070	小麦麸	传统制粉工艺,NY/T2级	87.0	14.3	4.0	6.8	57.1	4.8	—	—	0.10	0.93	0.24	1.62	6.78
20	4-08-0041	米糠	新鲜、不脱脂,NY/T2级	87.0	12.8	16.5	5.7	44.5	7.5	22.9	13.4	0.07	1.43	0.10	2.68	11.21
21	4-10-0025	米糠饼	未脱脂、机榨,NY/T1级	88.0	14.7	9.0	7.4	48.2	8.7	27.7	11.6	0.14	1.69	0.22	2.43	10.17
22	4-10-0018	米糠粕	浸提或预压浸提,NY/T1级	87.0	15.1	2.0	7.5	53.6	8.8	—	—	0.15	1.82	0.24	1.98	8.28
23	5-09-0127	大豆	黄大豆、成熟,NY/T2级	87.0	35.5	17.3	4.3	25.7	4.2	7.9	7.3	0.27	0.48	0.3	3.24	13.56
24	5-09-0128	全脂大豆	湿法膨化、生大豆,NY/T2级	88.0	35.5	18.7	4.6	25.2	4.0	—	—	0.32	0.40	0.25	3.75	15.69
25	5-10-0241	大豆饼	机榨,NY/T2级	89.0	41.8	5.8	4.8	30.7	5.9	18.1	15.5	0.31	0.50	0.25	2.52	10.54

续附表 1

序号	中国饲料号	饲料名称	饲料描述	干物质 %	粗蛋白 %	粗脂肪 %	粗纤维 %	无氮浸出物 %	粗灰分 %	中洗纤维 %	酸洗纤维 %	钙 %	总磷 %	非植酸磷 %	鸡代谢能 Mcal/kg	鸡代谢能 MJ/kg
26	5-10-0103	大豆粕	去皮·浸提或预压浸提,NY/T 1级	89.0	47.9	1.0	4.0	31.2	4.9	8.8	5.3	0.34	0.65	0.19	2.40	10.04
27	5-10-0102	大豆粕	去皮·浸提或预压浸提,NY/T 2级	89.0	44.0	1.9	5.2	31.8	6.1	13.6	9.6	0.33	0.62	0.18	2.35	9.83
28	5-10-0118	棉籽饼	机榨 NY/T	88.0	36.3	7.4	12.5	26.1	5.7	32.1	22.9	0.21	0.83	0.28	2.16	9.04
29	5-10-0119	棉籽粕	浸提或预压浸提,NY/T 1级	90.0	47.0	0.5	10.0	26.3	6.0	—	—	0.25	1.10	0.38	1.86	7.78
30	5-10-0117	棉籽粕	浸提或预压浸提,NY/T 2级	90.0	43.5	0.5	10.5	28.9	6.6	28.4	19.4	0.28	1.04	0.36	2.03	8.49
31	5-10-0183	菜籽饼	机榨,NY/T 2级	88.0	35.7	7.4	11.4	26.3	7.2	33.3	26.0	0.59	0.96	0.33	1.95	8.16
32	5-10-0121	菜籽粕	浸提或预压浸提,NY/T 2级	88.0	38.6	1.4	11.8	28.9	7.3	20.7	16.8	0.65	1.02	0.35	1.77	7.41
33	5-10-0116	花生仁饼	机榨,NY/T 2级	88.0	44.7	7.2	5.9	25.1	5.1	14.0	8.7	0.25	0.53	0.31	2.78	11.63
34	5-10-0115	花生仁粕	浸提或预压浸提,NY/T 2级	88.0	47.8	1.4	6.2	27.2	5.4	15.5	11.7	0.27	0.56	0.33	2.60	10.88

续附表 1

序号	中国饲料号	饲料名称	饲料描述	干物质 %	粗蛋白 %	粗脂肪 %	粗纤维 %	无氮浸出物 %	粗灰分 %	中洗纤维 %	酸洗纤维 %	钙 %	总磷 %	非植酸磷 %	鸡代谢能 Mcal/kg	鸡代谢能 MJ/kg
35	5-10-0031	向日葵仁饼	壳仁比为35:65,NY/T 3级	88.0	29.0	2.9	20.4	31.0	4.7	41.4	29.6	0.24	0.87	0.13	1.59	6.65
36	5-10-0242	向日葵仁粕	壳仁比为16:84,NY/T 2级	88.0	36.5	1.0	10.5	34.4	5.6	14.9	13.6	0.27	1.13	0.17	2.32	9.71
37	5-10-0243	向日葵仁粕	壳仁比为24:76,NY/T 2级	88.0	33.6	1.0	14.8	38.8	5.3	32.8	23.5	0.26	1.03	0.16	2.03	8.49
38	5-10-0119	亚麻仁饼	机榨,NY/T 2级	88.0	32.2	7.8	7.8	34.0	6.2	29.7	27.1	0.39	0.88	0.38	2.34	9.79
39	5-10-0120	亚麻仁粕	浸提或预压浸提,NY/T 2级	88.0	34.8	1.8	8.2	36.6	6.6	21.6	14.4	0.42	0.95	0.42	1.90	7.95
40	5-10-0246	芝麻饼	机榨,CP40%	92.0	39.2	10.3	7.2	24.9	10.4	18.0	13.2	2.24	1.19	0.00	2.14	8.95
41	5-11-0001	玉米蛋白粉	玉米去胚芽、淀粉后的面筋部分,CP60%	90.1	63.5	5.4	1.0	19.2	1.0	8.7	4.6	0.07	0.44	0.17	3.88	16.23
42	5-11-0002	玉米蛋白粉	同上,中等蛋白质产品,CP50%	91.2	51.3	7.8	2.1	28.0	2.0	—	—	0.06	0.42	0.16	3.41	14.7

续附表 1

序号	中国饲料号	饲料名称	饲料描述	干物质 %	粗蛋白 %	粗脂肪 %	粗纤维 %	无氮浸出物 %	粗灰分 %	中洗纤维 %	酸洗纤维 %	钙 %	总磷 %	非植酸磷 %	鸡代谢能 Mcal/kg	鸡代谢能 MJ/kg
43	5-11-0008	玉米蛋白粉	同上,中等蛋白质产品,CP40%	89.9	44.3	6.0	1.6	37.1	0.9	—	—	—	—	—	3.18	13.31
44	5-11-0003	玉米蛋白饲料	玉米去胚芽、去淀粉后的含皮残渣	88.0	19.3	7.5	7.8	48.0	5.4	33.6	10.5	0.15	0.70	—	2.02	8.45
45	4-10-0026	玉米胚芽饼	玉米湿磨后的胚芽,机榨	90.0	16.7	9.6	6.3	50.8	6.6	—	—	0.04	1.45	—	2.24	9.37
46	4-10-0244	玉米胚芽粕	玉米湿磨后的胚芽,浸提	90.0	20.8	2.0	6.5	54.8	5.9	—	—	0.06	1.23	—	2.07	8.66
47	5-11-0007	DDGS	玉米酒精糟及可溶物,脱水	90.0	28.3	13.7	7.1	36.8	4.1	—	—	0.20	0.74	0.42	2.20	9.20
48	5-11-0009	蚕豆粉浆蛋白粉	蚕豆去皮制粉丝后的浆液,脱水	88.0	66.3	4.7	4.1	10.3	2.6	—	—	—	0.59	—	3.47	14.52
49	5-11-0004	麦芽根	大麦芽副产品,干燥	89.7	28.3	1.4	12.5	41.4	6.1	—	—	0.22	0.73	—	1.41	5.90
50	5-13-0044	鱼粉(CP64.5%)	7样平均值	90.0	64.5	5.6	0.5	8.0	11.4	—	—	3.81	2.83	2.83	2.96	12.38

续附表 1

序号	中国饲料号	饲料名称	饲料描述	干物质 %	粗蛋白 %	粗脂肪 %	粗纤维 %	无氮浸出物 %	粗灰分 %	中洗纤维 %	酸洗纤维 %	钙 %	总磷 %	非植酸磷 %	鸡代谢能 Mcal/kg	鸡代谢能 MJ/kg
51	5-13-0045	鱼粉(CP62.5%)	8样平均值	90.0	62.5	4.0	0.5	10.0	12.3	—	—	3.96	3.05	3.05	2.91	12.18
52	5-13-0046	鱼粉(CP60.2%)	沿海产的海鱼粉,脱脂,12样平均值	90.0	60.2	4.9	0.5	11.6	12.8	—	—	4.04	2.90	2.90	2.82	11.80
53	5-13-0077	鱼粉(CP53.5%)	沿海产的海鱼粉,脱脂,11样平均值	90.0	53.5	10.0	0.8	4.9	20.8	—	—	5.88	3.20	3.20	2.90	12.13
54	5-13-0036	血粉	鲜猪血喷雾干燥	88.0	82.8	0.4	0.0	1.6	3.2	—	—	0.29	0.31	0.31	2.46	10.29
55	5-13-0037	羽毛粉	纯净羽毛,水解	88.0	77.9	2.2	0.7	1.4	5.8	—	—	0.20	0.68	0.68	2.73	11.42
56	5-13-0038	皮革粉	废牛皮,水解	88.0	74.7	0.8	1.6	1.4	10.9	—	—	4.40	0.15	0.15		
57	5-13-0047	肉骨粉	屠宰下脚、带骨干燥粉碎	93.0	50.0	8.5	2.8	—	31.7	32.5	5.6	9.20	4.70	4.70	2.38	9.96
58	5-13-0048	肉粉	脱脂	94.0	54.0	12.0	1.4	—		31.6	8.3	7.69	3.88		2.20	9.20
59	1-05-0074	苜蓿草粉(CP19%)	一茬,盛花期,烘干,NY/T 1级	87.0	19.1	2.3	22.7	35.3	7.6	36.7	25.0	1.40	0.51	0.51	0.97	4.06
60	1-05-0075	苜蓿草粉(CP17%)	一茬,盛花期,烘干,NY/T 2级	87.0	17.2	2.6	25.6	33.3	8.3	39.0	28.6	1.52	0.22	0.22	0.87	3.64

续附表 1

序号	中国饲料号	饲料名称	饲料描述	干物质 %	粗蛋白 %	粗脂肪 %	粗纤维 %	无氮浸出物 %	粗灰分 %	中洗纤维 %	酸洗纤维 %	钙 %	总磷 %	非植酸磷 %	鸡代谢能 Mcal/kg	鸡代谢能 MJ/kg
61	1-05-0076	苜蓿草粉（CP14%~15%）	NY/T 3级	87.0	14.3	2.1	29.8	33.8	10.1	36.8	2.9	1.34	0.19	0.19	0.84	3.51
62	5-11-0005	啤酒糟	大麦酿造副产品	88.0	24.3	5.3	13.4	40.8	4.2	39.4	24.6	0.32	0.42	0.14	2.37	9.92
63	7-15-0001	啤酒酵母	啤酒酵母菌粉，QB/T 1940-94	91.7	52.4	0.4	0.6	33.6	4.7	—	—	0.16	1.02	—	2.52	10.54
64	4-13-0075	乳清粉	乳清、脱水、低乳糖含量	94.0	12.0	0.7	0.0	71.6	9.7	—	—	0.87	0.79	0.79	2.73	11.42
65	5-01-0162	酪蛋白		91.0	88.7	0.8	—	—	—	—	—	0.63	1.01	0.82	4.13	17.28
66	5-14-0503	明胶	脱水	90.0	88.6	0.5	—	—	—	—	—	0.49			2.36	9.87
67	4-06-0076	牛奶乳糖	进口，含乳糖80%以上	96.0	4.0	0.5	0.0	83.5	8.0	—	—	0.52	0.62	0.62	2.69	11.25
68	4-06-0077	乳糖		96.0	0.3	—	—	95.7	—	—	—				—	—
69	4-06-0078	葡萄糖		90.0	0.3	—	—	89.7	—	—	—				3.08	12.89
70	4-06-0079	蔗糖		99.0	0.0	0.0	—	—	—	—	—	0.04	0.01	0.01	3.90	16.32
71	4-02-0889	玉米淀粉		99.0	0.3	0.2	—	—	—	—	—	0.00	0.03	0.01	3.16	13.22

续附表 1

序号	中国饲料号	饲料名称	饲料描述	干物质 %	粗蛋白 %	粗脂肪 %	粗纤维 %	无氮浸出物 %	粗灰分 %	中洗纤维 %	酸洗纤维 %	钙 %	总磷 %	非植酸磷 %	鸡代谢能 Mcal /kg	鸡代谢能 MJ /kg
72	4-07-0001	牛脂		99.0	0.3	≥98	0.0	—	—	—	—	0.00	0.00	0.00	7.78	32.55
73	4-07-0002	猪油		99.0	0.0	≥98	0.0	—	—	—	—	0.00	0.00	0.00	9.11	38.11
74	4-07-0003	家禽脂肪		99.0	0.0	≥98	0.0	—	—	—	—	0.00	0.00	0.00	9.36	39.16
75	4-07-0004	鱼油		99.0	0.0	≥98	0.0	—	—	—	—	0.00	0.00	0.00	8.45	35.35
76	4-07-0005	菜籽油		99.0	0.0	≥98	0.0	—	—	—	—	0.00	0.00	0.00	9.21	38.53
77	4-07-0006	椰子油		99.0	0.0	≥98	0.0	—	—	—	—	0.00	0.00	0.00	8.81	36.76
78	4-07-0007	玉米油		100.0	0.0	≥99	0.0	—	—	—	—	0.00	0.00	0.00	9.66	40.42
79	4-07-0008	棉籽油		100.0	0.0	≥99	0.0	—	—	—	—	0.00	0.00	0.00	—	—
80	4-17-0009	棕榈油		100.0	0.0	≥99	0.0	—	—	—	—	0.00	0.00	0.00	5.80	24.27
81	4-17-0010	花生油		100.0	0.0	≥99	0.0	—	—	—	—	0.00	0.00	0.00	9.36	39.16
82	4-17-0011	芝麻油		100.0	0.0	≥99	0.0	—	—	—	—	0.00	0.00	0.00	—	—
83	4-17-0012	大豆油	粗制	100.0	0.0	≥99	0.0	—	—	—	—	0.00	0.00	0.00	8.37	35.02
84	4-17-0013	葵花油		100.0	0.0	≥99	0.0	—	—	—	—	0.00	0.00	0.00	9.66	40.42

附表 2　饲料中氨基酸含量

%

序号	中国饲料号	饲料名称	干物质	粗蛋白	精氨酸	组氨酸	异亮氨酸	亮氨酸	赖氨酸	蛋氨酸	胱氨酸	苯丙氨酸	酪氨酸	苏氨酸	色氨酸	缬氨酸
1	4-07-0278	玉米	86.0	9.4	0.38	0.23	0.26	1.03	0.26	0.19	0.22	0.43	0.34	0.31	0.08	0.40
2	4-07-0288	玉米	86.0	8.5	0.50	0.29	0.27	0.74	0.36	0.15	0.18	0.37	0.28	0.30	0.08	0.46
3	4-07-0279	玉米	86.0	8.7	0.39	0.21	0.25	0.93	0.24	0.18	0.20	0.41	0.33	0.30	0.07	0.38
4	4-07-0280	玉米	86.0	7.8	0.37	0.20	0.24	0.93	0.23	0.15	0.15	0.38	0.31	0.29	0.06	0.35
5	4-07-0272	高粱	86.0	9.0	0.33	0.18	0.35	1.08	0.18	0.17	0.12	0.45	0.32	0.26	0.08	0.44
6	4-07-0270	小麦	87.0	13.9	0.58	0.27	0.44	0.80	0.30	0.25	0.24	0.58	0.37	0.33	0.15	0.56
7	4-07-0274	大麦(裸)	87.0	13.0	0.04	0.16	0.43	0.87	0.44	0.14	0.25	0.68	0.40	0.43	0.16	0.63
8	4-07-0277	大麦(皮)	87.0	11.0	0.65	0.24	0.52	0.91	0.42	0.18	0.18	0.59	0.35	0.41	0.12	0.04
9	4-07-0281	黑麦	88.0	11.0	0.50	0.25	0.40	0.64	0.37	0.16	0.25	0.49	0.26	0.34	0.12	0.52
10	4-07-0273	稻谷	86.0	7.8	0.52	0.15	0.32	0.58	0.29	0.19	0.16	0.40	0.37	0.25	0.10	0.47
11	4-07-0276	糙米	87.0	8.8	0.65	0.17	0.30	0.61	0.32	0.20	0.14	0.35	0.31	0.28	0.12	0.49
12	4-07-0275	碎米	88.0	10.4	0.78	0.27	0.39	0.74	0.42	0.22	0.17	0.49	0.39	0.38	0.12	0.57
13	4-07-0479	粟(谷子)	86.5	9.7	0.30	0.20	0.36	1.15	0.15	0.25	0.20	0.49	0.26	0.35	0.17	0.42
14	4-04-0067	木薯干	87.0	2.5	0.40	0.05	0.11	0.15	0.13	0.05	0.04	0.10	0.04	0.10	0.03	0.13

续附表 2

序号	中国饲料号	饲料名称	干物质	粗蛋白	精氨酸	组氨酸	异亮氨酸	亮氨酸	赖氨酸	蛋氨酸	胱氨酸	苯丙氨酸	酪氨酸	苏氨酸	色氨酸	缬氨酸
15	4-04-0068	甘薯干	87.0	4.0	0.16	0.08	0.17	0.26	0.16	0.06	0.08	0.19	0.13	0.18	0.05	0.27
16	4-08-0104	次粉	88.0	15.4	0.86	0.41	0.55	1.06	0.59	0.23	0.37	0.06	0.46	0.50	0.21	0.72
17	4-08-0105	次粉	87.0	13.6	0.85	0.33	0.48	0.98	0.52	0.16	0.33	0.63	0.45	0.50	0.18	0.68
18	4-08-0069	小麦麸	87.0	15.7	0.97	0.39	0.46	0.81	0.58	0.13	0.26	0.58	0.28	0.43	0.20	0.63
19	4-08-0070	小麦麸	87.0	14.3	0.88	0.35	0.42	0.74	0.53	0.12	0.24	0.53	0.25	0.39	0.18	0.57
20	4-08-0041	米糠	87.0	12.8	1.06	0.39	0.63	1.00	0.74	0.25	0.19	0.63	0.50	0.48	0.14	0.81
21	4-10-0025	米糠饼	88.0	14.7	1.19	0.43	0.72	1.06	0.66	0.26	0.30	0.76	0.51	0.53	0.15	0.99
22	4-10-0018	米糠粕	87.0	15.1	1.28	0.46	0.78	1.30	0.72	0.28	0.32	0.82	0.55	0.57	0.17	1.07
23	5-09-0127	大豆	87.0	35.5	2.57	0.59	1.28	2.72	2.20	0.56	0.70	1.42	0.64	1.41	0.45	1.50
24	5-09-0128	全脂大豆	88.0	35.5	2.63	0.63	1.32	2.68	2.37	0.55	0.76	1.39	0.67	1.42	0.49	1.55
25	5-10-0241	大豆饼	89.0	41.8	2.53	1.10	1.57	2.75	2.43	0.60	0.62	1.79	1.53	1.44	0.64	1.70
26	5-10-0103	大豆粕	89.0	47.9	3.67	1.36	2.05	3.74	2.87	0.67	0.73	2.52	1.69	1.93	0.69	2.15
27	5-10-0102	大豆粕	89.0	44.0	3.19	1.09	1.80	3.26	2.66	0.62	0.68	2.23	1.57	1.92	0.64	1.99
28	5-10-0118	棉籽饼	88.0	36.3	3.94	0.90	1.16	2.07	1.40	0.41	0.70	1.88	0.95	1.14	0.39	1.51
29	5-10-0119	棉籽粕	88.0	47.0	4.98	1.26	1.40	2.67	2.13	0.56	0.66	2.43	1.11	1.35	0.54	2.05

续附表 2

序号	中国饲料号	饲料名称	干物质	粗蛋白	精氨酸	组氨酸	异亮氨酸	亮氨酸	赖氨酸	蛋氨酸	胱氨酸	苯丙氨酸	酪氨酸	苏氨酸	色氨酸	缬氨酸
30	5-10-0117	棉籽粕	90.0	43.5	4.65	1.19	1.29	2.47	1.97	0.58	0.68	2.28	1.05	1.25	0.51	1.91
31	5-10-0183	菜籽饼	88.0	35.7	1.82	0.83	1.24	2.26	1.33	0.60	0.82	1.35	0.92	1.40	0.42	1.62
32	5-10-0121	菜籽粕	88.0	38.6	1.83	0.86	1.29	2.34	1.30	0.63	0.87	1.45	0.97	1.49	0.43	1.74
33	5-10-0116	花生仁饼	88.0	44.7	4.60	0.83	1.18	2.36	1.32	0.39	0.38	1.81	1.31	1.05	0.42	1.28
34	5-10-0115	花生仁粕	88.0	47.8	4.88	0.88	1.25	2.50	1.40	0.41	0.40	1.92	1.39	1.11	0.45	1.36
35	1-10-0031	向日葵仁饼	88.0	29.0	2.44	0.62	1.19	1.76	0.96	0.59	0.43	1.21	0.77	0.98	0.28	1.35
36	5-10-0242	向日葵仁粕	88.0	36.5	3.17	0.81	1.51	2.25	1.22	0.72	0.62	1.56	0.99	1.25	0.47	1.72
37	5-10-0243	向日葵仁粕	88.0	33.6	2.89	0.74	1.39	2.07	1.13	0.69	0.50	1.43	0.91	1.14	0.37	1.58
38	5-10-0119	亚麻仁饼	88.0	32.2	2.35	0.51	1.15	1.62	0.73	0.46	0.48	1.32	0.50	1.00	0.48	1.44
39	5-10-0120	亚麻仁粕	88.0	34.8	3.59	0.64	1.33	1.85	1.16	0.55	0.55	1.51	0.93	1.10	0.70	1.51
40	5-10-0246	芝麻饼	92.0	39.2	2.38	0.81	1.42	2.52	0.82	0.82	0.75	1.68	1.02	1.29	0.49	1.84
41	5-11-0001	玉米蛋白粉	90.1	63.5	1.90	1.18	2.85	11.59	0.97	1.42	0.96	4.10	3.19	2.08	0.36	2.98
42	5-11-0002	玉米蛋白粉	91.2	51.3	1.48	0.89	1.75	7.85	0.92	1.14	0.76	2.83	2.25	1.59	0.31	2.05
43	5-11-0008	玉米蛋白粉	89.99	44.3	1.31	0.78	1.63	7.08	0.71	1.04	0.65	2.61	2.03	1.38	—	1.84

续附表 2

序号	中国饲料号	饲料名称	干物质	粗蛋白	精氨酸	组氨酸	异亮氨酸	亮氨酸	赖氨酸	蛋氨酸	胱氨酸	苯丙氨酸	酪氨酸	苏氨酸	色氨酸	缬氨酸
44	5-11-0003	玉米蛋白饲料	88.0	19.3	0.77	0.56	0.62	1.82	0.63	0.29	0.33	0.70	0.50	0.68	0.14	0.93
45	4-10-0026	玉米胚芽饼	90.0	16.7	1.16	0.45	0.53	1.25	0.70	0.31	0.47	0.64	0.54	0.64	0.16	0.91
46	4-10-0244	玉米胚芽粕	90.0	20.8	1.51	0.62	0.77	1.54	0.75	0.21	0.28	0.93	0.66	0.68	0.18	1.66
47	5-11-0007	DDGS	90.0	28.3	0.98	0.59	0.98	2.63	0.59	0.59	0.39	1.93	1.37	0.92	0.19	1.30
48	5-11-0009	蚕豆粉浆蛋白粉	88.0	66.3	5.96	1.66	2.90	5.58	4.44	0.60	0.57	3.34	2.21	2.31	—	3.20
49	5-11-0004	麦芽根	89.7	28.3	1.22	0.54	1.08	1.58	1.30	0.37	0.26	0.85	0.67	0.96	0.42	1.44
50	5-13-0044	鱼粉(CP64.5%)	90.0	64.5	3.91	1.75	2.68	4.99	5.22	1.71	0.58	2.71	2.13	2.87	0.78	3.25
51	5-13-0045	鱼粉(CP 62.5%)	90.0	62.5	3.86	1.83	2.79	5.06	5.12	1.66	0.55	2.67	2.01	2.78	0.75	3.14
52	5-13-0046	鱼粉(CP 60.2%)	90.0	60.2	3.57	1.71	2.68	4.80	4.72	1.64	0.52	2.35	1.96	2.57	0.70	3.17
53	5-13-0077	鱼粉(CP 53.5%)	90.0	53.5	3.24	1.29	2.30	4.30	3.87	1.39	0.49	2.22	1.70	2.51	0.60	2.77
54	5-13-0036	血粉	88.0	82.8	2.99	4.40	0.75	8.38	6.67	0.74	0.98	5.23	2.55	2.86	1.11	6.08
55	5-13-0037	羽毛粉	88.0	77.9	5.30	0.58	4.21	6.78	1.65	0.59	2.93	3.57	1.79	3.51	0.40	0.05

续附表 2

序号	中国饲料号	饲料名称	干物质	粗蛋白	精氨酸	组氨酸	异亮氨酸	亮氨酸	赖氨酸	蛋氨酸	胱氨酸	苯丙氨酸	酪氨酸	苏氨酸	色氨酸	缬氨酸
56	5-13-0038	皮革粉	88.0	74.7	4.45	0.40	1.06	2.53	2.18	0.80	0.16	1.56	0.63	0.71	0.50	1.91
57	5-13-0047	肉骨粉	93.0	50.0	3.35	0.96	1.70	3.20	2.60	0.67	0.33	1.70	—	1.63	0.26	2.25
58	5-13-0048	肉粉	94.0	54.0	3.60	1.14	1.60	3.84	3.07	0.80	0.60	2.17	1.40	1.97	0.35	2.66
59	1-05-0074	苜蓿草粉(CP19%)	87.0	19.1	0.78	0.39	0.68	1.20	0.82	0.21	0.22	0.82	0.58	0.74	0.43	0.91
60	1-05-0075	苜蓿草粉(CP17%)	87.0	17.2	0.74	0.32	0.66	1.10	0.81	0.20	0.16	0.81	0.54	0.69	0.37	0.85
61	1-05-0076	苜蓿草粉(CP14%~15%)	87.0	14.3	0.61	0.19	0.58	1.00	0.60	0.18	0.15	0.59	0.38	0.45	0.24	0.58
62	5-11-0005	啤酒糟	88.0	24.3	0.98	0.51	1.18	1.08	0.72	0.52	0.35	2.35	1.17	0.81	—	1.66
63	7-15-0001	啤酒酵母	91.7	52.4	2.67	1.11	2.85	4.76	3.38	0.83	0.50	4.07	0.12	2.33	2.08	3.40
64	4-13-0075	乳清粉	94.0	12.0	0.40	0.20	0.90	1.20	1.10	0.20	0.30	0.40	—	0.80	0.20	0.70
65	5-01-0162	酪蛋白	91.0	88.7	3.26	2.82	4.66	8.79	7.35	2.70	0.41	4.79	4.77	3.98	1.14	6.10
66	5-14-0503	明胶	90.0	88.6	6.60	0.66	1.42	2.91	3.62	0.76	0.12	1.74	0.43	1.82	0.05	2.26
67	4-06-0076	牛奶乳糖	96.0	4.0	0.29	0.10	0.10	0.18	0.16	0.03	0.04	0.10	0.02	0.10	0.10	0.10

附表 3　饲料中矿物质及维生素含量

序号	中国饲料号	饲料名称	钠 %	氯 %	镁 %	钾 %	铁 mg/kg	铜 mg/kg	锰 mg/kg	锌 mg/kg	硒 mg/kg
1	4-07-0278	玉米	0.01	0.04	0.11	0.29	36	3.4	5.8	21.1	0.01
2	4-07-0288	玉米	0.01	0.04	0.11	0.29	36	3.4	5.8	21.1	0.04
3	4-07-0279	玉米	0.02	0.04	0.12	0.30	37	3.3	6.1	19.2	0.03
4	4-07-0280	玉米	0.02	0.04	0.12	0.30	37	3.3	6.1	19.2	0.03
5	4-07-0272	高粱	0.03	0.09	0.15	0.34	87	7.6	17.1	20.1	0.05
6	4-07-0270	小麦	0.06	0.07	0.11	0.50	88	7.9	45.9	29.7	0.05
7	4-07-0274	大麦（裸）	0.04	—	0.11	0.60	100	7.0	18.0	30.0	0.16
8	4-07-0277	大麦（皮）	0.02	0.15	0.14	0.56	87	5.6	17.5	23.6	0.06
9	4-07-0281	黑麦	0.02	0.04	0.12	0.42	117	7.0	53.0	35.0	0.40
10	4-07-0273	稻谷	0.04	0.07	0.07	0.34	40	3.5	20.0	8.0	0.04
11	4-07-0276	糙米	0.04	0.06	0.14	0.34	78	3.3	21.0	10.0	0.07
12	4-07-0275	碎米	0.07	0.08	0.11	0.13	62	8.8	47.5	36.4	0.06
13	4-07-0479	粟（谷子）	0.04	0.14	0.16	0.43	270	24.5	22.5	15.9	0.08
14	4-04-0067	木薯干					150	4.2	6.0	14.0	0.04
15	4-04-0068	甘薯	—	—	0.08	—	107	6.1	10.0	9.0	0.07
16	4-08-0104	次粉	0.60	0.04	0.41	0.60	140	11.6	94.2	73.0	
17	4-08-0105	次粉	0.60	0.04	0.41	0.60	140	11.6	94.2	73.0	0.07
18	4-08-0069	小麦麸	0.07	0.07	0.52	1.19	170	13.8	104.3	96.5	0.07
19	4-08-0170	小麦麸	0.07	0.07	0.52	1.19	157	16.5	80.6	104.7	0.05
20	4-08-0041	米糠	0.07	0.07	0.90	1.73	304	7.1	175.9	50.3	0.09
21	4-10-0025	米糠饼	0.08	—	1.26	1.80	400	8.7	211.6	56.4	0.09
22	4-10-0018	米糠粕	0.09	—	—	1.80	432	9.4	228.4	60.9	0.10
23	5-09-0127	大豆	0.02	0.03	0.28	1.70	111	18.1	21.5	40.7	0.06

续附表 3

胡萝卜素 mg/kg	维生素E mg/kg	维生素B₁ mg/kg	维生素B₂ mg/kg	泛酸 mg/kg	烟酸 mg/kg	生物素 mg/kg	叶酸 mg/kg	胆碱 mg/kg	维生素B₆ mg/kg	维生素B₁₂ mg/kg	亚油酸 mg/kg
—	22.0	3.5	1.1	5.0	24.0	0.06	0.15	620	10.0	—	2.20
—	22.0	3.5	1.1	5.0	24.0	0.06	0.15	620	10.0	—	2.20
0.8	22.0	2.6	1.1	3.9	21.0	0.08	0.12	620	10.0	0.0	2.20
—	22.0	2.6	1.1	3.9	21.0	0.08	0.12	620	10.0	—	2.20
—	7.0	3.0	1.3	12.4	41.0	0.26	0.20	668	5.2	0.0	1.13
0.4	13.0	4.6	1.3	11.9	51.0	0.11	0.36	1 040	3.7	0.0	0.69
—	48.0	4.1	1.4	—	87.0	—	—	—	19.3	0.0	—
4.1	20.0	4.5	1.8	8.0	55.0	0.15	0.07	990	4.0	0.0	0.83
—	15.0	3.6	1.5	8.0	16.0	0.06	0.60	440	2.6	0.0	0.76
—	16.0	3.1	1.2	3.7	34.0	0.08	0.45	900	28.0	0.0	0.28
—	13.5	2.8	1.4	11.0	30.0	0.08	0.40	1 014	—	—	—
—	14.0	1.4	0.7	8.0	30.0	0.08	0.20	800	28.0	—	—
1.2	36.3	6.6	1.6	7.4	53.0	—	15.00	790	—	—	0.84
3.0	20.0	16.5	1.8	15.6	72.0	0.33	0.76	1 187	9.0	—	1.74
3.0	20.0	16.5	1.8	15.6	72.0	0.33	0.76	1 187	9.0	—	1.74
1.0	14.0	8.0	4.6	31.0	186.0	0.36	0.63	980	7.0	0.0	1.70
1.0	14.0	8.0	4.6	31.0	186.0	0.36	0.63	980	7.0	0.0	1.70
—	60.0	22.5	2.5	23.0	293.0	0.42	2.20	1 135	14.0	0.0	3.57
—	11.0	24.0	2.9	94.9	689.0	0.70	0.88	1 700	54.0	40.0	—
—	—	—	—	—	—	—	—	—	—	—	—
—	40.0	12.3	2.9	17.4	24.0	0.42	—	3 200	12.0	—	8.00

续附表 3

序号	中国饲料号	饲料名称	钠 %	氯 %	镁 %	钾 %	铁 mg/kg	铜 mg/kg	锰 mg/kg	锌 mg/kg	硒 mg/kg
24	5-09-0128	全脂大豆	0.02	0.03	0.28	1.70	111	18.1	21.5	40.7	0.06
25	5-10-0241	大豆饼	0.02	0.02	0.25	1.77	187	19.8	32.0	43.4	0.04
26	5-10-0103	大豆粕	0.03	0.05	0.28	2.05	185	24.0	38.2	46.4	0.10
27	5-10-0102	大豆粕	0.03	0.05	0.28	1.72	185	24.0	38.2	46.4	0.10
28	5-10-0118	棉籽饼	0.04	0.14	0.52	1.20	266	11.6	17.8	44.9	0.11
29	5-10-0119	棉籽粕	0.04	0.04	0.40	1.16	263	14.0	18.7	55.5	0.15
30	5-10-0117	棉籽粕	0.04	0.04	0.40	1.16	263	14.0	18.7	55.5	0.15
31	5-10-0183	菜籽饼	0.02	—	—	1.34	687	7.2	78.1	59.2	0.29
32	5-10-0121	菜籽粕	0.09	0.11	0.51	1.40	653	7.1	82.2	67.5	0.16
33	5-10-0116	花生仁饼	0.04	0.03	0.33	1.14	347	23.7	36.7	52.5	0.06
34	5-10-0115	花生仁粕	0.07	0.03	0.31	1.23	368	25.1	38.9	55.7	0.06
35	5-10-0031	向日葵仁饼	0.02	0.01	0.75	1.17	424	45.6	41.5	62.1	0.09
36	5-10-0242	向日葵仁粕	0.02	0.01	0.75	1.00	226	32.8	34.5	82.7	0.06
37	5-10-0243	向日葵仁粕	0.20	0.10	0.68	1.23	310	35.0	35.0	80.0	0.08
38	5-10-0119	亚麻仁饼	0.09	0.04	0.58	1.25	204	27.0	40.3	36.0	0.18
39	5-10-0120	亚麻仁粕	0.14	0.05	0.56	1.38	219	25.5	43.3	38.7	0.18
40	5-10-0246	芝麻饼	0.04	0.05	0.50	1.39	—	50.4	32.0	2.4	—
41	5-11-0001	玉米蛋白粉	0.01	0.05	0.08	0.30	230	1.9	5.9	19.2	0.02
42	5-11-0002	玉米蛋白粉	0.02	—	—	0.35	332	10.0	78.0	49.0	—
43	5-11-0008	玉米蛋白粉	0.02	0.08	0.05	0.40	400	28.0	7.0	—	1.00
44	5-11-0003	玉米蛋白饲料	0.12	0.22	0.42	1.30	282	10.7	77.1	59.2	0.23
45	4-10-0026	玉米胚芽饼	0.01	—	0.10	0.30	99	12.8	19.0	108.0	—
46	4-10-0244	玉米胚芽粕	0.01	—	0.16	0.69	214	7.7	23.3	126.6	0.33
47	5-11-0007	DDGS	0.88	0.17	0.35	0.98	197	43.9	29.5	83.5	0.37

续附表 3

胡萝卜素 mg/kg	维生素E mg/kg	维生素B$_1$ mg/kg	维生素B$_2$ mg/kg	泛酸 mg/kg	烟酸 mg/kg	生物素 mg/kg	叶酸 mg/kg	胆碱 mg/kg	维生素B$_6$ mg/kg	维生素B$_{12}$ mg/kg	亚油酸 mg/kg
—	40.0	12.3	2.9	17.4	24.0	0.42	—	3 200	12.0	—	8.00
—	6.6	1.7	4.4	13.8	37.0	0.32	0.45	2 673	—	—	—
0.2	3.1	4.6	3.0	16.4	30.7	0.33	0.81	2 858	6.10	0.0	0.51
0.2	3.1	4.6	3.0	16.4	30.7	0.33	0.81	2 858	6.10	0.0	0.51
0.2	16.0	6.4	5.1	10.0	38.0	0.53	1.65	2 753	5.30	0.0	2.17
0.2	15.0	7.0	5.5	12.0	40.0	0.30	2.51	2 933	5.10	0.0	1.51
0.2	15.0	7.0	5.5	12.0	40.0	0.30	2.51	2 933	5.10	0.0	1.51
—	—	—	—	—	—	—	—	—	—	—	—
—	54.0	5.2	3.7	9.5	160.0	0.98	0.95	6 700	7.20	0.0	0.42
—	3.0	7.1	5.2	47.0	166.0	0.33	0.40	1 655	10.00	0.0	1.13
—	3.0	5.7	11.0	53.0	173.0	0.39	0.39	1 854	10.00	0.0	0.24
—	0.9	—	18.0	4.0	86.0	1.40	0.40	800	—	—	—
—	0.7	4.6	2.3	39.0	22.0	1.70	1.60	3 260	17.20	—	—
—	—	3.0	3.0	29.9	14.0	1.40	1.14	3 100	11.10	0.0	0.98
—	7.7	2.6	4.1	16.5	37.4	0.36	2.90	1 672	6.10	—	—
0.2	5.8	7.5	3.2	14.07	33.0	0.41	0.34	1 512	6.00	200.0	0.36
0.2	—	2.8	3.6	6.0	30.0	2.40		1 536	12.50	0.0	1.90
41.0	25.5	0.3	2.2	3.0	55.0	0.15	0.20	330	6.90	50.0	1.17
—	—	—	—	—	—	—	—	—	—	—	—
16.0	19.0	0.2	1.5	9.6	54.5	0.15	0.22	330	—	—	—
8.0	14.8	2.0	2.4	17.8	75.5	0.22	0.28	1 700	13.00	250.0	1.43
2.0	87.0	—	3.7	8.3	42.0	—		1 936	—		1.47
2.0	80.8	1.1	4.0	4.4	37.7	0.22	0.20	2 000	—	—	1.47
3.5	40.0	3.5	8.6	11.0	75.0	0.30	0.88	2 637	2.28	10.0	2.15

续附表 3

序号	中国饲料号	饲料名称	钠	氯	镁	钾	铁	铜	锰	锌	硒
			%	%	%	%	mg/kg	mg/kg	mg/kg	mg/kg	mg/kg
48	5-11-0009	蚕豆粉浆蛋白粉	0.01	—	—	0.06	—	22.0	16.0	—	—
49	5-11-0004	麦芽根	0.06	0.59	0.16	2.18	198	5.3	67.8	42.4	0.60
50	5-13-0044	鱼粉（CP64.5%）	0.88	0.60	0.24	0.90	226	9.1	9.2	98.9	2.7
51	5-13-0045	鱼粉（CP62.5%）	0.78	0.61	0.16	0.83	181	6.0	12.0	90.0	1.62
52	5-13-0046	鱼粉（CP60.2%）	0.97	0.01	0.16	1.10	80	8.0	10.0	80.0	1.5
53	5-13-0077	鱼粉（CP53.5%）	1.15	0.61	0.16	0.94	292	8.0	9.7	88.0	1.94
54	5-13-0036	血粉	0.31	0.27	0.16	0.90	2 100	8.0	2.3	14.0	0.7
55	5-13-0037	羽毛粉	0.31	0.26	0.20	0.18	73	6.8	8.8	53.8	0.8
56	5-13-0038	皮革粉	—	—	—	—	131	11.1	25.2	89.8	
57	5-13-0047	肉骨粉	0.73	0.75	1.13	1.40	500	1.5	12.3	90.0	0.25
58	5-13-0048	肉粉	0.80	0.97	0.35	0.57	440	10.0	10.0	94.0	0.37
59	1-05-0074	苜蓿草粉（CP19%）	0.09	0.38	0.30	2.08	372	9.1	30.7	17.1	0.46
60	1-05-0075	苜蓿草粉（CP17%）	0.17	0.46	0.36	2.40	361	9.7	30.7	21.0	0.46
61	1-05-0076	苜蓿草粉（CP14%～15%）	0.11	0.46	0.36	2.22	437	9.1	33.2	22.6	0.48
62	5-11-0005	啤酒糟	0.25	0.12	0.19	0.08	274	20.1	35.6	104.0	0.41
63	7-15-0001	啤酒酵母	0.10	0.12	0.23	1.70	248	61.0	22.3	86.7	1.00
64	4-13-0075	乳清粉	2.11	0.14	0.13	1.81	160	43.1	4.6	3.0	0.06
65	5-01-0162	酪蛋白	0.01	0.04	0.01	0.01	14	4.0	4.0	30.0	0.16
66	5-14-0503	明胶	—	—	0.05		—	—	—	—	—
67	4-06-0076	牛奶乳糖	—	—	0.15	2.40	—	—	—	—	—

续附表 3

胡萝卜素 mg/kg	维生素E mg/kg	维生素B₁ mg/kg	维生素B₂ mg/kg	泛酸 mg/kg	烟酸 mg/kg	生物素 mg/kg	叶酸 mg/kg	胆碱 mg/kg	维生素B₆ mg/kg	维生素B₁₂ mg/kg	亚油酸 mg/kg
—	—	—	—	—	—	—	—	—	—	—	—
—	4.2	0.7	1.5	8.6	43.3	—	0.20	1 548	—		
—	5.0	0.3	7.1	15.0	100.0	0.23	0.37	4 408	4.00	352.0	0.20
—	5.7	0.2	4.9	9.0	55.0	0.15	0.30	3 099	4.00	150.0	0.12
	7.0	0.5	4.9	9.0	55.0	0.20	0.30	3 056	4.00	104.0	0.12
—	5.6	0.4	8.8	8.8	65.0	—		3 000	—	143.0	—
—	1.0	0.4	1.6	1.2	23.0	0.09	0.11	800	4.40	50.0	0.10
—	7.3	0.1	2.0	10.0	27.0	0.04	0.20	880	3.00	71.0	0.83
—	—	—	—	—	—	—	—	—	—	—	—
	0.8	0.2	5.2	4.4	59.4	0.14	0.60	2 000	4.00	100.0	0.72
	1.2	0.6	4.7	5.0	57.0	0.08	0.50	2 077	2.40	80.0	0.80
94.6	144.0	5.8	15.5	34.0	40.0	0.35	4.36	1 419	8.00	0	0.44
94.6	125.0	3.4	13.6	29.0	38.0	0.30	4.20	1 401	6.50	0	0.35
63.0	98.0	3.0	10.6	20.8	41.8	0.25	1.54	1 548	—		
0.2	27.0	0.6	1.5	8.6	43.0	0.24	0.24	1 723	0.70	0	2.94
—	2.2	91.8	37.0	109.0	448	0.63	9.90	3 984	42.80	999.9	0.04
—	0.3	3.9	29.9	47.0		0.34	0.66	1 500	4.00	20.0	0.01
—	—	0.4	1.5	2.7	1.0	0.04	0.51	205	0.4		
—	—	—	—	—	—	—	—	—	—	—	—

附表 4　鸡用饲料氨基酸表观利用率

%

序号	中国饲料号	饲料名称	干物质	粗蛋白	精氨酸	组氨酸	异亮氨酸	亮氨酸	赖氨酸	蛋氨酸	胱氨酸	米丙氨酸	酪氨酸	苏氨酸	色氨酸	缬氨酸
1	4-07-0279	玉米	86.0	8.7	93	92	91	95	82	93	82	94	93	85	90	89
2	4-07-0272	高粱(单宁<05)	86.0	9.0	93	87	95	95	92	92	80	95	94	92	95	93
3	4-07-0270	小麦	87.0	13.9	—	—	—	—	76	87	78	—	—	74	84	
4	4-07-0274	大麦(裸)	87.0	13.0	—	—	—	—	70	71	75	—	—	67	75	
5	4-07-0277	大麦(皮)	87.0	11.0	—	—	—	—	71	76	78	—	—	70	80	
6	4-07-0281	黑麦	88.0	11.0	90	90	88	88	84	89	82	90	90	85	—	90
7	4-07-0276	糙米	87.0	8.8	—	—	—	—	83	86	82	—	—	81	86	
8	4-08-0104	次粉	88.0	15.4	—	—	—	—	90	93	88	—	—	89	92	
9	4-08-0069	小麦麸	87.0	15.7	—	—	—	—	73	64	71	—	—	70	77	
10	4-08-0041	米糠	87.0	12.8	—	—	—	—	75	78	74	—	—	68	72	
11	5-10-0241	大豆粕	87.0	40.9	—	—	—	—	77	72	60	—	—	74	—	
12	5-10-0103	大豆粕	89.0	47.9	—	—	—	—	90	93	88	—	—	89	92	
13	5-10-0102	大豆粕	87.0	44.0	—	—	—	—	87	87	83	—	—	86	—	
14	5-10-0118	棉籽饼	88.0	36.3	90	—	61	77	82	75	57	77	86	71	—	74

续附表 4

序号	中国饲料号	饲料名称	干物质	粗蛋白	精氨酸	组氨酸	异亮氨酸	亮氨酸	赖氨酸	蛋氨酸	胱氨酸	苯丙氨酸	酪氨酸	苏氨酸	色氨酸	缬氨酸
15	5-10-0119	棉籽粕	88.0	47.0	—	—	—	—	61	71	63	—	—	71	75	—
16	5-10-0183	菜籽饼	88.0	35.7	91	91	83	87	77	88	70	87	86	81	—	72
17	5-10-0121	菜籽粕	88.0	38.6	89	92	85	88	79	87	75	88	86	82	57	83
18	5-10-0115	花生仁粕	88.0	47.8	—	—	—	—	78	84	75	—	—	83	85	—
19	5-10-0242	向日葵仁粕	88.0	36.5	92	87	84	83	76	90	65	86	80	74	—	79
20	5-10-0243	向日葵仁粕	88.0	33.6	92	87	84	83	76	90	65	86	80	74	—	79
21	5-10-0246	芝麻饼	92.0	39.2	—	—	—	—	25	80	65	—	—	54	55	—
22	5-11-0003	玉米蛋白饲料	88.0	19.3	—	—	—	—	79	90	74	—	—	80	72	—
23	5-13-0044	鱼粉	90.0	64.5	88	94	86	89	86	88	62	85	84	87	81	86
24	5-13-0037	羽毛粉	88.0	77.9	—	—	—	—	63	71	55	—	—	69	72	—
25	1-05-0074	苜蓿草粉	87.0	19.1	—	—	—	—	59	65	58	—	—	65	72	—

附表 5　常用矿物质饲料中矿物元素的含量
%

序号	中国料号	饲料名称	化学分子式	钙	磷	磷利用率	钠	氯	钾	镁	硫	铁	锰
01	6-14-0001	碳酸钙、饲料级轻质	$CaCO_3$	38.42	0.02	—	0.08	0.02	0.08	1.610	0.08	0.06	0.02
02	6-14-0002	磷酸氢钙、无水	$CaHPO_4$	29.60	22.77	95~100	0.18	0.47	0.15	0.800	0.80	0.79	0.14
03	6-14-0003	磷酸氢钙、两个结晶水	$CaHPO_4 \cdot 2H_2O$	23.29	18.00	95~100	—	—	—	—	—	—	—
04	6-14-0004	磷酸二氢钙	$Ca(H_2PO_4)_2 \cdot H_2O$	15.90	24.58	100	0.20	—	0.16	0.900	0.80	0.75	0.01
05	6-14-0005	磷酸三钙（磷酸钙）	$Ca_3(PO_4)_2$	38.76	20.0	—	—	—	—	—	—	—	—
06	6-14-0006	石粉、石灰石、方解石等		35.84	0.01	—	0.06	0.02	0.11	2.060	0.04	0.35	0.02
07	6-14-0007	骨粉、脱脂		29.80	12.50	80~90	0.04	—	0.20	0.300	2.40	—	0.03
08	6-14-0008	贝壳粉		32~35	—	—	—	—	—	—	—	—	—
09	6-14-0009	蛋壳粉		30~40	0.1~0.4	—	—	—	—	—	—	—	—
10	6-14-0010	磷酸氢铵	$(NH_4)_2HPO_4$	0.35	23.48	100	0.20	—	0.16	0.750	1.50	0.41	0.01
11	6-14-0011	磷酸二氢铵	$(NH_4)_2H_2PO_4$	—	26.93	100	—	—	—	—	—	—	—

续附表 5

序号	中国饲料号	饲料名称	化学分子式	钙	磷	磷利用率	钠	氯	钾	镁	硫	铁	锰
12	6-14-0012	磷酸氢二钠	Na_2HPO_4	0.09	21.82	100	31.04	—	—	—	—	—	—
13	6-14-0013	磷酸二氢钠	NaH_2PO_4	—	25.81	100	19.17	0.02	0.01	0.010	—	—	—
14	6-14-0014	碳酸钠	Na_2CO_3	—	—	—	43.30	—	—	—	—	—	—
15	6-14-0015	碳酸氢钠	$NaHCO_3$	0.01	—	—	27.00	—	0.01	—	—	—	—
16	6-14-0016	氯化钠	$NaCl$	0.30	—	—	39.50	59.00	—	0.005	0.20	0.01	—
17	6-14-0017	氯化镁	$MgCl_2 \cdot 6H_2O$	—	—	—	—	—	—	11.950	—	—	—
18	6-14-0018	碳酸镁	$MgCO_3 \cdot Mg(OH)_2$	0.02	—	—	—	—	—	34.000	—	—	0.01
19	6-14-0019	氧化镁	MgO	1.69	—	—	—	—	—	55.000	0.10	1.06	—
20	6-14-0020	硫酸镁，七个结晶水	$MgSO_4 \cdot 7H_2O$	0.02	—	—	—	0.01	0.02	9.860	13.01	—	—
21	6-14-0021	氯化钾	KCl	0.05	—	—	1.00	47.56	52.44	0.230	0.32	0.06	0.001
22	6-14-0022	硫酸钾	K_2SO_4	0.15	—	—	0.09	1.50	44.87	0.600	18.40	0.07	0.001

参 考 文 献

[1] 甘孟侯. 禽病诊断与防治. 北京:中国农业大学出版社,2002.

[2] 甘孟侯. 中国禽病学. 北京:中国农业出版社,1999.

[3] 李德发,范石军. 饲料工业手册. 北京:中国农业大学出版社,
2002.

[4] 李东. 高效肉鸡生产技术. 北京:中国农业科技出版社,1995.

[5] 辽宁省畜牧技术推广站,等. 养禽常用技术手册. 沈阳:辽宁科
学技术出版社,1998.

[6] 邱祥聘. 家禽学. 成都:四川科学技术出版社,1993.

[7] 王春林. 中国实用养禽手册. 上海:上海科学技术文献出版社,
2002.

[8] 王生雨. 蛋鸡生产新技术. 济南:山东科学技术出版社,1991.

[9] 杨宁. 家禽生产学. 北京:中国农业出版社,2002.

[10] 杨宁. 现代养鸡生产. 北京:中国农业大学出版社,1994.

[11] 臧素敏. 科学养鸡. 北京:中国农业大学出版社,2001.

[12] 臧素敏. 养鸡与鸡病防治. 北京:中国农业大学出版社,2000.

致 读 者

为提高"三农"图书的科学性、准确性、实用性,推进"三农"出版物更加贴近读者,使农民朋友确实能够"看得懂、用得上、买得起"的优秀"三农"图书进一步得到市场的认可、发挥更大的作用,中央宣传部、新闻出版总署和农业部于 2006 年 6～7 月份组织专家对"三农"图书进行了认真评审,确定了推荐"三农"优秀图书 150 种(套)(新出联〔2006〕5 号)。我社共 6 种(套)名列其中:

无公害农产品高效生产技术丛书

新编 21 世纪农民致富金钥匙丛书

全方位养殖技术丛书

农村劳动力转移职业技能培训教材

科学养兔指南

养猪用药 500 问

这些图书自出版以来,深受广大读者欢迎,近来一次性较大量购买的情况较多,为方便团体购买,请客户直接到当地新华书店预购,特殊情况可与我社联系。联系人:董先生,电话 010 － 62731190;司先生,电话 010－62818625。

中国农业大学出版社

2011 年 9 月